中等职业教育“十三五”规划教材

计算机平面设计专业创新型系列教材

Photoshop平面设计岗位项目制作

王铁军　主编

李浩明　谢世芳
郭玉刚　王懋芳　副主编

科学出版社

北京

内 容 简 介

本书共 11 个项目，较为全面地介绍了使用 Photoshop（CS6）软件进行平面设计岗位项目制作的方法。本书在内容安排上以项目任务为框架，提出具体的岗位需求，明确任务的设计理念和思路，结合岗位核心素养的技能技术需求，配有详尽的操作步骤。每个项目以“学习目标”和“知识准备”提出，进而明确项目核心素养基本需求。各项目都通过不同的任务来实现，每个任务都通过“岗位需求描述”来说明具体岗位的实际需求，进而给出“设计理念思路”和“素材与效果图”；最具特色的是在每个任务学习和操作之前，提示学生要完成此任务所必须掌握的“岗位核心素养的技能技术需求”，帮助学生轻松学习、轻松设计，达到知行合一。任务完成后以“任务小结”总结任务要点，使学生能够举一反三，掌握操作技巧，提高分析问题、解决问题的能力。

本书可作为 Photoshop 初学者的入门教材，也可作为从事图形图像创作、影视广告、包装设计等设计领域人员的参考用书，还可作为电脑培训学校的图形图像类专业的教材。

图书在版编目(CIP)数据

Photoshop 平面设计岗位项目制作/王铁军主编.—北京：科学出版社，2018
（中等职业教育“十三五”规划教材·计算机平面设计专业创新型系列教材）

ISBN 978-7-03-055797-1

Ⅰ.①P…　Ⅱ.①王…　Ⅲ.①平面设计-图像处理软件-中等专业学校-教材
Ⅳ.①TP391.413

中国版本图书馆 CIP 数据核字（2017）第 300833 号

责任编辑：陈砺川　王会明 / 责任校对：刘玉靖
责任印制：吕春珉 / 封面设计：东方人华平面设计部

科学出版社 出版
北京东黄城根北街 16 号
邮政编码：100717
http://www.sciencep.com

三河市铭浩彩色印装有限公司印刷
科学出版社发行　各地新华书店经销

*

2018 年 4 月第　一　版　开本：787×1092　1/16
2018 年 4 月第一次印刷　印张：18 1/2
字数：438 000

定价：48.00 元

（如有印装质量问题，我社负责调换〈骏杰〉）
销售部电话 010-62136230　编辑部电话 010-62135397-2008

计算机平面设计专业创新型系列教材

编写委员会

《Photoshop 平面设计岗位项目制作》

编写人员

主　编　王铁军

副主编　李浩明　谢世芳　郭玉刚　王懋芳

编　委　朱立平　吕旺力　袁　霞　温浩亮　何俊荣　林海英

张　宁　莫冬敏　陈素晴　林彩霞　林　敏　梁结坚

万佩娴　惠科科　宋宝玲　朱思进

丛书序 FOREWORD

当今社会信息技术迅猛发展，互联网+、工业 4.0、大数据、云计算等新理念、新技术层出不穷，信息技术的最新应用成果已渗透到人类活动的各个领域，不断改变着人类传统的生产和生活方式，信息技术的应用能力成为当今人们所必须具备的基本能力。职业教育是国民教育体系和人力资源开发的重要组成部分，信息技术基础应用能力及其在各个专业领域应用能力的培养，始终是职业教育培养多样化人才、传承技术技能、促进就业创业的重要载体和主要内容。信息技术的不断更新迭代及在不同领域的普及和应用，直接影响着技术技能型人才信息技术能力的培养定位，引领着职业教育领域信息技术类专业课程教学内容与教学方法的改革，使之不断推陈出新、与时俱进。

2014 年，国务院出台《国务院关于加快发展现代职业教育的决定》，明确提出要“形成适应发展需求、产教深度融合、中职高职衔接、职业教育与普通教育相互沟通，体现终身教育理念，具有中国特色、世界水平的现代职业教育体系”，要实现“专业设置与产业需求对接，课程内容与职业标准对接，教学过程与生产过程对接，毕业证书与职业资格证书对接，职业教育与终身学习对接”。2014 年 6 月，全国职业教育工作会议在京召开，习近平主席就加快发展职业教育做出重要指示，提出职业教育要“坚持产教融合、校企合作；坚持工学结合、知行合一”。现代职业教育的发展将带来人才培养模式、教育教学方式和办学体制机制的巨大变革，这无疑给职业院校信息技术应用人才的培养提出了新的目标。信息技术类相关专业的教学必须要顺应改革，始终把握技术发展和人才培养的最新动向，推动教育教学改革与产业转型升级相衔接，突出“做中学、做中教”的职业教育特色，强化教育教学实践性和职业性，实现学以致用、用以促学、学用相长。

2009 年，教育部颁布了《中等职业学校计算机应用基础教学大纲》；2014 年，教育部在 2010 年新修订的专业目录基础上，相继颁布了计算机应用、数字媒体技术应用、计算机平面设计、计算机动漫与游戏制作、计算机网络技术、网站建设与管理、网络安防系统安装与维护、软件与信息服务、客户信息服务、计算机速录、计算机与数码产品维修等 11 个计算机类相关专业的教学标准，确定了专业教学方案及核心课程内容的指导意见。

为落实教育部深化职业教育教学改革的要求，使国内优秀中职学校积累的宝贵经验得以推广，“十三五”开局之年，科学出版社组织编写了这套中等职业教育信息技术类创新型规划教材，并将于“十三五”期间陆续出版发行。

本套教材是“以就业为导向，以能力为本位”的“任务引领”型教材，无论是教学体系的构建、课程标准的制定、典型工作任务或教学案例的筛选，还是教材内容、结构的设计与素材的配套，均得到了行业专家的大力支持和指导，他们为本套教材提出了十分有益的建议；

同时，本套教材也倾注了 30 多所国家示范学校和省级示范学校一线教师的心血，他们把多年的教学改革成果、经验收获转化到教材的编写内容及表现形式之中，为教材提供了丰富的素材和鲜活的教学案例，力求符合职业教育的规律和特点，力争为中国职业教学改革与教学实践提供高质量的教材。

本套教材在内容和形式上具有以下特色。

1．行动导向，任务引领。将职业岗位日常工作中典型的工作任务进行拆分，再整合课程专业知识与技能要求，这是教材编写工作任务设计时的原则。以工作任务引领知识、技能及职业素养，通过完成典型的任务激发学生成就感，同时帮助学生获得对应岗位所需要的综合职业能力。

2．内容实用，突出能力培养。本套教材根据信息技术的最新发展应用，以任务描述、知识呈现、实施过程、任务评价以及总结与思考等内容作为教材的编写结构，并安排有拓展任务与关联知识点的学习。整个教学过程与任务评价等均突出职业能力的培养，以“做中学，做中教”“理论与实践一体化教学”作为体现教材辅学、辅教特征的基本形态。

3．教学资源多元化、富媒体化。教学信息化进程的快速推进深刻地改变着教学观念与教学方法。教学资源对改变教学方式具有重要意义，本套书的教学资源包括教学视频、音频、电子教案、教学课件、素材图片、动画效果、习题或实训操作过程等多媒体内容，读者可通过登录 www.abook.cn 下载或通过扫描书中提供的二维码，获取丰富的多媒体配套资源。多元化的教学资源不仅方便了传统教学活动的开展，还有助于探索新的教学形式，如自主学习、渗透式学习、翻转课堂等。

4．以学生为本。本套教材以培养学生的职业能力和可持续性发展为宗旨，教材的体例设计与内容的表现形式充分考虑到学生的身心发展规律，案例难易程度适中，重点突出，体例新颖，版式活泼，便于阅读。

当然，任何事物的发展都有一个过程，职业教育的改革与发展也是如此。本套教材的开发是我们探索职业教育教学改革的有益尝试，其中难免存在这样或那样的不足，敬请各位专家、老师和广大同学不吝指正。希望本系列创新型教材的出版助推优秀的教学成果呈现，为我国中等职业教育信息技术类专业人才的培养和现代职业教育教学改革的探索创新做出贡献。

工业和信息化职业教育教学指导委员会委员

计算机专业教学指导委员会副主任委员

P前 言 REFACE

本书以“项目—任务”为导向，在“知行合一”理念的指导下，结合平面设计岗位需求，将理实一体、岗位核心素养及技能技术水平等要素融合起来编写而成。

本书内容涵盖了Photoshop平面设计在实际应用中的各项功能技术。计算机平面设计岗位包括广告策划、广告创意、设计与制作、创意设计与编排及技术管理等，其岗位核心素养是培养高素质技能型人才的必要条件。遵循“教—学—做—用”理念，重点在教材建设和开发中更加注重与实际岗位相对接。“理实一体化”教学教材改革是依据国务院、教育部有关职业教育改革与发展的文件精神，落实贯彻“以就业为导向，以素质为本位，以能力为核心，以服务为宗旨”的职业教育方针。改革的基本思路是实施“教—学—做”一体化的教育教学和培养模式，有计划、有步骤地开展课程体系和教学内容、教学（培训）方式和评价标准等全方位改革，使专业技能训练内容符合社会岗位需求以及学生专业能力形成规律，从而改善学生的学习品质，改善教育和教学、学习和训练的效果和质量，实现职业教育和专业培养目标。

课程教学学时分配如下表所示。

各教学环节学时分配表

教学内容	学时
项目1　Photoshop CS6的工具运用	4
项目2　平面设计基础学习	6
项目3　饮食与休闲旅游宣传品设计制作	6
项目4　房地产与家具广告设计制作	6
项目5　服装与妆饰产品广告设计制作	6
项目6　家电通信产品广告设计制作	6
项目7　环保宣传单与社会公益广告设计	6
项目8　互联网+购物宣传设计	6
项目9　汽车与影视海报设计制作	6
项目10　卡通插画与印刷品封面设计	6
项目11　综合应用	6
复习	6
考试	2
合计	72

注：按周学时为4、学期教学周数为18周计算，总学时为72学时。

本书由王铁军担任主编并总体设计统稿，李浩明、谢世芳、郭玉刚、王懋芳担任副主编并协助统稿，编写人员主要来自中山市港口理工学校、中山市中等专业学校、中山市沙溪理工学校、中山市第一中等职业技术学校、中山市南朗理工学校、中山市建斌中等职业技术学校、中山市东凤镇理工学校、绍兴市职业教育中心、宁波行知中等职业学校等，此外，在编写过程中得到了以上老师所在学校领导和相关行业企业的大力支持，在此一并致以衷心的感谢。

本书配套教学资源包括：教学课件、微课资源、案例素材、源文件和效果文件等，可登录www.abook.cn下载。其中，微课资源也可通过扫描书中二维码观看。

由于编写时间仓促，以及编者水平有限，书中难免存在疏漏之处，恳请广大读者给予批评指正。

（声明：本书项目任务中的企业名称、产品名称等都是为教学需要而虚构的。）

目录

CONTENTS

Photoshop CS6 的工具运用

学习目标

首先了解 Photoshop 的工作界面，并掌握该软件工作界面及图像文件的基本操作，通过掌握 Photoshop 中的快捷操作方法来提高软件的使用效率，逐步培养精准设计、细致绘制等良好的职业素养。

知识准备

熟悉计算机的基本操作，了解像素、分辨率等图像理论知识。

项目核心素养基本需求

掌握 Photoshop 软件的工作界面，掌握软件的基本操作，熟知各功能面板的使用方法；有一定的计算机操作能力和美术理论知识。

任务 1.1 Photoshop 工作界面的运用

岗位需求描述

Photoshop 应用型人才，需熟练掌握 Photoshop 的工作界面，能快速准确地应用各功能面板进行图形图像处理。

设计理念思路

用户启动 Photoshop 后，按照从上而下、从左至右的顺序对工作界面上各功能面板进行介绍。

岗位核心素养的技能技术需求

作为一名平面设计人员，对 Photoshop 软件的工作界面应该有一个清晰的了解，并能熟练地运用软件中的各面板功能进行图形图像的处理操作。

Photoshop 工作界面的运用

任务实施

1）双击桌面 Photoshop CS6 的快捷图标启动 Adobe Photoshop CS6 软件。

2）Adobe Photoshop CS6 的工作界面按其功能划分了几个部分，包括菜单栏、标题栏、工具箱、工具选项栏、面板区、图像窗口和状态栏等。

说明

Adobe Photoshop CS6 默认的界面是黑色，本节为了图示方便，换成了灰白色界面。(具体操作为：选择“编辑”→“首选项”→“界面”命令，在弹出的“首选项”对话框的“外观”选项下面给出了 4 种颜色方案供用户选择，选择最后一个“灰白色”，单击“确定”按钮即可。)

3）鼠标移动到界面顶部菜单栏位置，选择“文件”→“打开”命令，打开素材文件“背景 7”，工作界面如图 1-1-1 所示。

Photoshop CS6 里面大部分命令分类放在了菜单栏的不同菜单中，共有“文件”“编辑”“图像”“图层”“文字”“选择”“滤镜”“视图”“窗口”“帮助”10 个菜单，通过各命令菜单完成 Photoshop CS6 的绝大多数操作以及窗口的定制。

4）鼠标移动至界面左侧工具箱位置，里面包含了 70 多种工具，这些工具大致可以分为选取制作工具、绘画工具、修饰工具、颜色设置工具以及显示控制工具等，通过这些工具可以更为方便地编辑图像。长按鼠标左键单击工具按钮，会展开该工具下的隐藏工具。工具箱展开的效果图如图 1-1-2 所示。

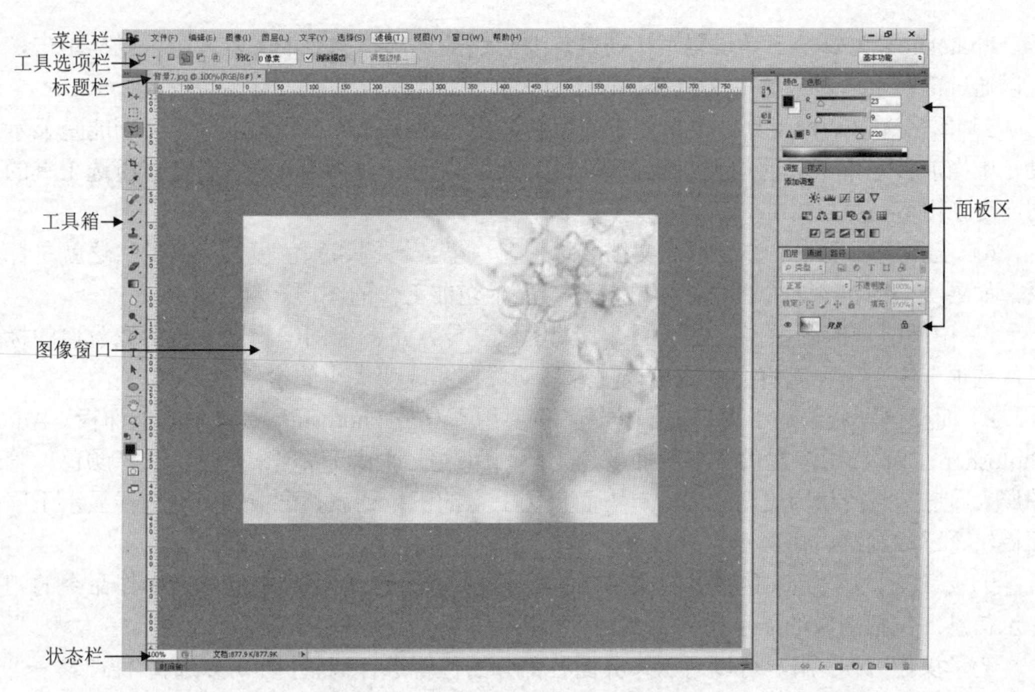

图 1-1-1　Photoshop CS6 工作界面

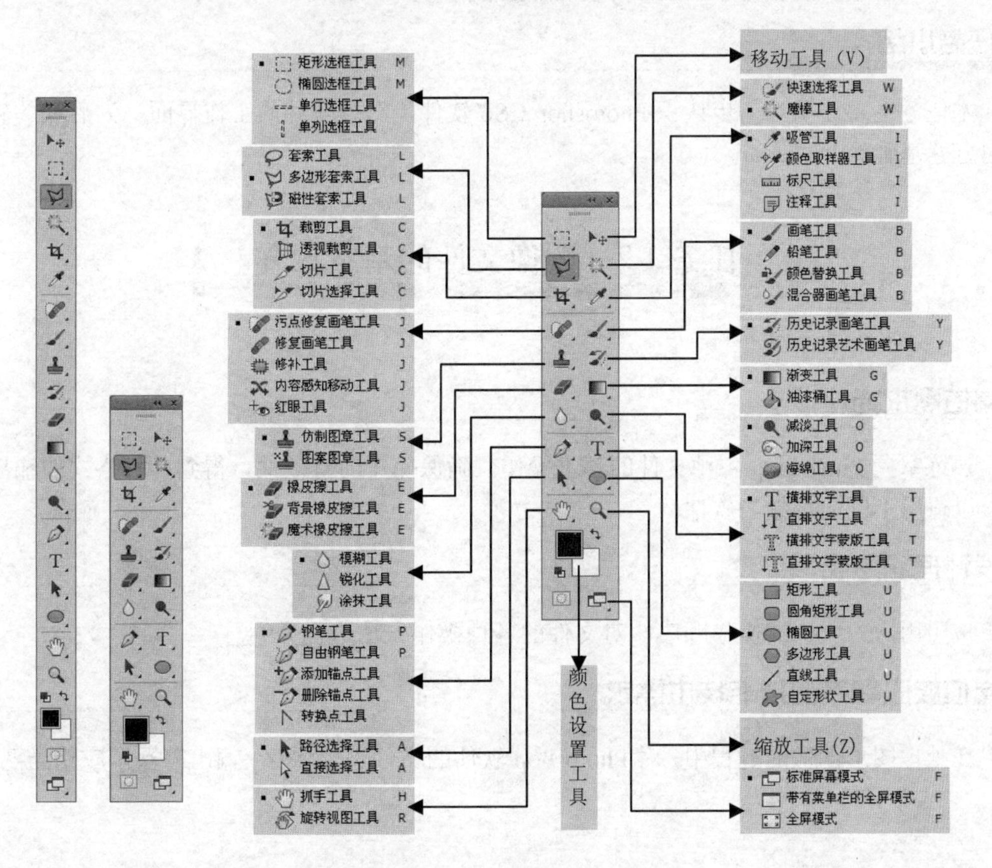

图 1-1-2　工具箱展开状态及工具按钮

Photoshop 为每个工具设置了快捷键，要想快捷地选择想要的工具，可以鼠标单击，也可以通过键盘上面对应的英文键选择该工具。

5）单击选中某种工具，菜单栏下面就会多出一栏，称之工具选项栏，其功能是显示工具箱中当前被选中工具的相关参数和选项，以便对其进行具体设置。它会随着所选工具的不同而变换内容。

6）工具选项栏的下方显示了文档名称、窗口缩放比例和颜色模式等信息，这就是标题栏，如果文档中包含多个图层，标题栏还会显示当前工作的图层名称。

7）中间区域的图像窗口显示所打开的图像文件，是图像的编辑区。将图像窗口的标题栏从选项卡中拖出，它将会变成可以任意移动位置和改变大小的窗口。

8）面板区默认停靠于窗口右侧位置，主要用于存放 Photoshop 提供的功能面板。Adobe Photoshop CS6 为用户提供了多种面板，用户利用这些面板可以观察信息，选择颜色，管理图层、通道、路径和历史记录等。单击面板区上方的下拉列表，可根据用途选择显示不同的面板组合，如绘画、摄影等，默认选择基本功能。

9）状态栏位于工作界面或图像窗口的最下方，显示当前图像的状态及操作命令的相关提示信息，包括图像的显示比例、文档大小等。

为了操作方便，用户可以对工作界面各部分的位置进行调整，并可以选择“窗口”→“工作区”→“基本功能”命令，使工作界面恢复到默认状态。

任务小结

本任务主要让用户初步认识 Photoshop CS6 软件，熟悉软件的工作界面，为后续的软件学习打好基础。

任务 1.2 图像文件的基本操作

岗位需求描述

熟练掌握 Photoshop 各种文件的基本操作，确保操作的有效性，得到各种格式的输出文件，以适用不同的场景与软件。

设计理念思路

按照用户对文件的操作顺序，对文件的各种操作方法进行介绍。

岗位核心素养的技能技术需求

在处理图形图像的过程中，对 Photoshop 软件的文件进行保存、输出等操作应相当熟练。

任务实施

1）启动 Adobe Photoshop CS6 软件，选择“文件”→“新建”命令或按 Ctrl+N 快捷键弹出“新建”对话框，创建一个新的图像文件，如图 1-2-1 所示。

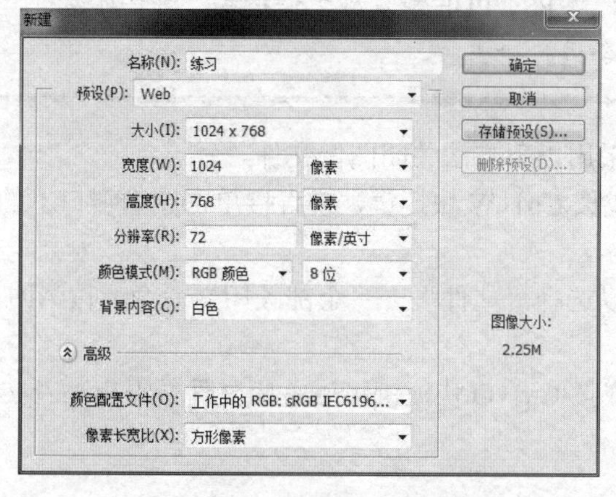

图 1-2-1　“新建”对话框

图像文件的基本操作

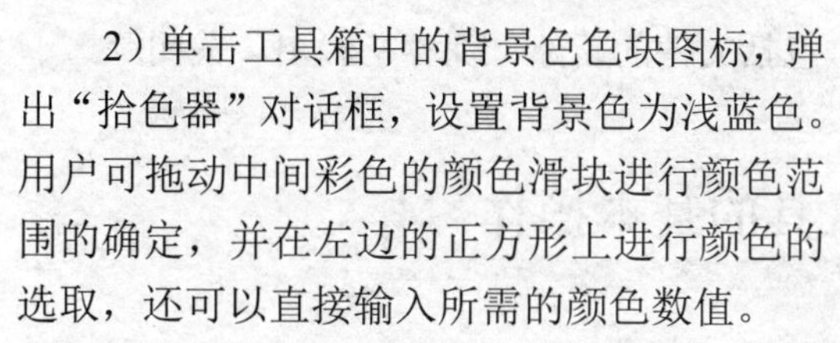

2）单击工具箱中的背景色色块图标，弹出“拾色器”对话框，设置背景色为浅蓝色。用户可拖动中间彩色的颜色滑块进行颜色范围的确定，并在左边的正方形上进行颜色的选取，还可以直接输入所需的颜色数值。

3）按 Ctrl+Backspace 快捷键，将背景色填充到当前图层。

4）选择“窗口”→“色板”命令或在右上方的面板区选择“色板”选项卡，将“色板”面板显示出来，单击选择 RGB 红色作为前景色。

5）选择工具箱中的画笔工具，在工具选项栏上设置适当大小的画笔，在图像窗口绘制一幅手绘画。

6）选择“文件”→“存储”或“存储为”命令，弹出“存储为”对话框，如图 1-2-2 所示，保存文件。

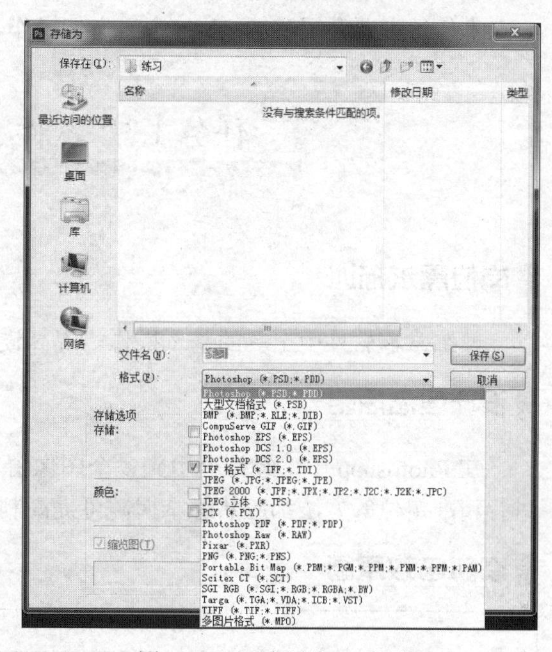

图 1-2-2　“存储为”对话框

说　明

如果是将打开的文件进行编辑后再保存，选择“存储”命令即是以原文件名进行保存，而选择“存储为”命令则可以打开对话框重新命名保存。

7）在“存储为”对话框中的“文件名”文本框中输入“练习”，单击“格式”下拉列表，选择 Photoshop（*.PSD；*.PDD）格式，单击“保存”按钮即可对文件进行存储。

说 明

在 Photoshop 中，保存文件时有多种文件格式可供选择。除了 Photoshop 默认的 PSD 格式外，还可以输出 JPEG、TIFF、GIF、EPS、PDF 等多种文件格式，用户可通过“存储”“存储为”“存储为 Web 所用格式”命令进行输出。

8）完成图像文件的编辑后，可以采用以下方法关闭图像文件。

① 选择“文件”→“关闭”命令或按 Ctrl+W 快捷键，或直接单击图像窗口上的关闭☒按钮。

② 如果打开了多个图像文件，可以选择“文件”→“全部关闭”命令或按 Alt+Ctrl+W 快捷键关闭所有文件。

③ 选择“文件”→“退出”命令或按 Ctrl+Q 快捷键可以关闭文件并退出。若文件未保存，将弹出对话框提示用户是否保存文件。

任务小结

本任务主要介绍 Photoshop 中的文件操作，包括文件的新建、保存、输出、关闭等。

任务 1.3　软件工具的基本操作

岗位需求描述

熟练掌握软件中工具的基本操作，提高设计制作的效率与作品的精准度。

设计理念思路

在 Photoshop 中，经常会用到多个图像窗口，对于多窗口操作，图像缩放、借助参考线进行精准定位等方法都应熟练掌握，可提高制作的效率与精准度。

素材与效果图

素材	效果图

岗位核心素养的技能技术需求

在进行图形图像处理过程中，对 Photoshop 软件各面板及其功能都需要熟练掌握，这不仅能提高处理的效率，还能实现作品的更精准要求。

任务实施

1）启动 Adobe Photoshop CS6 软件，在工作区中双击或选择“文件”→“打开”命令或按 Ctrl+O 快捷键弹出“打开”对话框，按住 Ctrl 键并单击选择多个图像文件，如图 1-3-1 所示。

软件工具的基本操作

2）此时 4 个图像窗口以选项卡形式显示，选择“窗口”菜单，在下拉菜单项中选择文件名列表中的“相框”，将图像窗口切换到相框图片。

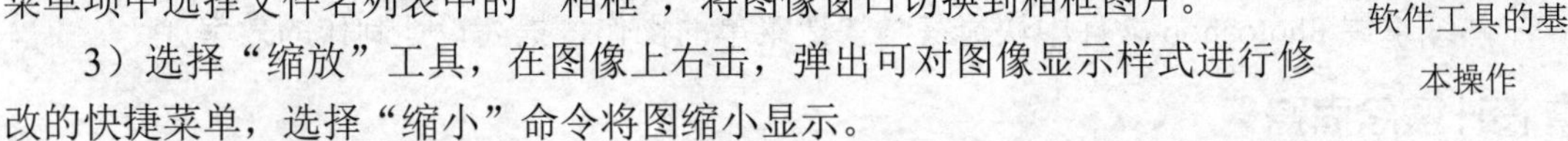

3）选择“缩放”工具，在图像上右击，弹出可对图像显示样式进行修改的快捷菜单，选择“缩小”命令将图缩小显示。

4）选择“窗口”→“排列”→“四联”命令，将 4 个图像窗口并列摆放。

5）选择“窗口”→“排列”→“匹配缩放”命令，将图像窗口统一缩小显示。

6）再次回到相框图像窗口，选择“视图”→“标尺”命令或按 Ctrl+R 快捷键在图像窗口中显示标尺（如标尺已显示则执行此命令可隐藏标尺）。

7）在标尺上按住鼠标左键拖曳至图像窗口的圆心位置，可将参考线添加到图像上，如图 1-3-2 所示。选择“移动”工具，可拖动参考线进行调整。

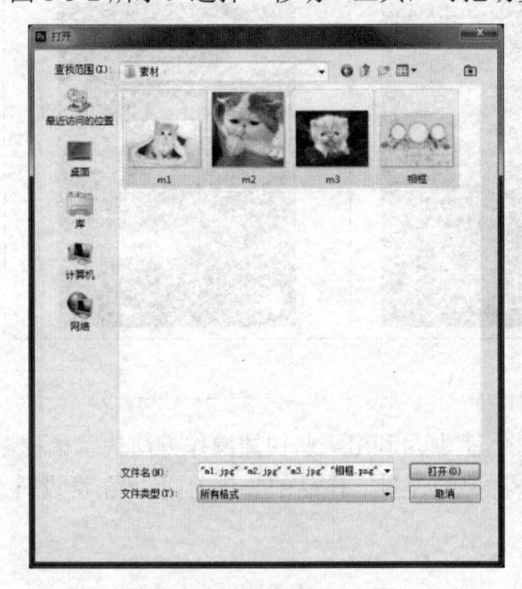

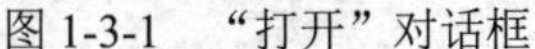

图 1-3-1　“打开”对话框

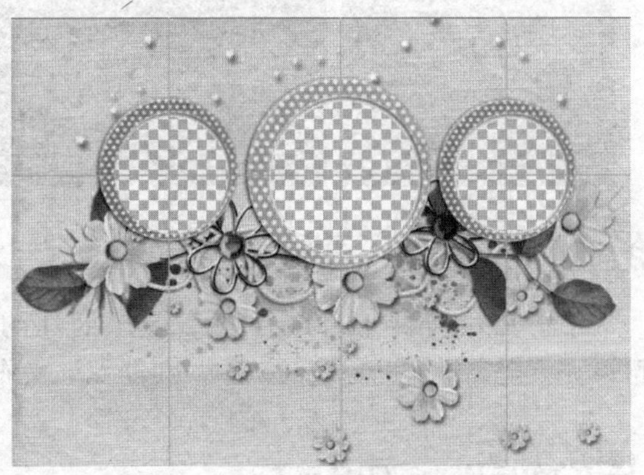

图 1-3-2　添加参考线

8）选择“移动”工具，依次将 3 只小猫的图片拖到相框中并放置到适当的位置。

9）鼠标移动到窗口右下方的图层面板，将最底层的图层 0 向上拖动到最上方。

10）选择“视图”→“清除参考线”命令，将参考线全部删除。

11）选择“文件”→“存储为”命令，将文件以“猫咪相片”命名并保存。

任务小结

本任务通过简单的图像合成实例介绍了 Photoshop 中的多窗口操作以及图像查看、参考线显示或隐藏等基本操作，使读者进一步熟练掌握 Photoshop 软件的使用。

任务 1.4　常用的快捷键与快捷菜单运用

岗位需求描述

熟练掌握 Photoshop 软件中快捷键与快捷菜单的操作，提高设计制作的效率。

设计理念思路

在使用 Photoshop 时，利用快捷键代替鼠标，可以大大提高操作的速度与效率，熟练掌握这些快捷键的使用方法，可提高设计制作的效率。

素材与效果图

岗位核心素养的技能技术需求

使用 Photoshop 软件进行图形图像处理的过程中，利用一些快捷操作方法代替鼠标，可以大大提高操作的速度与效率，还能保证操作思路的连贯，作品的一气呵成，培养设计者更加专业的操作习惯。

常用的快捷键与快捷菜单运用

任务实施

1）启动 Adobe Photoshop CS6 软件，按 Ctrl+O 快捷键打开素材图片“美人鱼.jpg”。

2）按 Ctrl+B 快捷键打开“色彩平衡”对话框，将色阶值设置为“-40, 0, 40”。

3）按 Ctrl+A 快捷键选取素材图片；按 Ctrl+C 快捷键复制选取的图像。

4）按 Ctrl+O 快捷键打开素材图片“海底”，按 Ctrl+V 快捷键将图像粘贴到文件中。

通过按键盘上的字母和控制键，直接执行 Photoshop 对应的命令，这些字母和控制键的组合称为快捷键。Photoshop 的多条菜单命令后均显示其对应的快捷键。常用命令快捷键如表 1-4-1 所示。

表 1-4-1　常用快捷键

类别	命令与快捷键	类别	命令与快捷键
文件类	新建 Ctrl+N　打开 Ctrl+O 打开为 Alt+Ctrl+O　关闭 Ctrl+W 另存为 Ctrl+Shift+S　保存 Ctrl+S 另存为网页格式 Ctrl+Alt+S 打印设置 Ctrl+Alt+P　打印 Ctrl+P 页面设置 Ctrl+Shift+P　退出 Ctrl+Q	图层类	新建图层 Ctrl+Shift+N 新建通过复制的图层 Ctrl+J 与前一图层编组 Ctrl+G 取消编组 Ctrl+Shift+G 合并图层 Ctrl+E 合并可见图层 Ctrl+Shift+E
编辑类	撤销 Ctrl+Z 向前一步 Ctrl+Shift+Z 向后一步 Ctrl+Alt+Z 渐隐 Ctrl+Shift+F 剪切 Ctrl+X 复制 Ctrl+C　合并复制 Ctrl+Shift+C 粘贴 Ctrl+V　原位粘贴 Ctrl+Shift+V 自由变换 Ctrl+T 再次变换 Ctrl+Shift+T 色彩设置 Ctrl+Shift+K	视图类	校验颜色 Ctrl+Y 色域警告 Ctrl+Shift+Y 放大 Ctrl++　缩小 Ctrl+ - 满画布显示 Ctrl+O 实际像素 Ctrl+Alt+O 显示附加 Ctrl+H 显示网格 Ctrl+Alt+’ 显示标尺 Ctrl+R 启用对齐 Ctrl+Shift+; 锁定参考线 Ctrl+Alt+;
图像调整类	调整→色阶 Ctrl+L 调整→自动色阶 Ctrl+Shift+L 调整→自动对比度 Ctrl+Shift+Alt+L 调整→曲线 Ctrl+M 调整→色彩平衡 Ctrl+B 调整→色相/饱和度 Ctrl+U 调整→去色 Ctrl+Shift+U 调整→反向 Ctrl+I 提取 Ctrl+Alt+X 液化 Ctrl+Shift+X	其他	全选 Ctrl+A 取消选择 Ctrl+D 重新选择 Ctrl+Shift+D 反选 Ctrl+Shift+I 羽化 Ctrl+Alt+D 上次滤镜操作 Ctrl+F 填充前景色 Alt+Backspace 填充背景色 Ctrl+Backspace

5）按字母 V 键选择移动工具，用鼠标将美人鱼拖动到画布靠下的位置。

6）鼠标移动到窗口右下方的图层面板上，单击最底部的第三个按钮“添加图层蒙版”。

7）按字母 B 键选择画笔工具。

提 示

按键盘上的某个字母键，可以直接切换到与该字母对应的工具，该字母键称为工具快捷键。多种工具共用一个快捷键的，可同时按 Shift 键加入此快捷键选取。工具快捷键的分布情况如下。

① 移动工具 V。
② 矩形、椭圆选框工具 M。
③ 套索、多边形套索、磁性套索工具 L。
④ 魔棒、快速选择工具 W。
⑤ 裁剪、透视裁剪、切片、切片选择工具 C。
⑥ 吸管、颜色取样器、标尺、注释工具 I。
⑦ 污点修复画笔、修复画笔、修补、内容感知移动、红眼工具 J。
⑧ 画笔、铅笔、颜色替换、混合器画笔工具 B。
⑨ 仿制图章、图案图章 S。
⑩ 历史记录画笔、历史记录艺术画笔工具 Y。
⑪ 橡皮擦工具、背景橡皮擦工具、魔术橡皮擦工具 E。
⑫ 渐变、油漆桶工具 G。
⑬ 减淡、加深、海绵工具 O。
⑭ 钢笔、自由钢笔工具 P。
⑮ 横排文字、直排文字、横排文字蒙版、直排文字蒙版工具 T。
⑯ 路径选取、直接选取工具 A。
⑰ 矩形、圆角矩形、椭圆、多边形、直线、自定形状工具 U。
⑱ 抓手工具 H。
⑲ 旋转视图工具 R。
⑳ 缩放工具 Z。
㉑ 标准屏幕模式、带有菜单栏的全屏模式、全屏模式 F。
㉒ 默认前景色和背景色 D。
㉓ 切换前景色和背景色 X。
㉔ 切换标准模式和快速蒙板模式 Q。
㉕ 临时使用移动工具 Ctrl。
㉖ 临时使用吸色工具 Alt。
㉗ 临时使用抓手工具 Space。
㉘ 打开工具选项面板 Enter。

8）在图像编辑区右击，在出现的选项栏中设置画笔主直径大小为 200 像素，硬度为 0%。

9）按字母 D 键设置默认前景色为黑色，在美人鱼的上方进行涂抹，浏览最终效果。

提 示

当鼠标在图像编辑区右击时会显示快捷菜单，通过该菜单，可以直接应用当前状态下可以执行的大部分命令，快捷菜单随着所使用的工具或所使用的面板而变化。

任务小结

本任务通过使用快捷键与快捷菜单来完成简单的图像合成，目的在于熟练掌握 Photoshop 的快捷操作方法，提升操作效率。

项 目 测 评

设计要求

在 Photoshop 中，综合运用参考线、各类绘图工具绘制 Photoshop 的软件 LOGO。

素材与效果图

素材	效果图
无	Ps

平面设计基础学习

学习目标

使用 Photoshop 软件之前，必须明确几个平面设计的基本概念，位图与矢量图、分辨率、图像尺寸、颜色模式、印前设置与保存，这是学习 Photoshop 软件的前提，它有助于深入理解 Photoshop 软件，同时还能培养良好的审美能力与艺术素养。

知识准备

平面设计也称为视觉传达设计，以“视觉”作为沟通和表现方式，借助符号、图片以及文字等来传达想法或信息。

项目核心素养基本需求

Photoshop 软件被广泛应用于平面广告、包装、装潢、印刷、制版等领域，如各种宣传海报、产品包装等。

利用软件方面的专业技巧达到创作的目的，完成设计作品。成为一个真正的平面设计师，不是只学会使用几个软件就可以了。创意来自灵感，而灵感来自生活，设计师需要在生活体验中发现灵感，学会去创作。

任务 2.1　位图与矢量图的运用

岗位需求描述

很多 Photoshop 软件初学者不清楚位图与矢量图之间的区别。其实，位图是由不同亮度和颜色的像素所组成，适合表现大量的图像细节，位图图像效果好，但放大以后会失真。而矢量图则使用直线和曲线来描述图形，这些图形的元素是一些点、线、矩形、多边形、圆和弧线等，它们都是通过数学公式计算获得的，所以矢量图形文件一般较小。本书使用的 Photoshop 软件，是具有代表性的位图绘图软件。

设计理念思路

为了深入地了解矢量图和位图，本任务介绍了矢量图和位图的概念及两种图片格式的区别，并用图片的形式直观地让读者加深理解。

素材与效果图

素材

位图图像　　矢量图图像

岗位核心素养的技能技术需求

详细了解矢量图与位图两种图片格式，并能区别两种图片格式；了解矢量图的基本绘制软件，并进一步了解 Photoshop 软件的常用存储模式。

任务实施

1）打开 Adobe Photoshop CS6 软件，选择“文件”→“打开”命令，打开位图素材图片，如图 2-1-1 所示。

图 2-1-1　打开位图素材图像

2）选择工具箱中的缩放工具，将鼠标指针移到素材图的左上角，按住鼠标左键拖动，将素材图放大，可以发现该图像开始虚化，如图 2-1-2 所示。

图 2-1-2　放大位图图像

3）继续放大素材图，当放大到 800 倍时，则可以清晰地观察到图像中有很多小方块，这些小方块就是构成图像的像素（这是位图最显著的特征），如图 2-1-3 所示。

图 2-1-3　位图图像放大 800 倍

4）使用 Photoshop 不能打开矢量图形（简称“矢量图”），比较有代表性的矢量绘图软件有 Adobe Illustrator、CorelDRAW、Auto CAD 等。

5）打开 Illustrator 软件，选择“文件”→“打开”命令，打开矢量图素材图片，如图 2-1-4 所示。

6）选择工具箱中的缩放工具，将鼠标指针移到素材图的左上角，按住鼠标左键拖动，将素材图放大，可以发现该图像没有变化，如图 2-1-5 所示。

图 2-1-4　打开矢量图素材图像

图 2-1-5　放大矢量图图像

7）继续放大素材图，当放大到 800 倍时，可以发现其仍然保持清晰的颜色和锐利的边缘，如图 2-1-6 所示。

提　示

位图图像（简称“位图”）是由大量的像素组成的。每个像素都分配有特定的位置和颜色值。在处理位图图像时，所编辑的是像素，而不是对象或形状。位图图像是连续色调图像最常见的电子媒介，因为它们可以更有效地表现阴影和颜色的细微层次。

矢量图形是由称作矢量的数学对象定义的直线和曲线构成的，根据图像的几何特征对图像进行描述。

矢量图形与分辨率无关，任意移动或修改矢量图形都不会丢失细节或者影响其清晰度。当调整矢量图形的大小、将矢量图形打印到任何尺寸的介质上、在 PDF 文件中保存矢量图形或将矢量图形导入基于矢量的图形应用程序中时，矢量图形都将保持清晰的边缘。

图 2-1-6　矢量图图像放大 800 倍

任务小结

本任务对矢量图与位图两种常用的图片格式进行了详细的讲解，区别两种图片格式；并介绍了矢量图的基本绘制软件。

任务 2.2　相片分辨率的设置

岗位需求描述

在平面设计中，图像的分辨率以像素/英寸（1 英寸=2.54 厘米）来度量，分辨率决定于图片的像素数与图片的尺寸（幅面）大小，像素数高且图片尺寸小的图片，即单位面积上所含的像素数多的图片，其分辨率也高。在平面设计中，针对不同的设计要求，进行相关的像素大小的设置。一般来说像素越多，分辨率越高。

设计理念思路

重点介绍两种常用的分辨率 72 像素/英寸与 300 像素/英寸。用图片对比的方法直观地展现分辨率不同，图片效果也不相同。介绍图像分辨率、打印分辨率等相关分辨率的知识。

素材与效果图

素材

300 像素/英寸图像　　72 像素/英寸图像

岗位核心素养的技能技术需求

在平面设计中，能针对不同的设计要求，进行相关的像素大小的设置。知道如何在喷绘、写真、印刷中选择合适的分辨率。

任务实施

1）打开 Adobe Photoshop CS6 软件，选择“文件”→“打开”命令，打开位图素材图片，如图 2-2-1 和图 2-2-2 所示。

图 2-2-1　打开 300 像素/英寸图像

图 2-2-2　打开 72 像素/英寸图像

2）选择“图像”→“图像大小”命令，如图 2-2-3 所示，像素的多少与文档的大小成正比例，像素多则文档容量就大。300 像素/英寸图像的像素大小为 24.1M，而 72 像素/英寸图像的像素大小为 11.1K，如图 2-2-4 和图 2-2-5 所示。

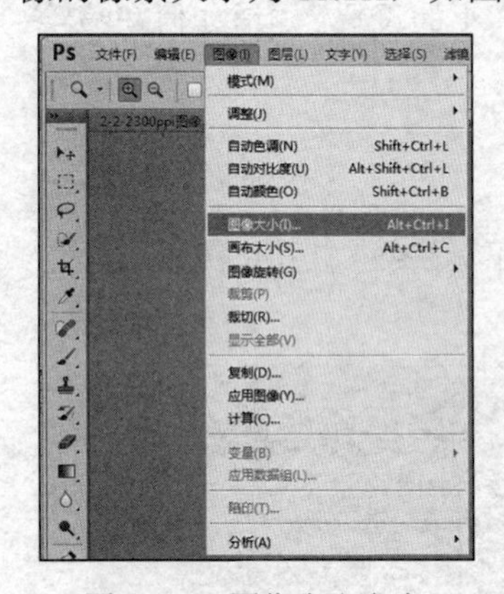

图 2-2-3　图像大小命令

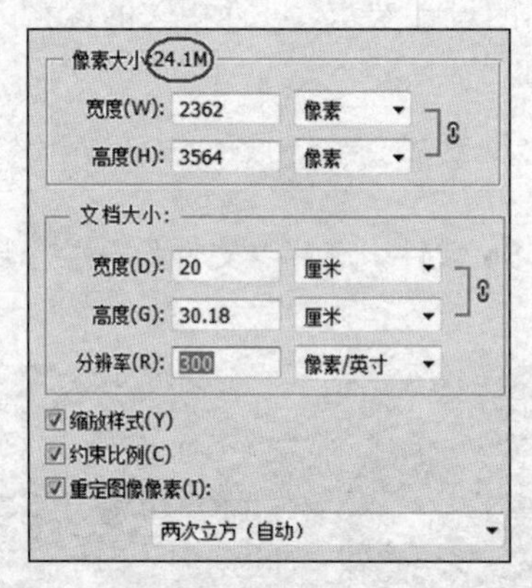

图 2-2-4　300 像素/英寸图像大小

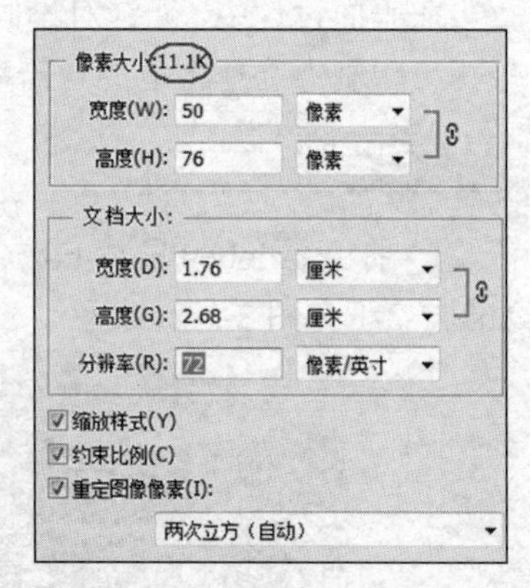

图 2-2-5　72 像素/英寸图像大小

3）对比可知，图 2-2-1 和图 2-2-2 两张图片的清晰度有着明显的差异，即像素多的图 2-2-1 的清晰度明显要高于像素少的图 2-2-2。

图像的分辨率主要用于控制位图图像中的细节精细度，测量单位是像素/英寸（ppi）。单位英寸的像素越多，分辨率越高。一般来说，图像的分辨率越高，印刷出来的质量就越好。

使用 Photoshop 进行印刷品的制作时，分辨率相当重要。例如，一张 A4 纸，在 300 像素/英寸下的像素尺寸为 3508 像素×2480 像素，而在 72 像素/英寸下则只有 842 像素×595 像素。那么，用于印刷时的精度差异，则会相当明显。

任务小结

本任务对两种常用的分辨率 72 像素/英寸与 300 像素/英寸进行了详细的讲解；在 Photoshop 软件中像素的多少与文档的大小成正比例，像素大文档容量就大。

任务 2.3　宣传画的图像尺寸设置

岗位需求描述

对于经常使用 Photoshop 软件的朋友，一定都少不了对图像的大小进行操作。在实际 Photoshop 软件的操作中，处理和编辑图像时往往需要更改或调整图像像素的大小、打印尺寸和分辨率，这些都可以通过“图像大小”命令来进行更改或调整。

设计理念思路

在平面设计中，要根据不同的设计要求，对图像尺寸的大小进行设置。尺寸的大小，就是这个图片打印出来的大小，可根据设置的数值来确定。在所有数值都不改变的情况下，仅仅改变分辨率的大小，对应的像素会有所改变，但是，文档大小用厘米所表示的尺寸，是不会有变化的。

素材与效果图

素材

500 像素文件　　1500 像素文件

岗位核心素养的技能技术需求

在 Photoshop 软件中，图片的高度、宽度指的是文档的高度与宽度，也即打印后图像部分的高宽与宽度。

任务实施

1）打开 Adobe Photoshop CS6 软件，选择“文件”→“打开”命令，打开如图 2-3-1 和图 2-3-2 所示的位图素材图片。在同样的显示比例（33.33%）下图 2-3-2 比图 2-3-1 在窗口中的比例要大得多。

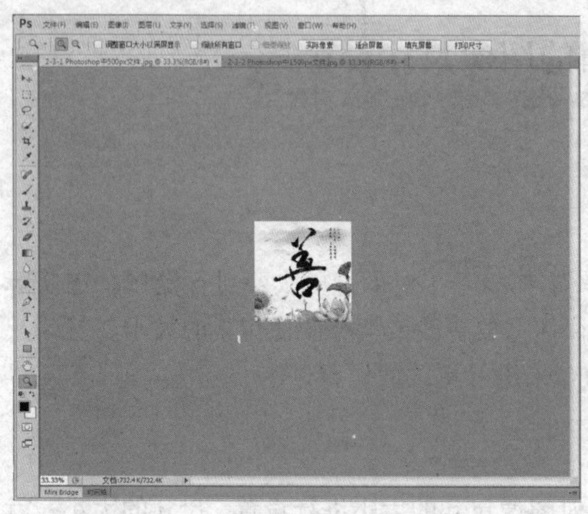

图 2-3-1　在 Photoshop 中打开 500 像素文件

图 2-3-2　在 Photoshop 中打开 1500 像素文件

2）选择“文件”→“新建”命令，打开“新建”对话框，分别设置文件宽高为 500 像素×500 像素和 1500 像素×1500 像素，分辨率都为 300 像素/英寸，所得到的文件大小是有区别的，如图 2-3-3 和图 2-3-4 所示。

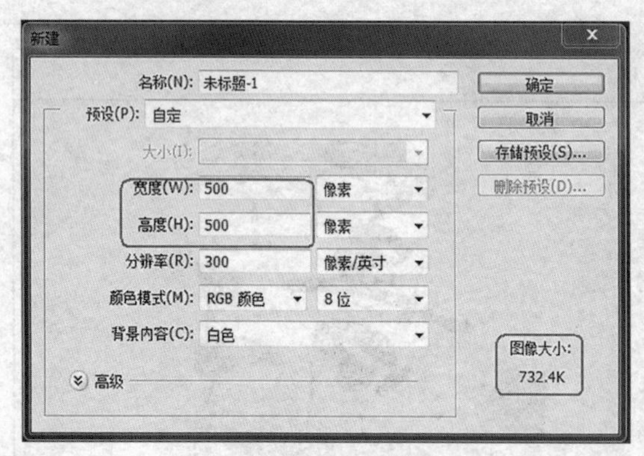

图 2-3-3　“新建”对话框（1）

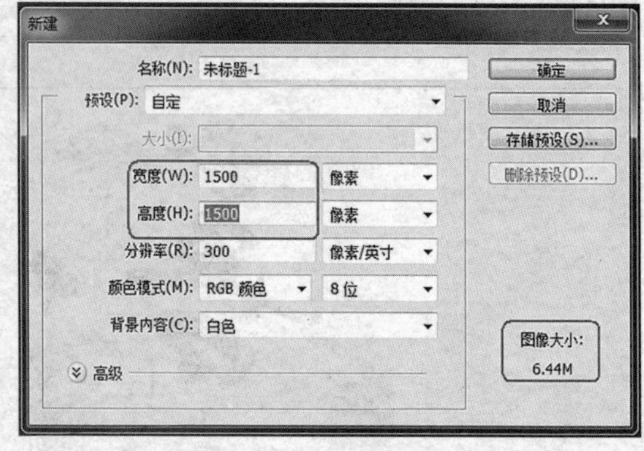

图 2-3-4　“新建”对话框（2）

任务小结

在 Photoshop 软件中进行简单的图像尺寸的设置，在同一分辨率下设置不同尺寸，对比显示的图像大小。

任务2.4　照片的色彩模式调整

岗位需求描述

画家用颜料来调配颜色，而计算机则用数码来控制颜色。常用的平面设计软件（如Illustrator、Photoshop 等）都具有强大的图像处理功能，而对颜色的处理则是其强大功能不可缺少的一部分。因此，了解有关颜色的基本知识和常用的颜色模式，对于生成符合人们视觉感官需要的图像无疑是大有益处的。

设计理念思路

使用 Photoshop 软件进行设计时，主要用到的是 RGB 颜色模式。RGB 颜色模式是最基础的颜色模式，只要在电脑屏幕上显示的图像，就一定是 RGB 颜色模式。CMYK 模式也是常用的颜色模式之一，也称作印刷颜色模式，顾名思义就是用来印刷的。

素材与效果图

岗位核心素养的技能技术需求

了解几种常用的色彩模式，如 RGB 颜色模式、CMYK 颜色模式、HSB 颜色模式、Lab 颜色模式、灰度模式、索引颜色模式。能使用 Photoshop 软件设置不同的颜色模式。

任务实施

1）打开 Adobe Photoshop CS6 软件，选择“文件”→“打开”命令，打开位图素材图片。选择“图像”→“模式”命令，如图 2-4-1 所示，勾选 RGB 颜色模式，将看到如图 2-4-2 所示的色彩变化。

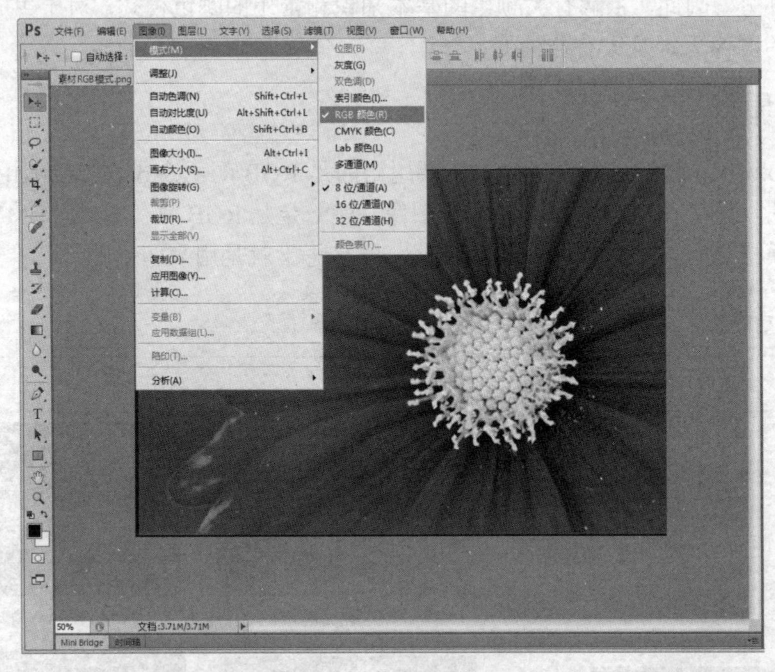

图 2-4-1　选择图像模式

> **提示**
>
> RGB 颜色模式是最常使用的一种颜色模式，RGB 颜色模式是一种发光模式（也叫“加光”模式）。RGB 分别代表 Red 红色、Green 绿色、Blue 蓝色，RGB 颜色模式下的图像只有在发光体上才能显示出来，如显示器、电视机等，该模式包括的颜色信息（色域）有 1670 多万种，是一种真色彩颜色模式。

图 2-4-2　RGB 模式

2）同步骤 1），勾选 CMYK 颜色模式，将看到如图 2-4-3 所示的色彩变化。

图 2-4-3　CMYK 模式

提　示

CMYK 是一种印刷模式，CMYK 是 4 种印刷油墨名称的首字母，C 代表 Cyan（青色）、M 代表 Magenta（洋红）、Y 代表 Yellow（黄色），K 代表 Black（黑色）。CMYK 颜色模式也叫“减光”模式，该模式下的图像只有在印刷体上才可以观察到。CMYK 颜色模式包含的颜色总数比 RGB 颜色模式少很多，所以在显示器上观察到的图像要比印刷出来的图像靓丽很多。

3）同步骤 1），勾选 Lab 颜色模式，将看到如图 2-4-4 所示的色彩变化，该模式弥补了 RGB 和 CMYK 两种颜色模式的不足。

图 2-4-4　Lab 颜色模式

提　示

Lab 颜色模式由一个明度通道（L）和两个色彩通道（A 和 B）组成。A 通道包括的颜色是从深绿色（低亮度值）到灰色（中亮度值）再到亮粉红色（高亮度值）；B 通道则是从亮蓝色（低亮度值）到灰色（中亮度值）再到黄色（高亮度值）。因此，这种色彩混合后将产生明亮的色彩。

4）同步骤 1），勾选灰度模式，将看到如图 2-4-5 所示的色彩变化，灰度模式用单一色调表现图像。

图 2-4-5 灰度模式

5）同步骤 1），勾选索引颜色模式，将看到如图 2-4-6 所示的色彩变化。

提 示

当图像为索引颜色模式时，Photoshop 将构建一个颜色查找表（CLUT），用于存放并索引图像中的颜色。

在 Photoshop 中，当图像是单通道图像，且处于索引颜色模式时，所有的滤镜都不可以使用。

图 2-4-6 索引颜色模式

任务小结

本任务针对 Photoshop 中 5 种常用的颜色模式进行了讲解，帮助读者理解色彩构成，以及颜色模式特点。

任务 2.5 设计作品的印前设置与保存

岗位需求描述

保存图像时必须选择一定的图像文件格式，如果所选文件格式不合适，会影响图像的质量。Photoshop 软件支持多种图像文件格式，如 PSD 格式、TIFF 格式、BMP 格式、JPEG 格式、GIF 格式、PDF 格式等。

设计理念思路

通常，JPEG 格式是常用的图片保存格式，使用起来比较方便。而 Photoshop 软件制作好的图片保存格式最好使用 PSD 格式，如需修改图片细节时，可直接打开在具体图层中修改。

岗位核心素养的技能技术需求

会根据图像的用途，选择合适的保存格式，并在“保存类型”下拉列表中选择相应的选项。

任务实施

1）在 Photoshop 软件中，任意打开一张素材或设计作品。（Photoshop 软件中文件格式决定了图像数据的存储方式、压缩方法以及支持什么样的 Photoshop 功能，还有文件是否与一些应用程序兼容。）

2）选择“文件”→“存储”或“存储为”命令保存图像时，可以在打开的对话框中选择文件的保存格式，如图 2-5-1 所示。

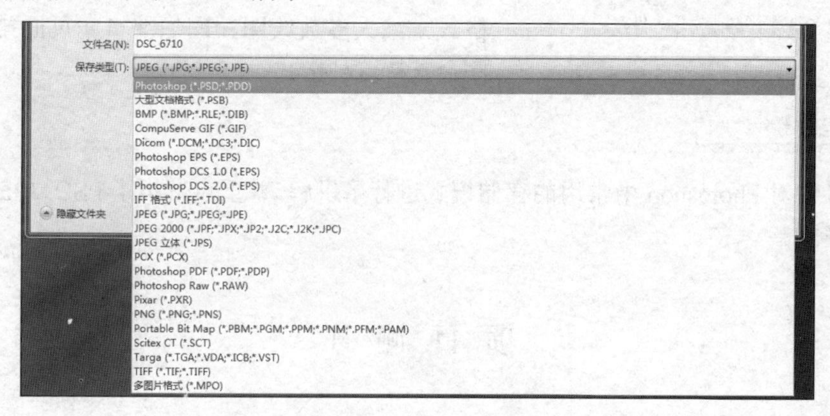

图 2-5-1　存储格式选择

① PSD 格式：PSD 是 Photoshop 软件自身的文件格式，如图 2-5-2 所示，这种格式可以存储图像所有的图层、通道、参考线、注解和颜色模式等信息。在保存图像时，若图像中包含图层，则一般都用 PSD 格式保存。

图 2-5-2　PSD 格式文件

提　示

PSD 格式在保存时会将文件压缩，以减少占用磁盘空间，但 PSD 格式所包含的图像数据信息较多（如图层、通道、剪辑路径、参考线等），因此比其他格式的图像文件要大得多。PSD 文件保留所有原图像数据信息，因而修改起来较为方便，但大多数排版软件不支持 PSD 格式的文件，必须等图像处理完以后，再转换为其他占用空间小而且存储质量好的文件格式才能进行排版。

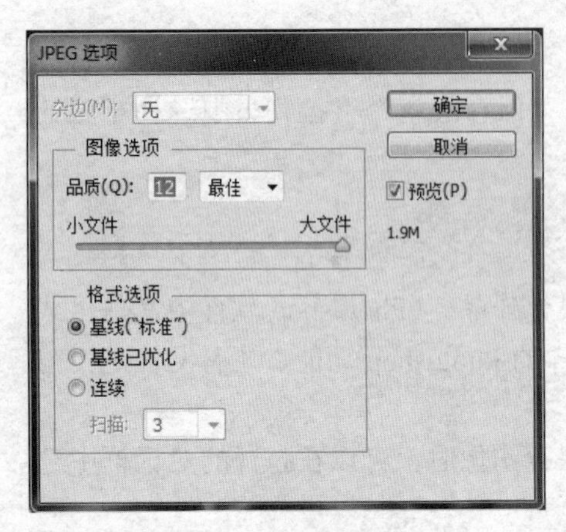

图 2-5-3 JPG 格式文件

② JPEG 格式：JPEG 的英文全名是 Jont Picture Expert Group（联合图像专家组），它是一种有损压缩格式，如图 2-5-3 所示。此格式的图像通常用于图像预览和一些超文本文档中（HTML 文档）。JPEG 格式的最大特点就是文件比较小，可以进行高倍率的压缩，是压缩率较高的图像格式之一。JPEG 格式在压缩保存的过程中会以失量最小的方式丢掉一些肉眼不易察觉的数据，保存后的图像没有原图质量好，因此印刷品最好不要选用这种图像格式。

③ TIFF 格式：TIFF 格式用于在应用程序和计算机平台间交换文件。TIFF 是一种灵活的位图图像格式，绝大多数绘图、图像编辑和页面排版应用程序会支持这种格式。

任务小结

本任务针对 Photoshop 中常用的存储模式进行了讲解，并重点解析了 PSD、JPEG 和 TIFF 图像存储模式。

项 目 测 评

测评 2.1 位图图像和矢量图形运用

设计要求

使用 Photoshop 软件打开素材图片，先将其放大 800%显示，然后缩小 50%显示，再恢复 100%显示。通过对比，掌握位图图像和矢量图形的区别和运用。

素材与效果图

素材

测评 2.2　颜色模式运用

设计要求

使用 Photoshop 软件打开素材图片，将其转换为 CMYK 颜色模式、Lab 颜色模式、灰度模式、索引颜色模式 4 种不同的颜色模式，观察图像颜色有何变化，并保存成不同的文件格式。

素材与效果图

素材

饮食与休闲旅游宣传品设计制作

学习目标

利用 Photoshop 软件进行饮食与休闲旅游宣传品广告设计，能综合利用多种工具进行创意设计，使作品具有较强的视觉冲击力，更好地吸引人的眼球，能引发受众的共鸣，从而达到商业宣传的目的。

知识准备

了解代金券、海报、宣传单等广告设计的概念、特点、意义等；学会分析客户特点、创意思路，制定设计方案，收集整理设计素材等。

项目核心素养基本需求

掌握 Photoshop 软件中钢笔工具、剪贴蒙版、滤镜、图层蒙版、画笔工具、选区工具、标尺工具等的使用方法；熟练运用图层混合模式、图层样式、调整图层、路径及描边路径进行广告设计；具备较好的设计能力，有独特的视角，力求所设计作品达到商业宣传的目的，反映饮食与休闲旅游产品的特性。

任务 3.1　设计制作代金券

岗位需求描述

代金券是指产品/商家，为了达到拉新、促活、增加订单成交量、回馈用户、补偿用户等目的而使用的营销手段，形式丰富，有满减、折扣、购物返现、返券等。某香港酒楼茶餐厅新开业，为吸引消费者现需要广告公司设计制作一个满减代金券。代金券尺寸要求 20cm×8cm 或 19cm×7cm；需包含店名、地址、电话、优惠金额、使用说明等文字内容，需特色图片、装饰性图片等美化版面的图片内容。设计中应注意突出优惠金额及使用条件。

设计理念思路

利用图文混排设计代金券的版面，力求主题突出，风格简约，色彩明快，有吸引力，便于识别。

素材与效果图

岗位核心素养的技能技术需求

剪贴蒙版和路径工具的综合使用，运用自由变换、填充、滤镜、图层样式、文字工具等对文字进行设计编排，从而突出代金券的宣传主题。

任务实施

设计制作代金券

1）启动 Adobe Photoshop CS6 软件，按 Ctrl+N 快捷键，在弹出的“新建”对话框的“名称”文本框中输入“代金券”，调整“宽度”为 20cm，“高度”为 8cm，“分辨率”为 300 像素/英寸，“颜色模式”为 CMYK 颜色模式，其他参数保持默认。

2）单击“创建新图层”按钮，新建图层并命名为“背景色”，如图 3-1-1 所示。选择油漆桶工具，设置前景色为“#030f0e”，然后填充“背景色”图层，如图 3-1-2 所示。

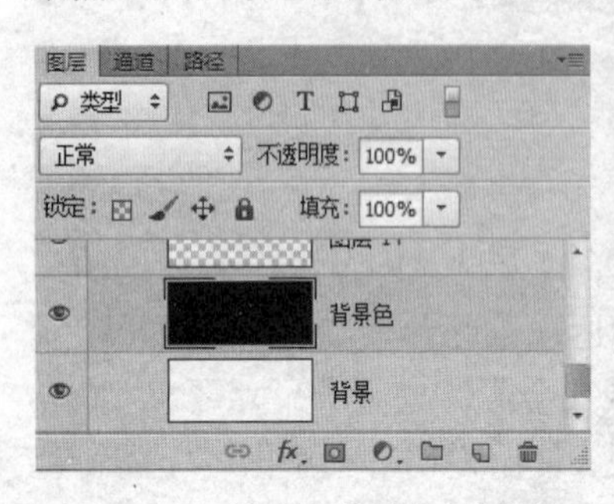

图 3-1-1　新建“背景色”图层

图 3-1-2　填充“背景色”图层

3）单击“创建新图层”按钮，新建图层并命名为“修饰色块”，如图 3-1-3 所示。运用多边形套索工具建立选区，将前景色设置为“#383838”，填充所选选区，如图 3-1-4 所示。

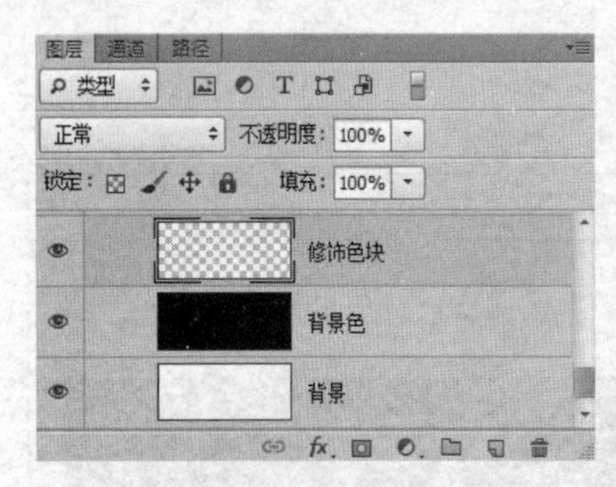

图 3-1-3　新建“修饰色块”图层

图 3-1-4　填充“修饰色块”图层

4）新建“菜品区域”图层，如图 3-1-5 所示。运用多边形套索工具建立选区，填充任意颜色，如图 3-1-6 所示。

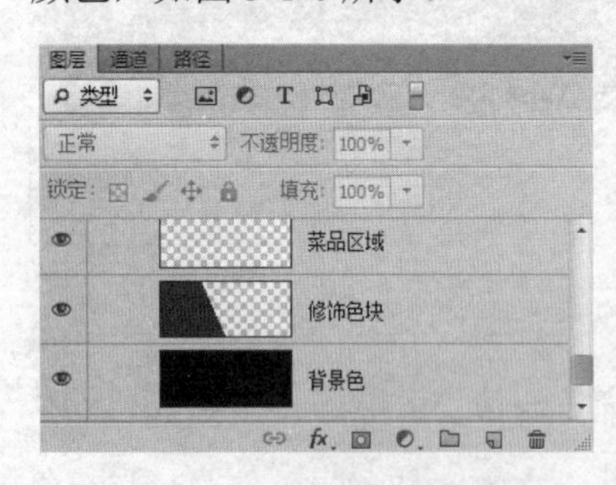

图 3-1-5　新建“菜品区域”图层

图 3-1-6　填充“菜品区域”图层

5）打开“美食”素材，将图片复制到“代金券”文档中，按 Ctrl+T 快捷键调整“美食”图层大小，如图 3-1-7 所示。

图 3-1-7 插入美食素材并调整大小

6）右击“美食”图层，选择“创建剪贴蒙版”选项，如图 3-1-8 所示，剪贴蒙版创建后的效果如图 3-1-9 所示。

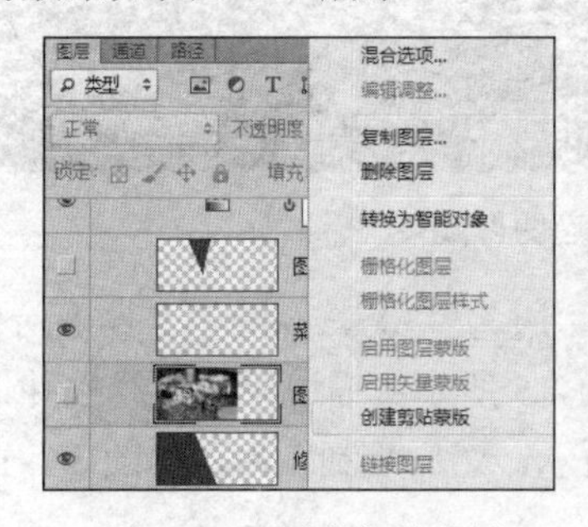

图 3-1-8 创建剪贴蒙版

图 3-1-9 剪贴蒙版创建后的效果

7）选择“美食”图层，选择“滤镜”→“模糊”→“光圈模糊”命令，适当调整光圈位置、大小、旋转角度，并根据所见效果调整“光源散景”和“散景颜色”参数，如图 3-1-10 所示。

图 3-1-10 针对美食图层运用“光圈滤镜”

8）选择“图层”→“新建调整图层”→“色相/饱和度”命令，在弹出的对话框中勾选“使用前一图层创建剪贴蒙版”复选框，如图 3-1-11 所示。调整“饱和度”参数提高美食图层的鲜艳度，参数设置及调整效果如图 3-1-12 和图 3-1-13 所示。

新建图层

名称(N): 色相/饱和度 1　　确定

☑ 使用前一图层创建剪贴蒙版(P)　　取消

颜色(C): ☒无

模式(M): 正常　　不透明度(O): 100 %

图 3-1-11　新建“色相/饱和度”调整图层

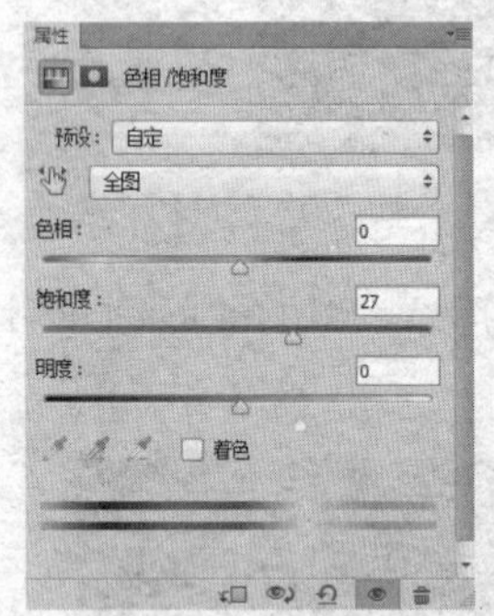

图 3-1-12　调整“饱和度”参数　　图 3-1-13　调整后图像效果

9）选择多边形工具，设置为星形，缩进边依据为“9%”，边为“30”，如图 3-1-14 所示。设置多边形模式为“形状”，填充颜色为“#e83b0c”，如图 3-1-15 所示；描边颜色为线性并调整好颜色值，角度为“135”，宽度为“3.5 点”，如图 3-1-16 所示，然后绘制图形，如图 3-1-17 所示。

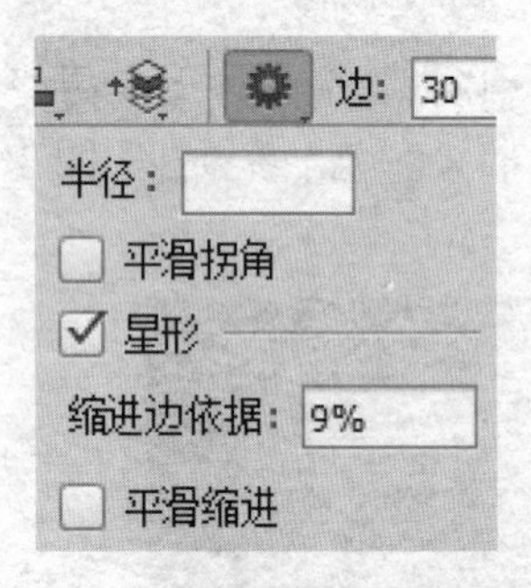

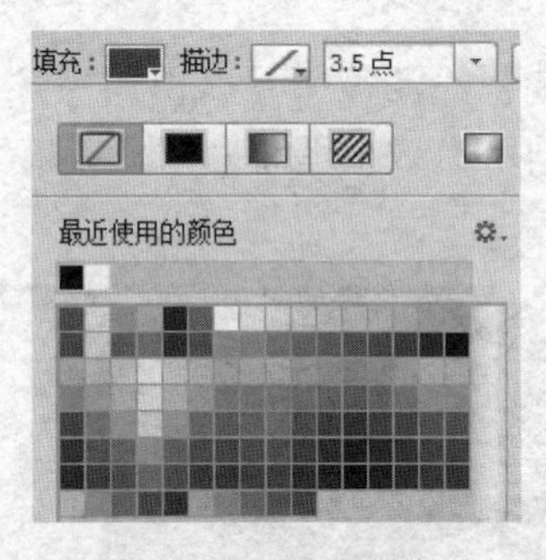

图 3-1-14　设置形状与边　　图 3-1-15　填充颜色　　图 3-1-16　描边设置

图 3-1-17　绘制形状

10）选择椭圆工具，模式为“路径”，按住 Shift+Alt 键，绘制正圆路径，如图 3-1-18 所示。设置画笔笔触和大小，如图 3-1-19 所示。新建图层，选择路径选项卡，右键选择路径并选择“描边路径”命令，为该图层设置“渐变叠加”样式，设置颜色和角度，如图 3-1-20～图 3-1-23 所示。

图 3-1-18　绘制正圆

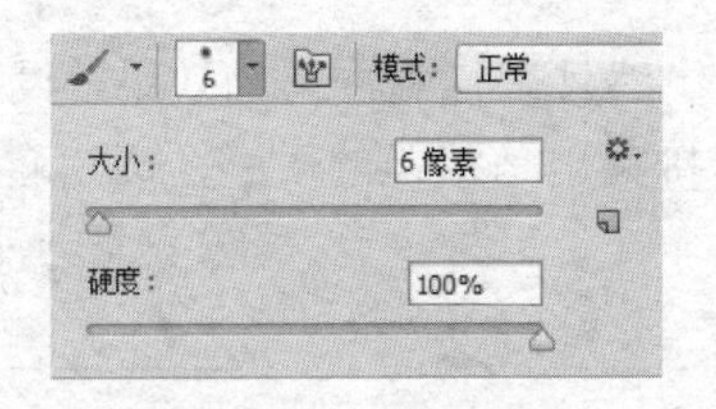

图 3-1-19　调整画笔

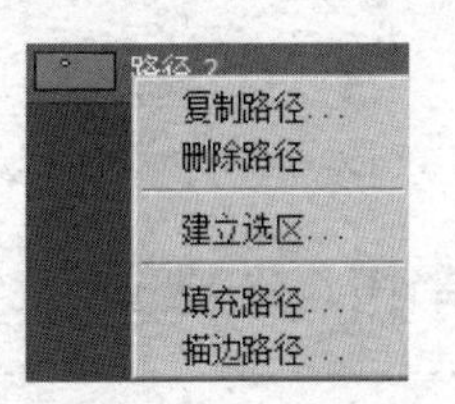

图 3-1-20　描边路径

图 3-1-21　选择画笔描边

图 3-1-22　圆形描边效果

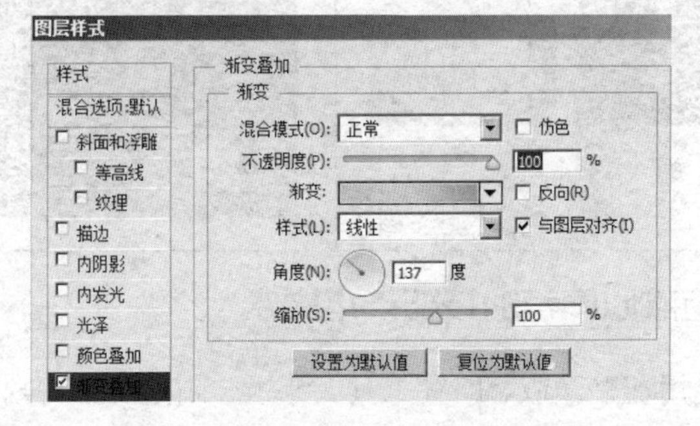

图 3-1-23　“渐变叠加”图层样式

11）运用文字工具和图层样式描边，制作文案以及其余装饰元素，完成最终效果。

任务小结

本任务运用自由变换、填充、滤镜、图层样式、文字工具等对文字进行设计编排，从而突出代金券的主题，并使用剪贴蒙版和路径工具对图案进行绘制和修饰，加强了广告效果。

任务 3.2　制作中式糕点广告

岗位需求描述

茶餐厅是一种起源于香港的快餐食肆，提供糅合了香港特色的西式餐饮，是香港平民化的

饮食场所。茶餐厅以其美食的多样化，上菜速度的快捷，宽松的就餐环境以及适中的价格吸引了众多的食客。而其独特的卡位，轻松的环境氛围，更成为现代年轻人聊天聚会的最佳选择。某香港酒楼茶餐厅新开业，主营港式餐点，现需要广告公司设计制作一幅马蹄糕海报，尺寸为2000 像素×1000 像素，分辨率为 300 像素/英寸，颜色模式为 CMYK 颜色模式，用于餐厅宣传单页面。

设计理念思路

为突出主题，获得一目了然且有视觉冲击的效果，设计者使用了马蹄糕餐点成品，加上一些动态感的热气素材，直接突出马蹄糕的质感，吸引食客的食欲。

素材与效果图

素材	效果图

岗位核心素养的技能技术需求

运用剪贴蒙版、路径工具、滤镜、画笔工具等对文字进行创意设计和编排，从而突出中式糕点在设计中的主体地位，突显广告宣传张力。

任务实施

1）启动 Adobe Photoshop CS6 软件，按 Ctrl+N 快捷键，在弹出的“新建”对话框的“名称”文本框中输入“中式糕点广告”，调整“宽度”为 2000 像素，“高度”为 1000 像素，“分辨率”为 300 像素/英寸，“颜色模式”为 CMYK 颜色模式，其他参数保持默认。

制作中式糕点广告

2）打开“背景纹理”素材，复制图像到“中式糕点广告”项目中，将图层命名为“背景纹理”，按 Ctrl+T 快捷键调整图片大小。鉴于纹理图案颜色过于灰白，选择背景纹理图层，添加颜色叠加图层样式，颜色设置为“#181717”，不透明度为“50%”，如图 3-2-1 所示。

3）打开“马蹄糕”素材，使用魔棒工具选择背景部分，按 Ctrl+Shift+I 快捷键反向选择选取马蹄糕图像，然后复制到新项目中，适当调整大小，如图 3-2-2～图 3-2-4 所示。

4）在马蹄糕图层下新建图层并命名为“阴影”，选择画笔工具，设置画笔笔触为“柔边圆”，大小“400 像素”，硬度为“0%”，颜色为黑色，如图 3-2-5 所示，在糕点底下边缘绘制阴影。

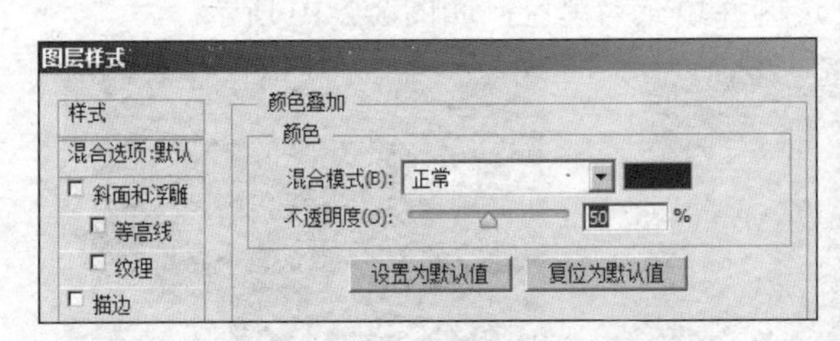

图 3-2-1　设置背景纹理层的图层样式

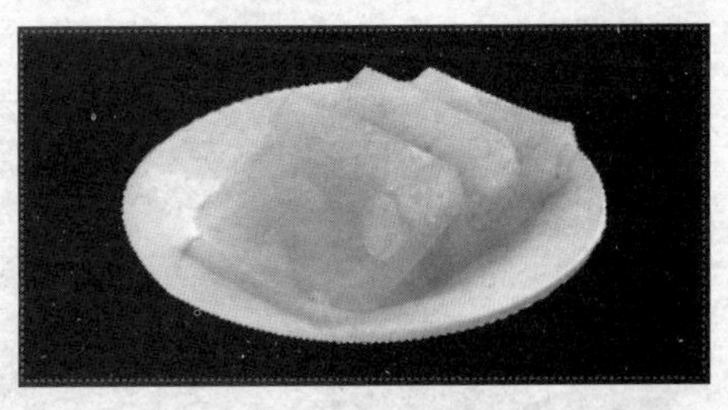

图 3-2-2　选取背景色

图 3-2-3　反选选中马蹄糕

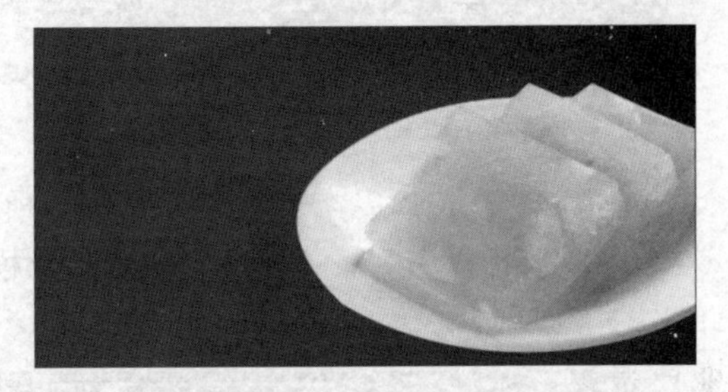

图 3-2-4　将马蹄糕图像复制到新项目并调整大小

5）运用文字工具建立“马蹄糕”文字图层，设置字体为“微软雅黑”，大小为“35.8”，颜色为白色，如图 3-2-6 所示。

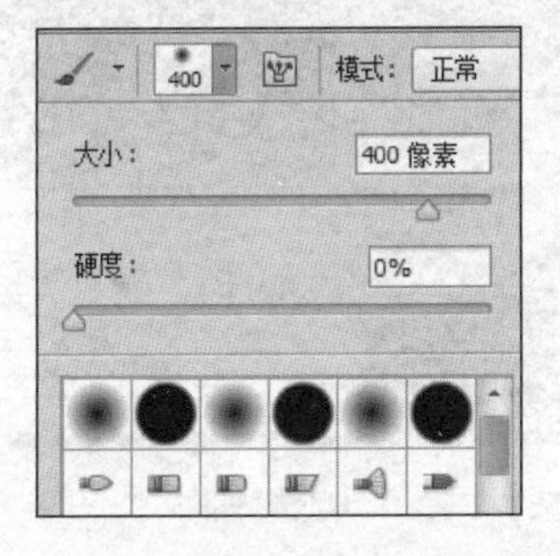

图 3-2-5　设置画笔

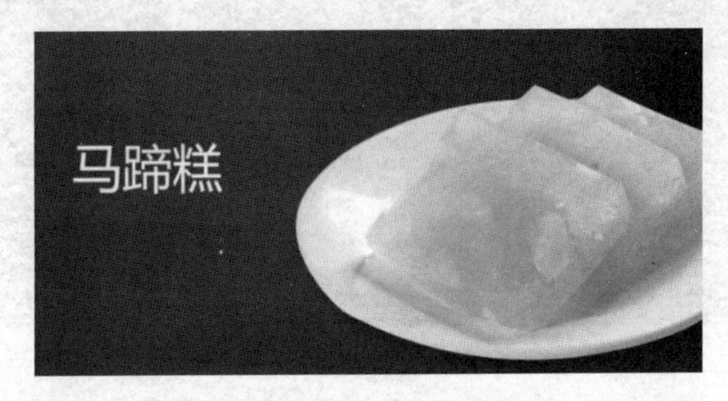

图 3-2-6　制作马蹄糕文字

6）打开“肌理”素材，复制到“马蹄糕”文字图层上方，命名为“肌理”，如图 3-2-7 所示。选择“肌理”图层建立剪贴蒙版，如图 3-2-8 所示。

图 3-2-7　复制肌理图像

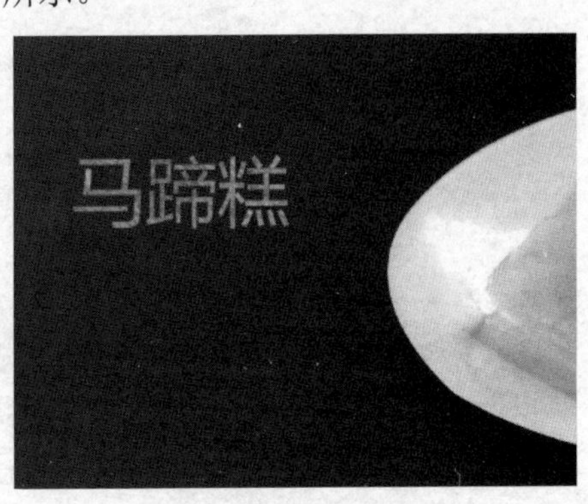

图 3-2-8　建立剪贴蒙版

7）新建图层，命名为“注解”，运用钢笔工具绘制图形，如图 3-2-9 所示。

8）新建图层，命名为“条纹”，建立选区并填充为黑色，如图 3-2-10 所示。

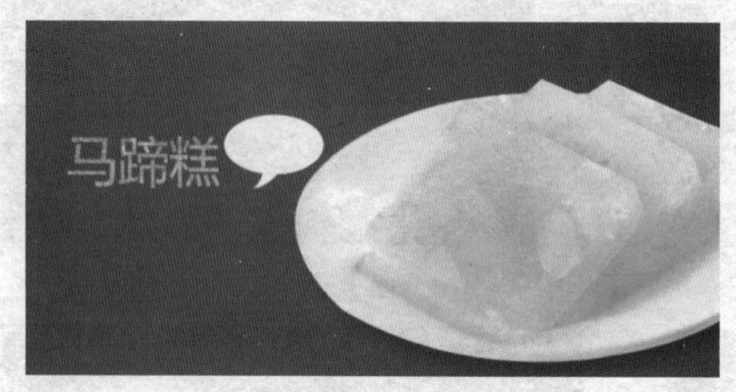

图 3-2-9　绘制注解图案

图 3-2-10　建立条纹图层

9）选择“滤镜”→“杂色”→“添加杂色”命令，为条纹添加杂色，如图 3-2-11 所示。

10）选择“滤镜”→“模糊”→“动感模糊”命令，对添加杂色的条纹进行模糊处理，如图 3-2-12 所示。

图 3-2-11　添加杂色

图 3-2-12　动感模糊

11）选择“图像”→“调整”→“色阶”命令进行调整，如图 3-2-13 所示。

12）选择“条纹”图层，创建剪贴蒙版，并根据实际情况调整图层的透明度，如图 3-2-14 所示。

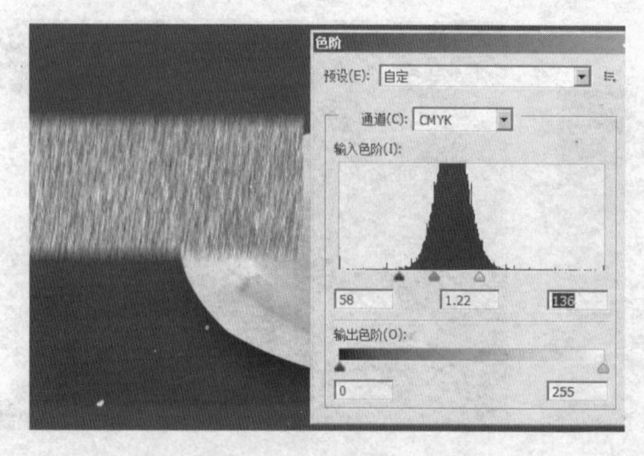

图 3-2-13　调整色阶

图 3-2-14　创建剪贴蒙版并适当调整图层透明度

13）同理，制作文本框，如图 3-2-15 所示。

14）将餐厅 LOGO 置入项目，并添加“颜色叠加”图层样式，如图 3-2-16 所示。

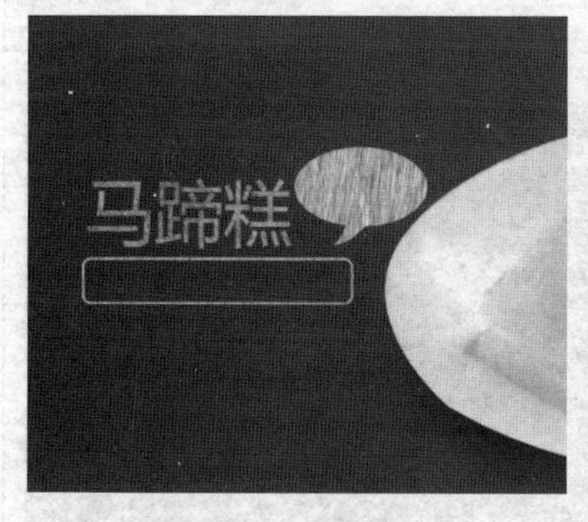

图 3-2-15　文本框制作

图 3-2-16　餐厅 LOGO 制作

15）置入其他素材，并运用文字工具制作其余文案，完成最终效果。

任务小结

本任务运用了剪贴蒙版、路径工具、滤镜、画笔工具等技术对马蹄糕食品广告进行有效设计和编排，从最终显示的效果看，既突出了马蹄糕的特色，又达到了商家宣传的目的。

任务 3.3　制作西湖旅游灯箱广告

岗位需求描述

灯箱广告设计在广告设计中占有很大的比例，是重要的广告形式之一。灯箱广告设计图案能够吸引更多的人关注，是设计中的重点。某旅行社需要投放一组广告，宣传杭州旅行路线，其中西湖景点需要制作一款灯箱广告，尺寸为 60cm×80cm，分辨率为 150 像素/英寸。

设计理念思路

广告设计力求画面简洁醒目；色彩要亮，要有巨大的冲击力；文字要易读易记，字体不要太花哨；编排得体，图文并茂。

素材与效果图

岗位核心素养的技能技术需求

运用图层样式、文字工具、路径工具、剪贴蒙版、自由变换等对灯箱广告进行设计制作，根据灯箱广告图案要引起更多人注意的特点，用合适的图案配以简洁文案使得广告中主要宣传点得以有效体现。

制作西湖旅游灯箱广告

任务实施

1）启动 Adobe Photoshop CS6 软件，按 Ctrl+N 快捷键，在弹出的“新建”对话框的“名称”文本框中输入“西湖旅游灯箱广告”，调整“宽度”为 60cm，“高度”为 80cm，“分辨率”为 150 像素/英寸，“颜色模式”为 RGB 颜色模式，其他参数保持默认。

2）选择“文件”→“置入”命令，在弹出的对话框中选择“背景”素材，适当调整图片大小，然后按 Enter 键确认，建立新项目的背景图层，如图 3-3-1 所示。

3）使用矩形工具，绘制如图 3-3-2 所示的矩形，颜色可任意选择。使用转换点工具调整矩形下方两个锚点的方向线，使原矩形的底边形成一定的弧度，如图 3-3-3 所示。

图 3-3-1　置入背景素材

图 3-3-2　绘制矩形

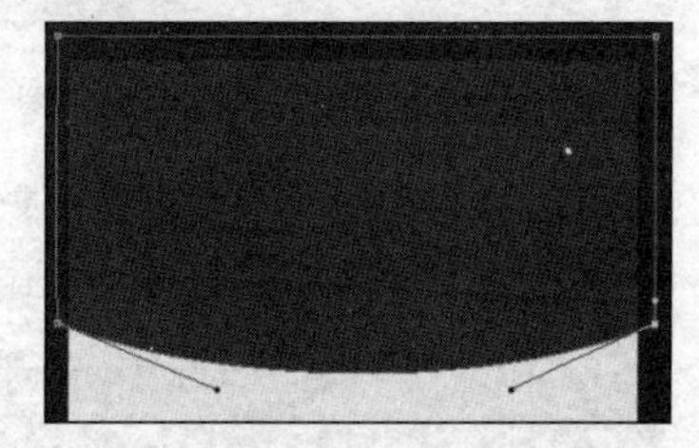

图 3-3-3　调整锚点方向线

4）选择“文件”→“置入”命令，在弹出的对话框中选择“西湖夜景”素材，适当调整图片大小，然后按 Enter 键确认，确认该图层位于圆弧矩形图层的上方，并为两图层建立剪贴蒙版，如图 3-3-4 和图 3-3-5 所示。

图 3-3-4　置入西湖夜景素材

图 3-3-5　建立剪贴蒙版

5）选择圆弧矩形图层，添加“描边”图层样式，设置描边颜色为“#e7bd74”，大小为“70”像素，如图 3-3-6 所示。

图 3-3-6　添加圆弧矩形的图层样式为描边

6）使用文字工具制作“醉美西湖”标题图层，字体为“段宁毛笔行书”，如图 3-3-7 所示。为标题图层添加“投影”图层样式，如图 3-3-8 所示。

图 3-3-7　添加标题

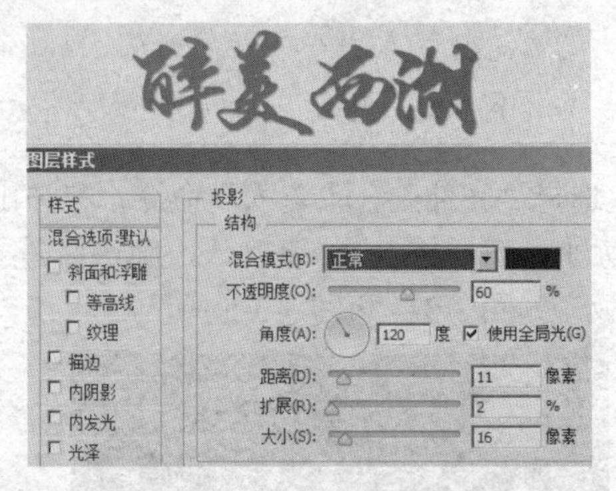

图 3-3-8　为标题添加投影样式

7）在标题图层上分别置入“水面 01”和“水面 02”素材，放置在文字上方，并适当调整大小和位置，如图 3-3-9 所示。设置“水面 01”图层的图层混合模式为“正片叠底”，如图 3-3-10 所示。选择“水面 01”和“水面 02”图层，以标题层为对象分别创建剪贴蒙版，如图 3-3-11 所示。

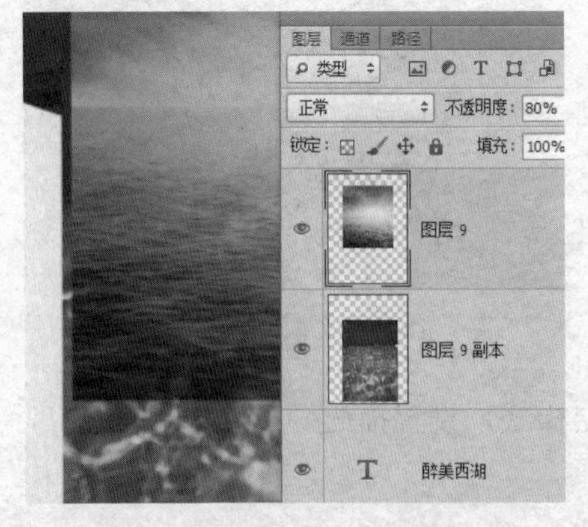

图 3-3-9　置入水面素材

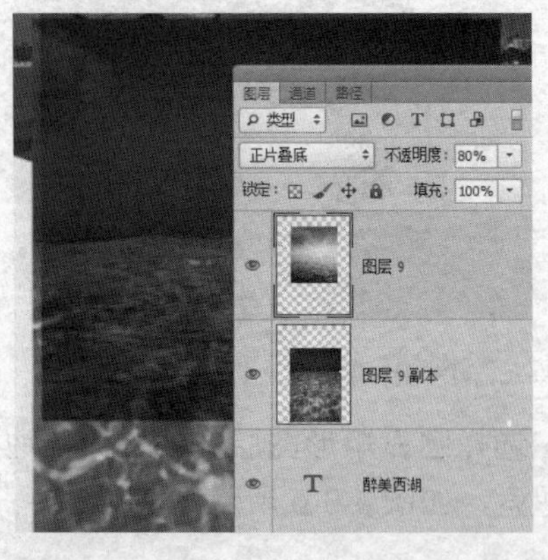

图 3-3-10　设置“水面 01”图层的混合模式

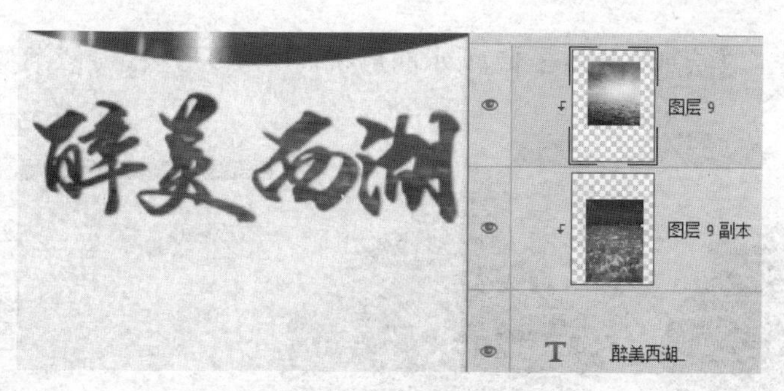

图3-3-11　创建剪贴蒙版

8）选择圆角矩形工具，模式为形状，设置填充颜色为“#00a3d9”，半径为“500像素”，绘制如图3-3-12所示的圆角矩形。使用椭圆工具在圆角矩形图层上再绘制一个白色正圆，如图3-3-13所示。

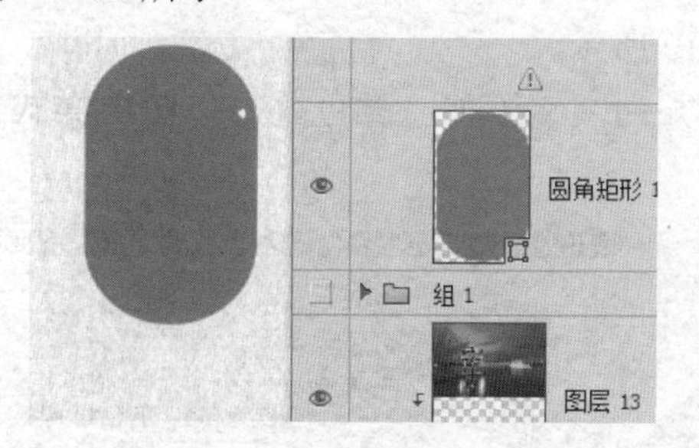

图3-3-12　绘制圆角矩形

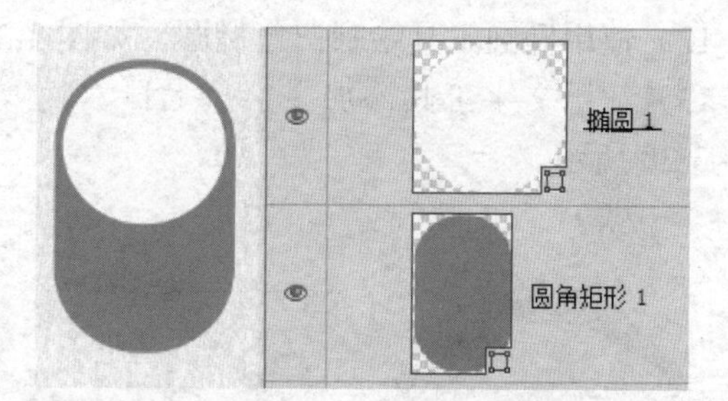

图3-3-13　绘制正圆

9）置入“飞机”素材，使飞机图层位于正圆形状上方，创建剪贴蒙版，如图3-3-14所示。使用文字工具输入广告语，如图3-3-15所示。

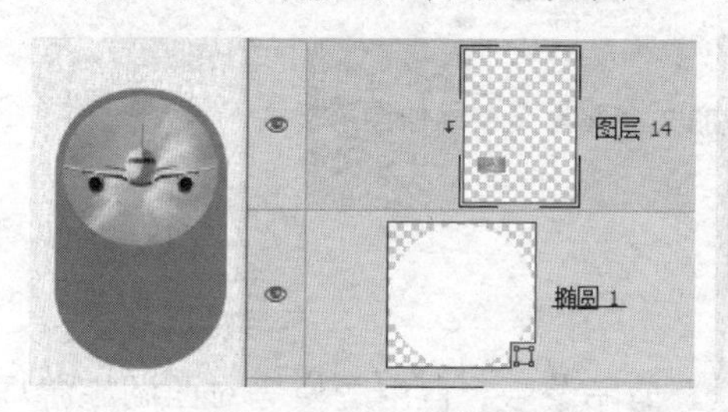

图3-3-14　置入飞机素材并创建剪贴蒙版

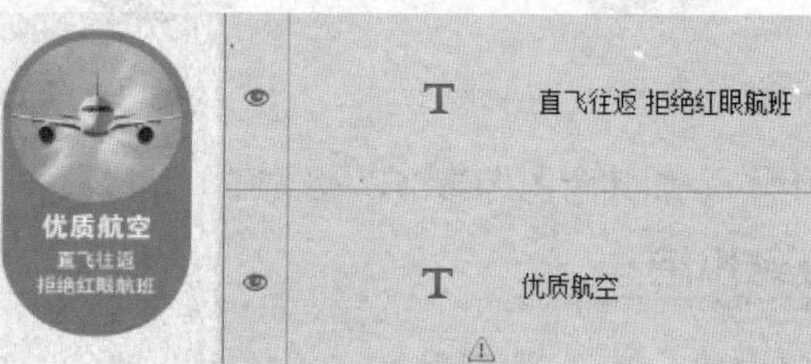

图3-3-15　输入标语文字

10）同理，制作其余3个广告标语图案及文字，如图3-3-16所示。

图3-3-16　4个广告标语图案及文字

11）使用钢笔工具绘制如图 3-3-17 所示的形状，并为该形状添加“渐变叠加”图层样式，如图 3-3-18 所示。

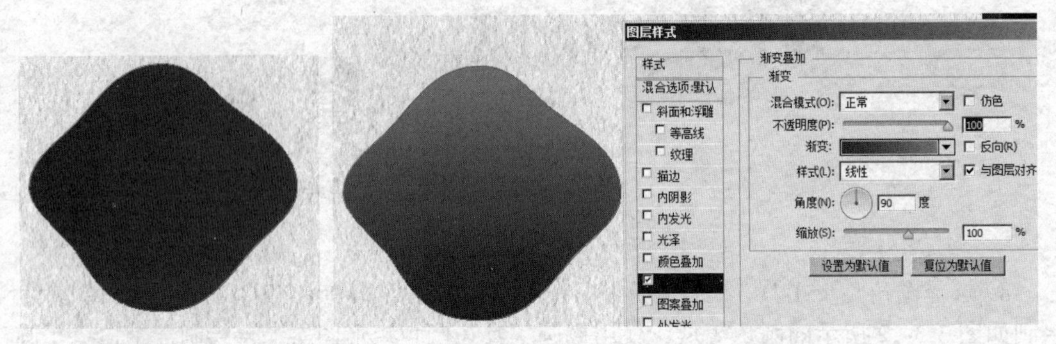

图 3-3-17　绘制形状　　　　图 3-3-18　添加图层样式

12）使用椭圆工具绘制白色椭圆，如图 3-3-19 所示。

13）使用文字工具添加文字“七日六晚”，并为文字添加“颜色叠加”图层样式，如图 3-3-20 所示。

图 3-3-19　绘制白色椭圆　　　　图 3-3-20　添加文字并为文字添加图层样式

14）添加其余图像修饰以及文案，完成最终效果。

任务小结

本任务运用了图层样式、文字工具、路径工具、剪贴蒙版、自由变换等对西湖旅游灯箱广告进行设计制作，通过合适的图案配以简洁文案使广告中的主要宣传点得以有效体现，使得这款灯箱广告从色彩、内容、编排上达到有效吸引消费者目光的目的。

任务 3.4　制作旅行海报

岗位需求描述

随着旅游业的发展，旅游活动增多，旅游市场竞争加剧，媒体广告在旅游推广中的作用日益显著。旅游广告即旅游企业或旅游目的地为了吸引游客、促进消费进行的信息传递方式。某旅行社要制作一份国庆节旅行宣传海报，要求尺寸为 60cm×90cm，分辨率为 150 像素/英寸。

设计理念思路

旅游广告要能引起广告受众的注意，对他们的心理产生影响。在海报中剔除实际景点的具体宣传，转而使用拟人的手法影响游客的心理，进而达到宣传的目的。

素材与效果图

素材	效果图

岗位核心素养的技能技术需求

运用填充、图层样式、调色工具、文字工具、路径工具、剪贴蒙版、自由变换等为旅行社制作国庆旅游宣传海报，通过拟人的主体对象、醒目的标语和点缀的图形使得广告构图合理，效果突出。

制作旅行海报

任务实施

1）启动 Adobe Photoshop CS6 软件，按 Ctrl+N 快捷键，在弹出的“新建”对话框的“名称”文本框中输入“旅行海报”，调整“宽度”为 60cm，“高度”为 90cm，“分辨率”为 150 像素/英寸，“颜色模式”为 RGB 颜色模式，其他参数保持默认。

2）新建图层，命名为“蓝天背景”，使用线性渐变填充颜色，如图 3-4-1 所示。

3）置入“草原”素材，并放置到图像底部，形成地面效果，如图 3-4-2 所示。

图 3-4-1　新建蓝天背景图层

图 3-4-2　置入“草原”素材

4）使用钢笔工具，模式为“形状”，绘制如图 3-4-3 所示的图像，作为海报主题语的背景。

图 3-4-3　钢笔绘制形状

5）为新绘制的形状添加“颜色叠加”图层样式，颜色设置为“#01b701”，如图 3-4-4 所示。

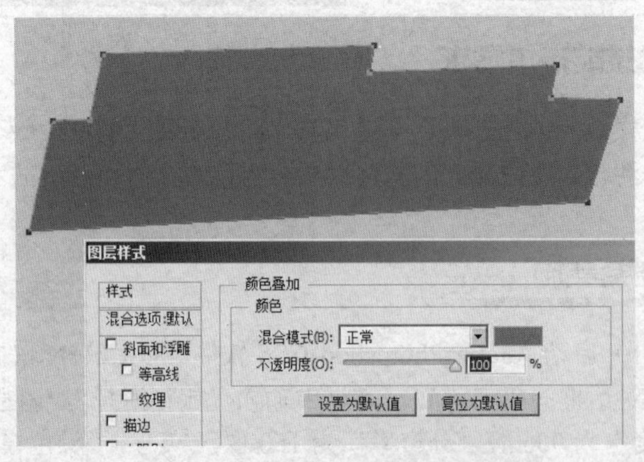

图 3-4-4　添加“颜色叠加”图层样式

6）同理，制作其他形状，注意颜色的明暗区别，形成空间效果，如图 3-4-5 所示。

图 3-4-5　制作其他形状

7）使用文字工具建立海报主题标语图层，字体可使用“造字工坊力黑”，如图 3-4-6 所示。

图 3-4-6　文字工具建立主题语

8）选择“文件”→“置入”命令，在弹出的对话框中选择“太阳”图片素材置入，并调整大小和位置。为“太阳”图层添加“描边”图层样式，颜色为白色，“大小”为“21”像素，“位置”为“外部”，如图 3-4-7 所示。

图 3-4-7　为太阳添加描边

9）分别将素材文件夹中的“小狗”和“草”两张图片置入，调整图像的大小和位置，如图 3-4-8 所示。

10）同理，置入“旅游名胜”图片素材，并把图层放置在“小狗”图层下方，如图 3-4-9 所示。

图 3-4-8　置入小狗和草图片素材

图 3-4-9　置入旅游名胜图片

11）暂时隐藏“小狗”图层，使用“套索工具”选取部分旅游名胜图像，如图 3-4-10 所示。按 Ctrl+J 快捷键将选中的图像复制到新图层，如图 3-4-11 所示。

图 3-4-10　用套索工具选取部分图像

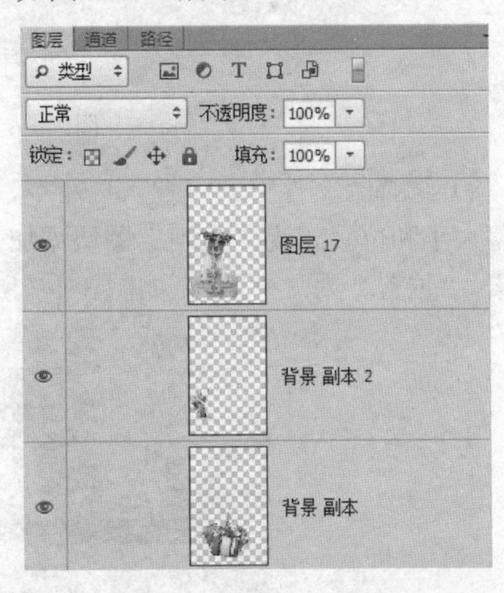

图 3-4-11　将选中的图像复制到新图层

12）取消隐藏“小狗”图层，选择新复制的部分旅游名胜图像，按 Ctrl+T 快捷键移动图像并做适当旋转，如图 3-4-12 所示。

13）在“旅游名胜”图层下方新建图层，命名为“亮部区域”，选择工具栏中“椭圆”选框工具，绘制椭圆选区，并在选区内右击，选择“羽化”命令，设置羽化值为“500”，效果如图 3-4-13 所示。

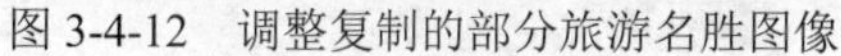

图 3-4-12　调整复制的部分旅游名胜图像　　　图 3-4-13　绘制选区并羽化

14）为新绘制的选区填充白色，并根据填充效果适当调整该图层的位置和大小，如图 3-4-14 所示。

15）因图像底部亮度过高，在“草”图层上方新建图层，命名为“暗调处理”，使用画笔工具，选择“柔边圆”笔触，颜色为黑色，适当调整笔触大小，然后用画笔绘制灰色图案，根据绘制的结果调整该图层的透明度，以达到合适的效果，如图 3-4-15 所示。

图 3-4-14　为选区填充颜色

图 3-4-15　调整图层透明度

16）从图像表现效果看，小狗以及草和地面的色彩饱和度稍微高了些，故在以上对象图层上方选择“图层”→“新建调整图层”→“色相/饱和度”命令新建调整图层，调整色相值为“-6”，饱和度为“-28”（注意，此项操作不对海报主题语以及主题语背景修饰图案作调整），如图 3-4-16 和图 3-4-17 所示。

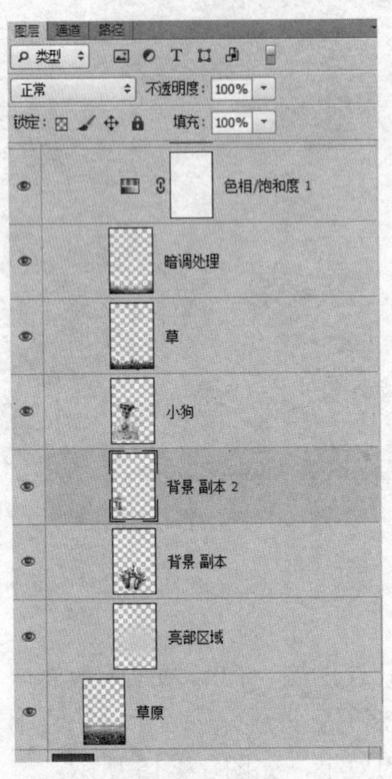

图 3-4-16　调整图层位置关系

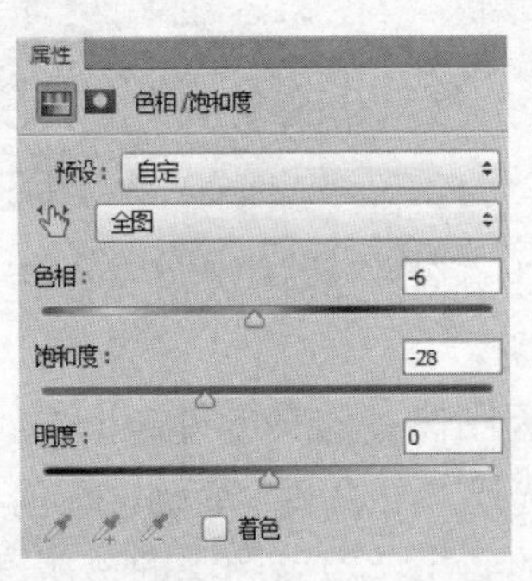

图 3-4-17　色相/饱和度调整

17）调整色相/饱和度后，图像色彩还是稍微偏冷，故再次选择“图层”→“新建调整图层”→“色彩平衡”命令，做如图 3-4-18 所示的调整，效果如图 3-4-19 所示。

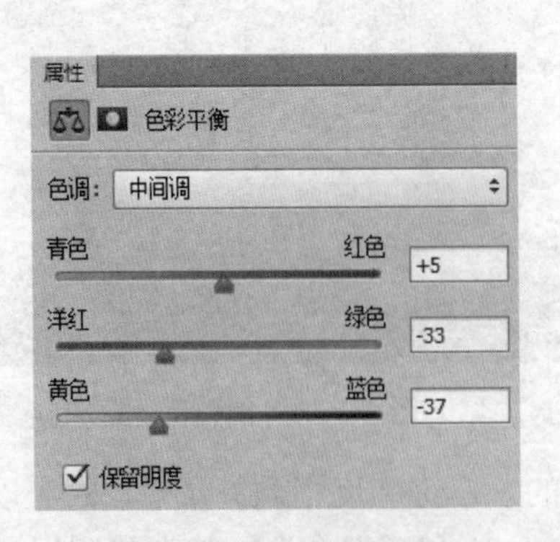

图 3-4-18　色彩平衡调整

图 3-4-19　调整后效果

18）打开素材文件夹中“云”素材，将素材中云图像复制到旅行海报中，注意调整各个云层的位置以及图层的位置，如图 3-4-20 所示。

图 3-4-20　复制云素材并调整

19）添加其他图像素材以及文案，完成最终效果。

任务小结

本任务运用了填充、图层样式、调色工具、文字工具、路径工具、剪贴蒙版、自由变换等为旅行社制作国庆旅游宣传海报，区别于普通旅游广告中从景点宣传入手的常用手法，采用拟人化的主体对象，加上引人注目的主体广告语和点缀图案，完美地体现商家宣传的目的。

项 目 测 评

测评 3.1　中餐宣传单

设计要求

宣传单是目前宣传企业形象的主要推广手段之一。它能非常有效地把企业形象提升到一个新的层次，更好地把企业的产品和服务展示给大众，能非常详细地说明产品的功能、用途及其优点（或与其他产品的不同之处）。食品宣传单设计要从食品的特点出发，体现视觉、味觉等特点，引发消费者的食欲，以达到购买目的。某中餐厅新推一款养身粥，为提高餐点次数，决定制作一份宣传单。采用单页设计，尺寸为28cm×55cm，分辨率为300像素/英寸，颜色模式为RGB颜色模式。

素材与效果图

测评 3.2 千岛湖报纸广告

设计要求

旅游宣传单设计要紧密结合旅游产品的特点和特性，通过有形的视觉效果，迎合游客的消费行为与消费心理，有效地把旅游产品推介出去。

某旅行社在小长假来临之际，特推出杭州千岛湖短期路线，决定制作宣传单进行宣传。宣传单尺寸为 21cm×30cm，分辨率为 300 像素/英寸，颜色模式为 RGB 颜色模式。

素材与效果图

房地产与家具广告设计制作

学习目标

利用 Photoshop 软件进行房地产与家具广告设计，除了学习软件的基本工具外，更要学习广告的版面设计与色彩搭配，从而使作品更有视觉冲击力，达到为产品宣传的目的。

知识准备

本项目主要以房地产与家具广告操作应用为主，从任务效果剖析开始带领大家了解整个任务的制作思路和基本流程，将软件技术融入广告实战操作中，突出体现商品特性和品牌内涵，并以此促进产品销售。

项目核心素养基本需求

灵活运用图层样式、图层蒙版、渐变工具等对图形进行合成和修饰，熟悉文字工具的使用方法，包括字体的选择、字体的运用、文字在画面中的位置处理、文字的编排形式等。具备独立完成房地产与家具广告设计与制作的能力，设计风格要具备创新性和外观与内容兼具的原则，突出宣传产品的特点和价值，实现商品与艺术的完美结合，从而达到理想的宣传效果。

任务4.1　制作休闲住宅宣传广告

岗位需求描述

休闲住宅，简单地说就是为休闲活动服务的地产，它以住宅为主体，融合了多种休闲设施。随着经济的发展，原有的排房式住宅小区已不能满足人们日渐提高的住宅品质要求，休闲住宅也会日渐平民化。某地产公司要对公司新开发的休闲住宅项目进行宣传，要求宣传广告单简约且能突出休闲的居住环境。现设计其中的一则宣传广告单，规格要求分辨率为100像素/英寸，尺寸为15cm×21cm，颜色模式为RGB颜色模式。

设计理念思路

本任务以“休闲住宅”为宣传主题，主色调为落日黄昏色，突出休闲的居住环境，用羊皮纸做背景衬托，彰显住宅小区的高贵。

素材与效果图

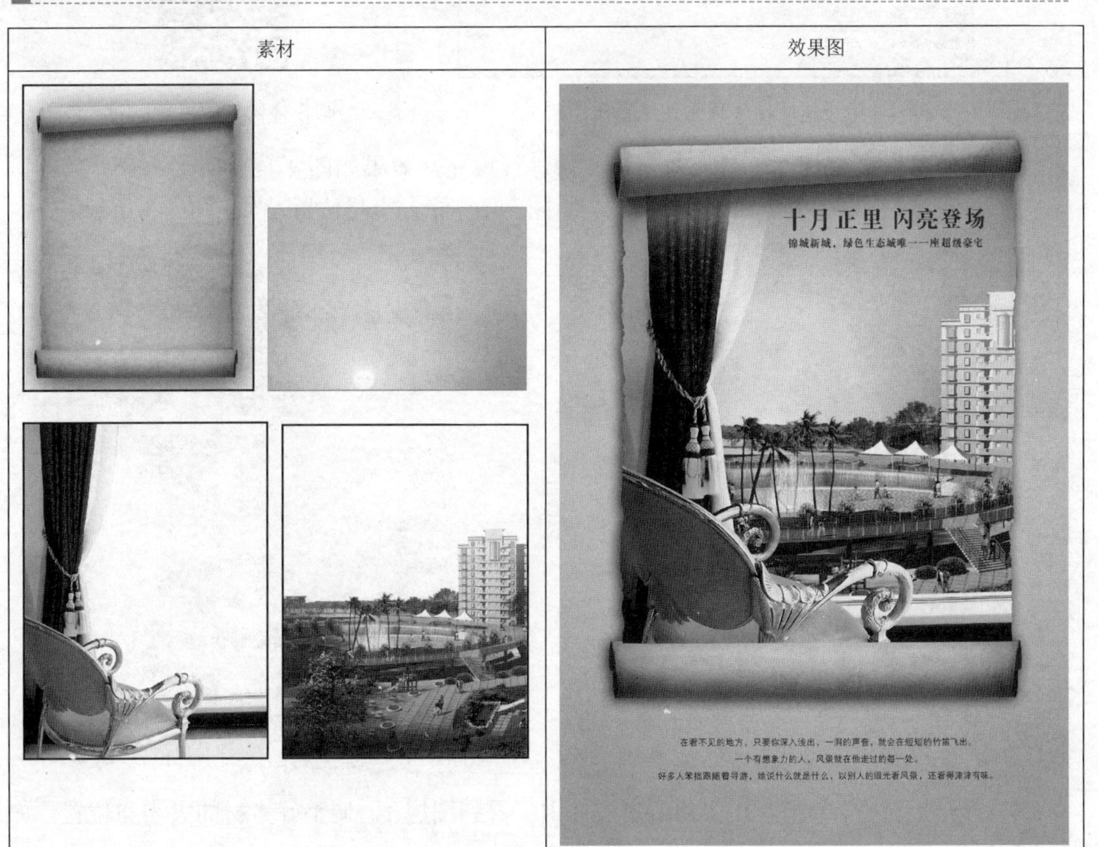

岗位核心素养的技能技术需求

作为一个休闲住宅宣传广告，应以简约为主，突出休闲的居住环境，主要使用渐变填充工具、图层蒙版、文字工具等。

任务实施

1）选择“文件”→“新建”命令，在弹出的“新建”对话框中设置如图 4-1-1 所示的参数，单击“确定”按钮，创建一个新文件。

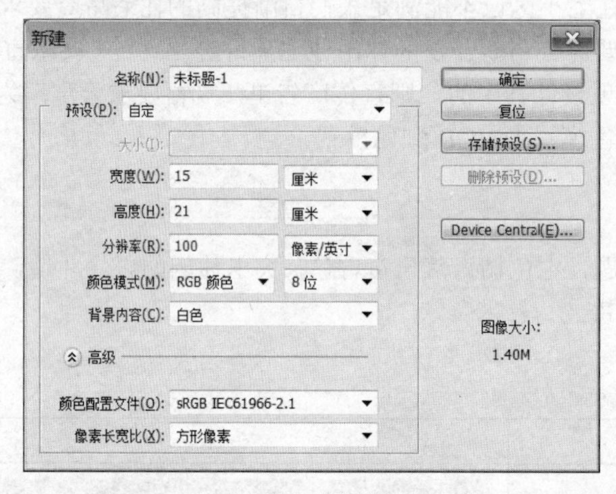

图 4-1-1 新建文件（休闲住宅宣传广告）

制作休闲住宅宣传广告

2）使用径向渐变填充工具，对新建文件进行填充，效果如图 4-1-2 所示。

3）打开素材“4-1-1”，并移到新建文件中，调整好大小与位置，如图 4-1-3 所示。

图 4-1-2 渐变填充

图 4-1-3 调整素材图像大小与位置（1）

4）打开素材“4-1-2”，并移到新建文件中，得到图层 1，调整好素材的大小与位置，如图 4-1-4 所示。

5）对图层 1 添加图层蒙版，并拉出黑白渐变，屏蔽图像的上沿部分，效果如图 4-1-5 所示。

图 4-1-4　调整素材图像大小与位置（2）

图 4-1-5　图层蒙版应用（1）

6）参照第 4）、5）的步骤，分别把素材“4-1-3”和素材“4-1-4”移到文件中，并用图层蒙版做图像屏蔽处理，效果如图 4-1-6 所示，图层面板如图 4-1-7 所示。

图 4-1-6　蒙版图层应用（2）

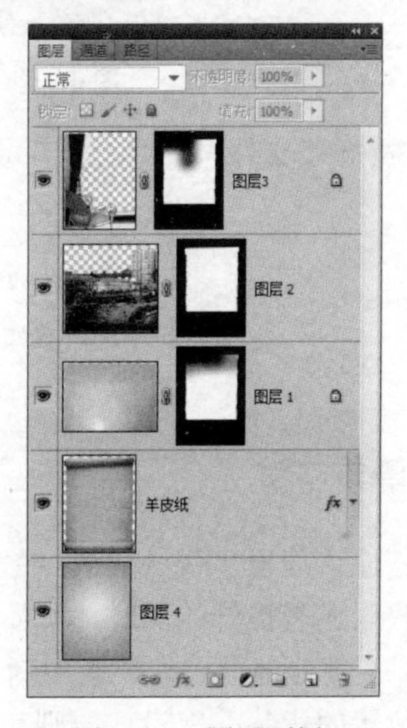

图 4-1-7　图层面板

提　示

使用图层蒙版做图像屏蔽处理时，常结合渐变工具或画笔工具。在做不同图层间的图像融合时，将图层蒙版与“黑白灰”渐变结合使用，常常会产生令人意想不到的神奇效果。

7）使用文字工具输入文字，调整好文字的大小与位置，最终效果如图 4-1-8 所示。

图 4-1-8　任务效果图（休闲住宅宣传广告）

8）执行“文件”→“存储”命令，保存制作好的广告宣传画。

任务 4.2　制作商业广场招商广告

岗位需求描述

随着城市建设步伐的加快，经济呈现了良好的发展态势，优越的商业投资环境日益体现。在居民收入显著提升的同时，消费也明显趋旺，城市经济的发展必然带动商业服务领域的蓬勃发展。某商业地产公司要求对新建的商业广场项目招商，要求突出该商业广场的投资潜力与地理位置的优势。现设计一则宣传广告单，规格要求尺寸为 20cm×30cm，分辨率为 100 像素/英寸，颜色模式为 RGB 颜色模式。

设计理念思路

本任务中的“商业广场招商”要重点突出广场的投资潜力、地段核心、交通便利等有利于开展商业活动的便捷条件。制作时以多种文字的展现进行对比，利用非对称式突出展示建筑的宏伟规模。

素材与效果图

岗位核心素养的技能技术需求

“商业广场招商”宣传广告是以图文结合为主的广告，字体在视觉效果上应服从图形，图文有机穿插形成整体。字体的对比应用主要表现在字体的大小对比、颜色对比、粗细对比等上。适当地使用装饰性的字体，会让画面更艺术、更生动和富有意境。同时使用路径工具制作出非对称式图形，更能突出项目建筑的宏伟。

任务实施

1）选择“文件”→“新建”命令，在弹出的“新建”对话框中设置如图4-2-1所示的参数，单击“确定”按钮，创建一个新文件。

制作商业广场招商广告

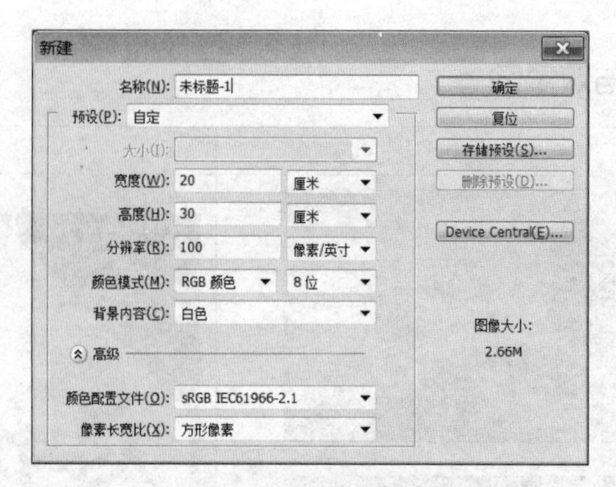

图 4-2-1　新建文件

2）按 Ctrl+A 快捷键，对画布进行全选，并使用“描边”命令对画面描边，描边宽度为 25 像素，颜色为深蓝色（R:0, G:0, B:80），效果如图 4-2-2 所示。

3）新建图层 1，使用“矩形选框工具”，绘制一个正方形选区，并填充为蓝色（R:0, G:75, B:150），执行“编辑”→“变换”→“斜切”命令，对正方形的右下角进行移动，使其与右上角重合，最终形成一个等腰三角形，调整三角形的位置与大小，效果如图 4-2-3 所示。

提 示

运用“编辑”→“变换”子菜单里的命令，如斜切、扭曲、透视等，常常要与 Shift、Ctrl、Alt 键配合使用。

4）参考步骤 3）的方法，新建图层 2，制作一个三角形，调整好位置与大小，效果如图 4-2-4 所示。

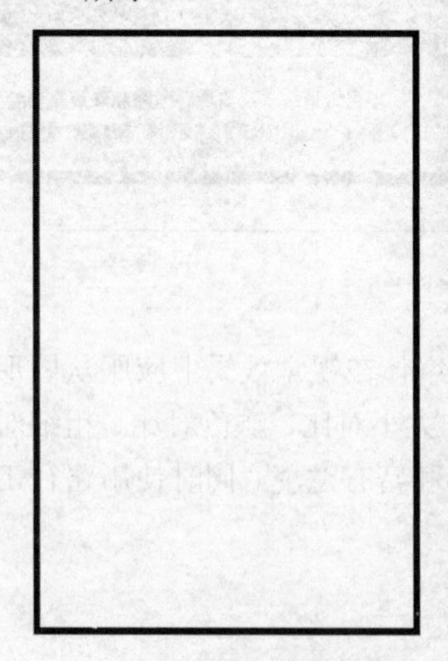

图 4-2-2　描边

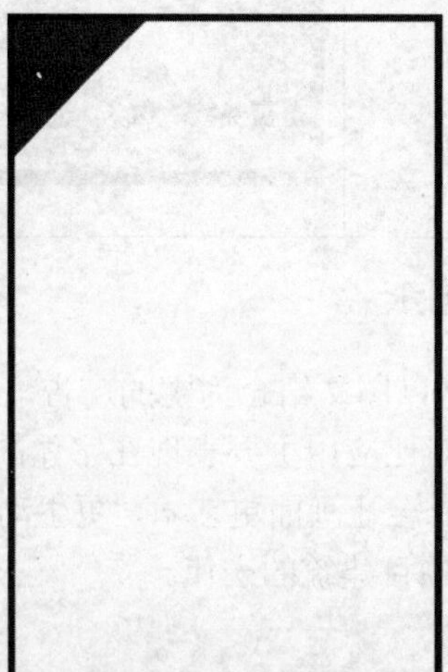

图 4-2-3　绘制三角形

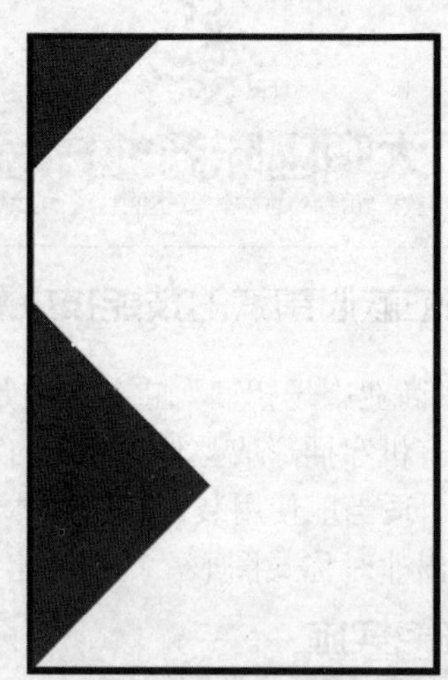

图 4-2-4　新建图层 2

5）打开素材“4-2-1”，按 Ctrl+A 快捷键全选图像，按 Ctrl+C 快捷键复制图像。为图层 2 的三角形添加选区，并执行“编辑”→“选择性粘贴”→“贴入”命令，贴入图像，调整好位置与大小，效果如图 4-2-5 所示。

6）参考步骤 5）的方法，使用素材“4-2-2”和素材“4-2-3”完成如图 4-2-6 所示的效果。

7）新建图层，使用“矩形选框工具”，绘制一个正方形选区，对选区进行描边，描边宽度为 3 像素，颜色为深蓝色（R:0, G:0, B:80），将描边后的图像旋转 45°，调整好图像的位置与大小，效果如图 4-2-7 所示。

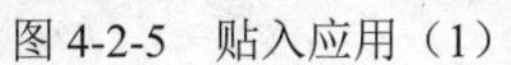

图 4-2-5　贴入应用（1）

图 4-2-6　贴入应用（2）

图 4-2-7　正方形绘制效果

8）使用“橡皮擦工具”擦除正方形四边的部分图像，效果如图 4-2-8 所示。

9）使用“横排文字工具”输入文字“总价 8 万起”，数字字体设为华文细黑，颜色为红色，大小为 120 点；中文字体设为仿宋，颜色为深蓝色（R:0, G:40, B:100），大小为 100 点。设置字符格式，字距为-100，垂直缩放为 80%，效果如图 4-2-9 所示。

10）对中文字部分进行加粗处理，栅格化文字，选中中文字部分进行描边，描边颜色与原文字颜色相同，描边宽度为 5 像素，位置居中；添加两个三角形，调整好位置与大小，效果如图 4-2-10 所示。

图 4-2-8　橡皮擦应用

图 4-2-9　文字输入效果（1）

图 4-2-10　文字描边效果

11）使用“横排文字工具”输入文字，并对文字进行格式化处理，调整好文字的位置与大小，效果如图 4-2-11 所示。

12）新建图层，在画布的底部绘制一个浅灰色（R:240, G:240, B:240）的矩形，调整好矩形的位置与大小，在矩形框内输入文字，文字颜色为（R:0, G:40, B:100），效果如图 4-2-12 所示。

13）打开素材“4-2-4.png”，把素材中的 LOGO 标志移动到画布的右上角，调整好位置与大小，最终效果如图 4-2-13 所示。

图 4-2-11　文字处理效果

图 4-2-12　文字输入效果（2）

图 4-2-13　任务效果图

任务 4.3　制作高端住宅开盘宣传单

岗位需求描述

高端住宅是随着社会发展而形成的高层次消费需求，随着人们对住房品质要求的提高，住房也从舒适型向享受型过渡。某地产公司正准备进行开盘宣传，要求设计一款开盘宣传单，突出该项目住宅在城市中的优越地理位置，体现“中心之上，值得拥有”的宣传口号。现设计一则宣传单，规格要求尺寸为 20cm×28cm，分辨率为 100 像素/英寸，颜色模式为 RGB 颜色模式。

设计理念思路

本任务中的主题是楼盘的开盘宣传，宣传单的正中央位置用多彩、发光的倒三角直指繁华都市里的璀璨风光，突出了楼盘“中心之上，值得拥有”的宣传口号。

素材与效果图

岗位核心素养的技能技术需求

使用路径工具制作倒三角，结合画笔工具，对倒三角图形进行修饰，制作出多彩、发光的效果，以此直指繁华都市里的璀璨风光，突出楼盘“中心之上，值得拥有”的宣传目的。

任务实施

1）选择“文件”→“新建”命令，在弹出的“新建”对话框中设置如图4-3-1所示的参数，单击“确定”按钮，创建一个新文件。

2）新建图层1，颜色填充为深蓝色（R:15, G:15, B:55）。新建图层2，颜色填充为蓝色（R:18, G:36, B:145）。

3）打开素材“4-3-1”，把素材图像移到新建文件中，得到图层3，调整好素材的大小与位置。

4）对图层3添加图层蒙版，用流量为50%的柔角画笔对图层蒙版进行涂抹，屏蔽图像的上半部分，图像效果与图层面板如图4-3-2所示。

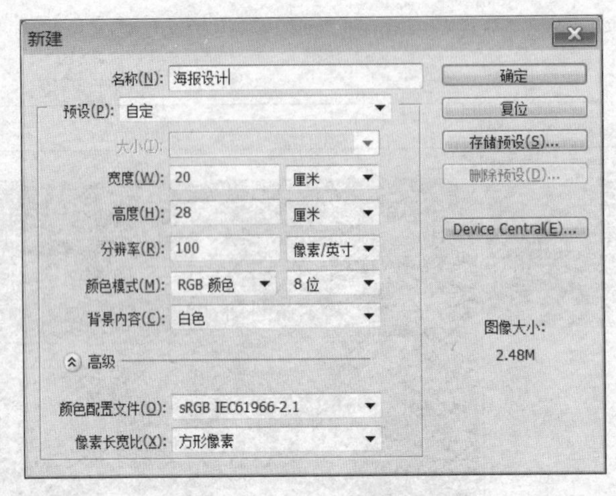

图 4-3-1 新建文件

制作高端住宅开盘宣传单

5）参考步骤 3）和步骤 4）的方法，利用素材“4-3-2”制作出如图 4-3-3 所示的效果。

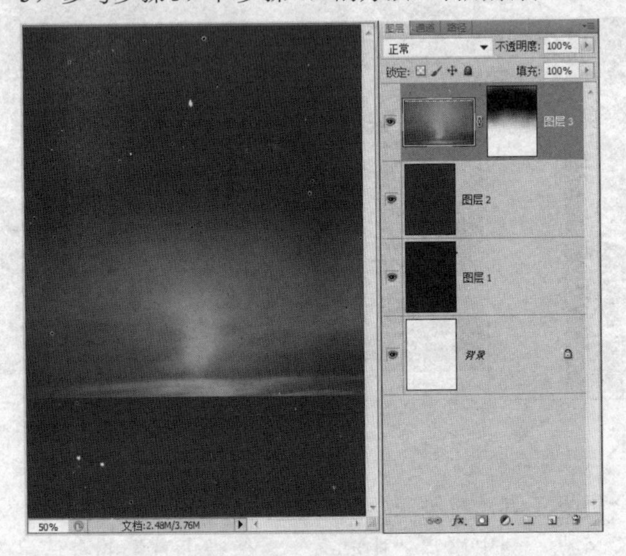

图 4-3-2 蒙版图层应用（1）

图 4-3-3 蒙版图层应用（2）

6）新建图层 4，设置前景色为天蓝色（R:0, G:200, B:235），背景色为粉色（R:255, G:0, B:230）。

7）选择“画笔工具”，设置画笔参数如图 4-3-4 所示。

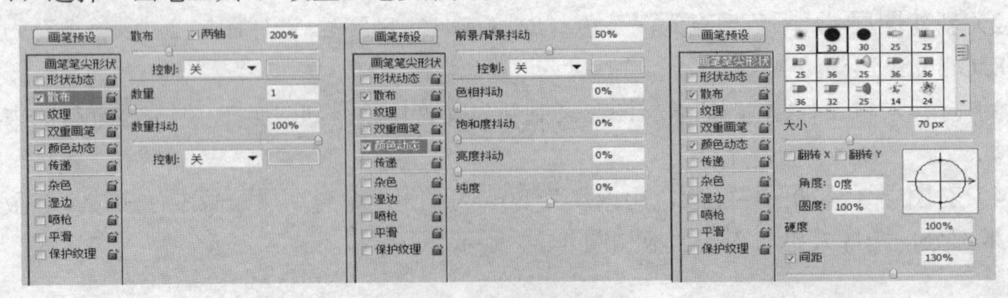

图 4-3-4 画笔参数设置

8）在图层 4 上使用设置好的画笔，随意地绘制圆点，设置图层 4 的不透明度为 30%，效果如图 4-3-5 所示。

9）打开素材“4-3-3”，把素材图像移到画布中间，得到图层 5，调整好素材的大小与位置。

10）使用路径工具中的“多边形工具”，将边数设为 3，绘制一个与图层 5 图像大小方向相同的正三角形闭合路径。新建图层 6，用白色填充路径，效果如图 4-3-6 所示。

11）为填充的白色三角形添加选区，将选区扩展 10 像素，再按 Shift+F6 快捷键，设置羽化半径为 50 像素，对选区进行羽化。按 Delete 键删除羽化选区，效果如图 4-3-7 所示。

图 4-3-5　画笔工具应用效果（1）

图 4-3-6　多边形工具应用

图 4-3-7　羽化删除应用

12）将前景色设为白色，选择“画笔工具”，设置画笔的硬度为 0%，新建图层 7，在新建的图层上用画笔绘制白色圆；用同样的方法，新建图层 8，绘制另外一个圆，分别调整好两个圆的大小与位置，设置图层 7 与图层 8 的透明度为 85%，效果如图 4-3-8 所示。

13）参照步骤 12）的方法，绘制不同颜色、不同大小的圆，放置在“三角形图像”的边缘上，效果如图 4-3-9 所示。

14）使用“画笔工具”分别在“三角形图像”的三条边上绘制弧线，再参照步骤 4），利用图层蒙版功能对绘制的线条做适当的屏蔽，效果如图 4-3-10 所示。

图 4-3-8　画笔工具应用效果（2）

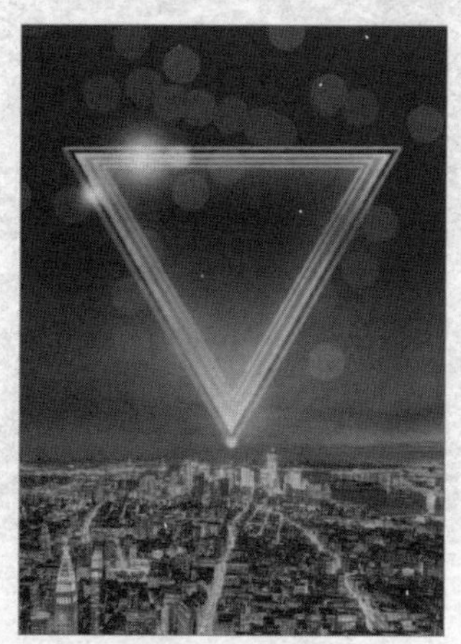

图 4-3-9　画笔工具应用效果（3）

图 4-3-10　画笔工具应用效果（4）

15）使用“横排文字工具”输入文字，并对文字进行格式化处理，调整好文字的位置与大小，设置文字图层的透明度为90%，效果如图4-3-11所示。

16）新建图层，在画布的下方绘制一个蓝色（R:30, G:90, B:165）的矩形，调整矩形的位置与大小，效果如图4-3-12所示。

17）打开素材“4-3-4”，把素材图像移到画布的下部，调整位置与大小，效果如图4-3-13所示。

图4-3-11　文字输入

图4-3-12　矩形绘制

图4-3-13　导入素材文件

18）打开素材“4-3-5”，把LOGO图像移到画布的上部，调整位置与大小，最终效果如图4-3-14所示。

图4-3-14　任务效果图

任务 4.4　红木家具宣传册封面设计

岗位需求描述

古旧红木家具或仿古红木家具如今已重新回到了家具舞台上，并逐渐受到了人们的关注。传统红木家具的色彩厚重但不沉闷，华美但不艳俗，这些都充分体现出中国传统的“中庸”哲学。而红木家具严密的比例尺度，圆中有方、方中见圆的设计理念，更是体现出中国古代天圆地方的哲学思想。它集中国古典传统文化与传统技艺于一体，体现了中国家居文化的特有气质。现为某红木家具公司设计一则宣传册封面，规格要求尺寸为 6142 像素×2185 像素，分辨率为 100 像素/英寸，颜色模式为 RGB 颜色模式。

设计理念思路

本任务中的主题是红木家具宣传册封面设计，而红木家具是体现中国传统文化思想的代表作之一，此设计应用于宣传册封面，主要体现中国风理念，以水墨风景为基调，以徽瓦围墙为背景，搭配中国文字，突出“中国风”的风格。

素材与效果图

效果图	

岗位核心素养的技能技术需求

在正、底封面的划分上，采用了参考线、矩形工具；在设计中选择荷花、青竹、金鱼、徽墙的“中国风”来体现红木家具具有中国古典特色的主题。

任务实施

1）选择“文件”→“新建”命令，在弹出的“新建”对话框中设置如图4-4-1所示的参数，单击“确定”按钮，创建一个6142像素×2185像素的新文件。

2）选择“视图”→“新建参考线”命令，在垂直取向中输入50%，新建一个中间的参考线，如图4-4-2所示。

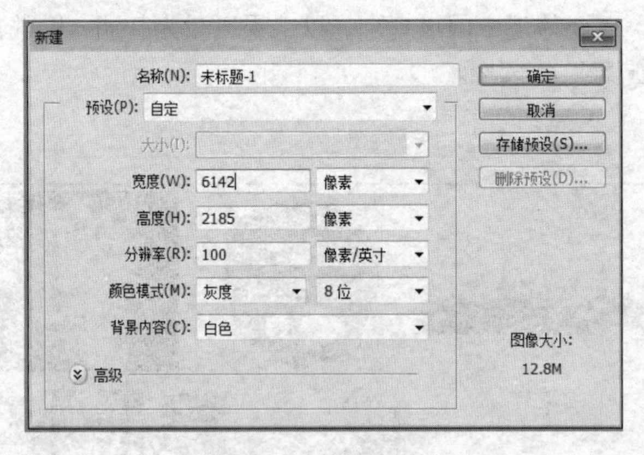

图4-4-1　新建画布

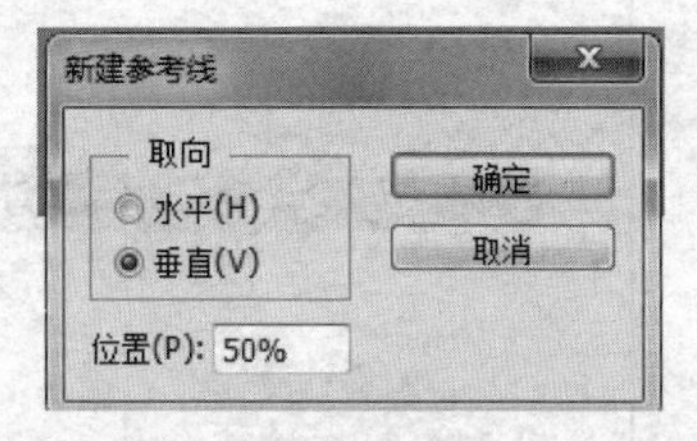

图4-4-2　新建参考线

3）选择“矩形选框工具”，以中间参考线作为分界线，框选左边画布，如图4-4-3所示。

图4-4-3　框选左边画布

4）设置前景色为“#c0c4ac”，按 Alt+Delete 快捷键填充左边框选的部分，再按 Ctrl+D 快捷键取消选区，如图 4-4-4 所示。

5）打开“素材”文件夹下“4-4-1”文件，并将屋檐素材移动到如图 4-4-5 所示位置。然后单击“图层”面板上的“创建新的填充或调整图层”按钮，添加一个色相/饱和度图层，设置饱和度参数为+59，明度参数为-40，如图 4-4-6～图 4-4-8 所示。

图 4-4-4　填充颜色

图 4-4-5　移动屋檐素材

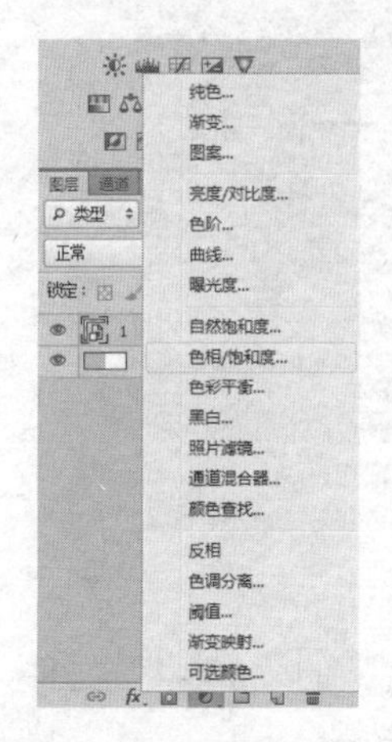

图 4-4-6　添加色相/饱和度

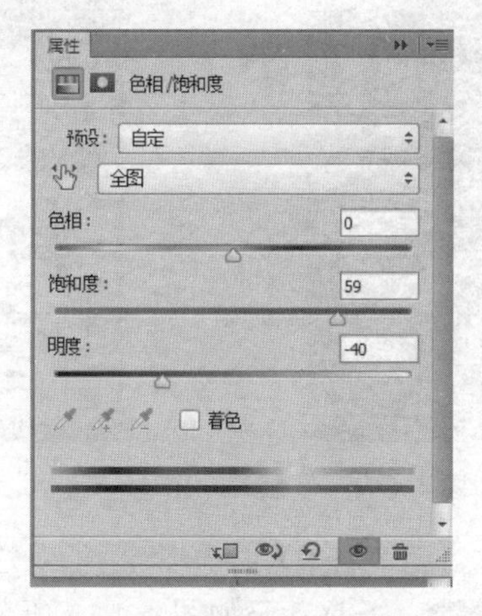

图 4-4-7　调整饱和度、明度

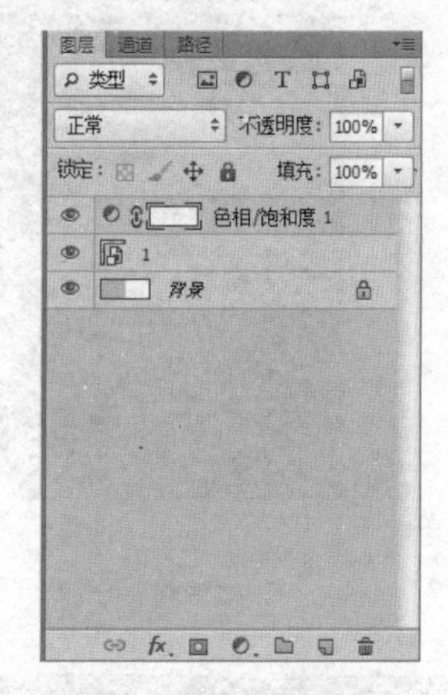

图 4-4-8　调整后的图层面板

6）打开“素材”文件夹下的“4-4-9”文件，移动至如图 4-4-9 所示的位置，并按 Ctrl+T 快捷键调整至合适的大小和形状，复制该素材并变换调整角度和大小，使其在屋檐下铺满。

图 4-4-9　移动素材至相应位置复制并调整角度和大小

7）遇到素材中有空白的地方，使用“套索工具”框选空白的地方，然后把前景色设置为纯黑色“#000000”进行填充，如图 4-4-10 所示。

图 4-4-10　填充有空白的地方

8）把拖入的素材和复制的两个图层合并成图层 1，复制两个图层 1 副本，并将两副本的颜色改为“#848874”“#a6aa94”，调整图层位置如图 4-4-11 所示。按住 Ctrl 键选中图层 1 和两个副本图层执行“图层”→“合并图层”命令。

图 4-4-11　复制移动图层

9）打开“素材”文件夹下的“4-4-4”文件，并移动至如图 4-4-12 所示位置。

图 4-4-12　移入素材

10）新建图层，命名为图层 2，把前景色设置为“#8a9173”，选择画笔工具，载入素材中的笔刷，在画布中点一下，然后按 Ctrl+T 快捷键变形，调整笔刷到合适的角度、大小和位置。再新建图层，调整不同灰度的前景色，重复使用笔刷制作出如图 4-4-13 所示的效果，最后将笔刷制作的图层合并成同一个“图层 2”。

11）移入产品“4-4-2”和装饰品“4-4-3”素材，并将装饰品的模式改为强光；按 Ctrl+T 快捷键调整大小和角度，并放置到合适的位置；为产品的素材添加一个曲线图层并调暗一点，如图 4-4-14 所示。

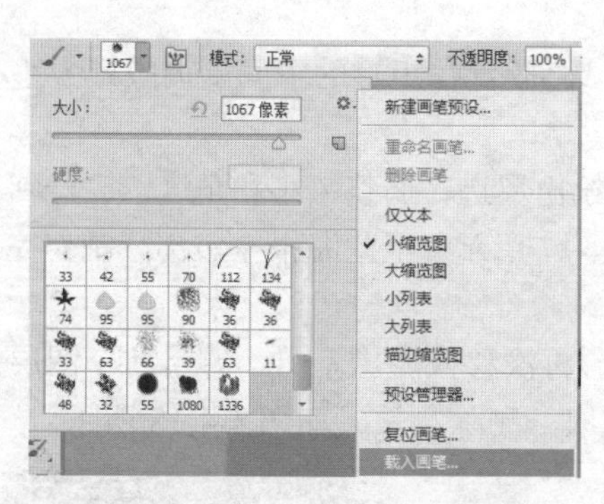

图 4-4-13　笔刷制作效果

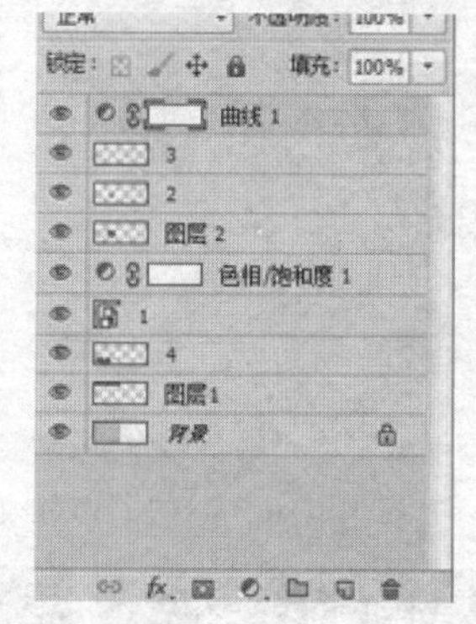

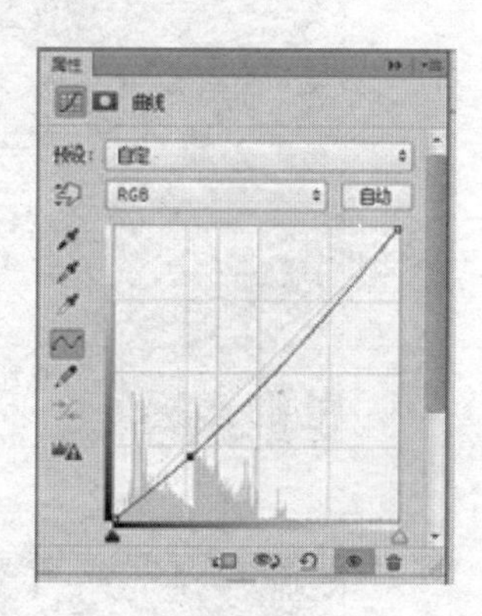

图 4-4-14　移入产品和装饰品素材

12）移入金鱼素材“4-4-11”，将模式改为正片叠底，复制一层，选择下面的图层略向左偏移，添加颜色叠加的混合模式，颜色值为“#563924”；按住 Ctrl 键并单击的金鱼图层，获取金鱼图层选区；选择颜色叠加图层，按住 Alt 键为图层添加蒙版，金鱼的阴影制作完毕后效果如图 4-4-15 所示。

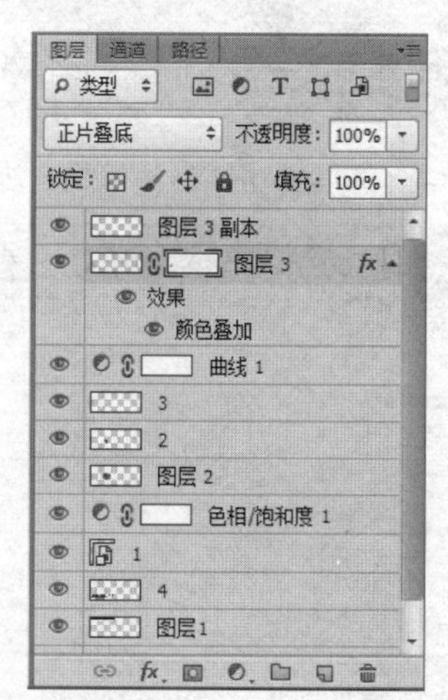

图 4-4-15　金鱼图层制作

13）新建图层，选择不同的笔刷形状，把前景色设置为黑色，然后在画布中点两下，移动至合适的位置。选择矩形工具，在画布中创建一个矩形，用红色 6 像素线描边。将前景色颜色值设为“#cd3921”，在画布中输入文字“唐”，放置在矩形的中间，调整好大小并放置到合适的位置，如图 4-4-16 所示。

14）新建图层，选择合适的笔刷，在画布中绘出墨迹，调整大小和角度，放置到合适的位置，输入相应文字，排版好位置，效果如图 4-4-17 所示。至此海报左边部分制作完毕，可将左边部分图层编成组“left”。

15）复制左边顶部屋檐下的墨迹（图层 1），再次移入屋檐素材，并将两个图层中的图案移动到海报右边相应位置，对多余部分进行选取、删除，效果如图 4-4-18 所示。

图 4-4-16　添加墨点和文字至适当位置

图 4-4-17　海报左边部分制作完毕的效果

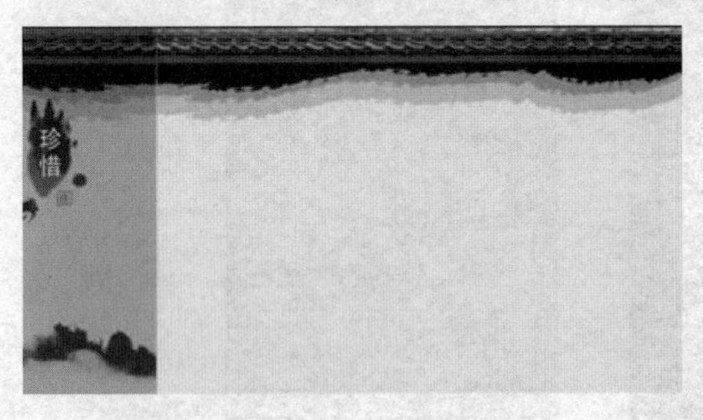

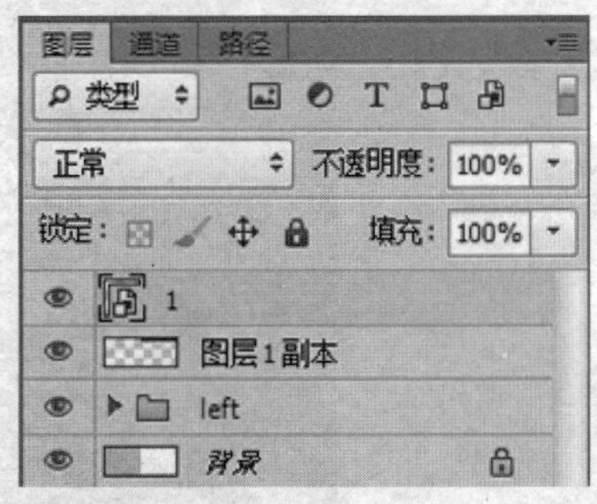

图 4-4-18　右边屋檐的效果

16）将素材“4-4-5～4-4-8”中的图案移入海报中，分别放置在合适的位置，如图 4-4-19 所示。

图 4-4-19　移入图案放置在相应位置

17）输入文字，按 Ctrl+T 快捷键调整文字的大小，设置文字的颜色分别为“#000000”“#e50313”“#125749”，如图 4-4-20 所示。

18）新建图层，将前景色设置为红色（#a21f19），选择合适的笔刷在画布中点一下，按 Ctrl+T 快捷键调整合适的大小和角度，输入文字“天地”，颜色设置为黑色。输入文字“人和”，颜色设置为白色，白色的文字放置在红色笔刷图层的中间，黑色的文字放在红色图层的左边，如图 4-4-21 所示。

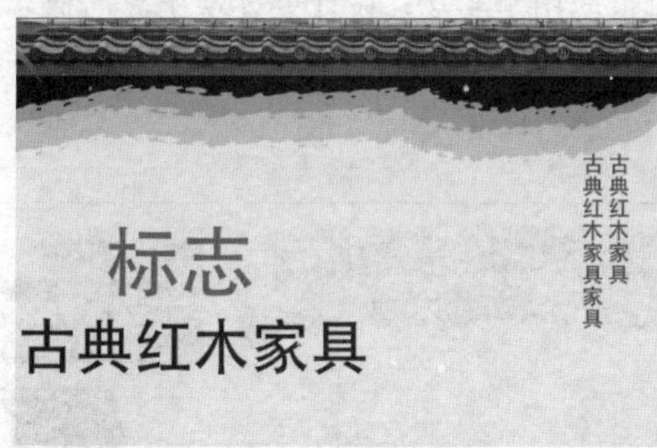

图 4-4-20　输入文字

图 4-4-21　绘制图案和输入文字

19）移入金鱼素材“4-4-10”，放在“天地”文字的下方，复制一层，添加“颜色叠加”的混合模式，颜色值为“#e6e8ee”，放在素材图层的下方，并调整到适当位置。至此中国风红木家具海报制作完毕，效果如图 4-4-22 所示。

图 4-4-22　中国风红木家具海报效果图

任务 4.5　家居商业海报设计

岗位需求描述

随着社会经济的快速发展，人们获取信息的方式也呈现多样化。商业海报作为一种有效的营销手段，其特殊性引起了越来越多人的关注，各大企业也意识到了海报设计的重要性，同时这也对设计人员提出了更高层次的要求。商业海报包含的内容很多，其设计风格要具有创新性，且符合外观与内容兼具的原则，以体现出企业的文化和理念，并突出宣传产品的特点和价值，实现商品与艺术的完美结合，从而达到理想的宣传效果。现设计一则家居卖场商业海报，规格要求尺寸为 1600 像素×500 像素，分辨率为 100 像素/英寸，颜色模式为 RGB 颜色模式。

设计理念思路

本任务的主题是家居卖场海报设计。此海报应用于卖场，设计要体现出家居概念，以卖场场地为背景，配套家具、装饰等图片进行排版，以达到突出主题的宣传效果。

素材与效果图

素材	

效果图	

岗位核心素养的技能技术需求

商业海报的设计，要恰当地配合产品的格调和受众对象。本任务中设计家居卖场海报，主要采用了黄金分割比例方式，将家居中所用到的家具、家居物品进行有效组合。

任务实施

1）选择“文件”→“新建”命令，在弹出的“新建”对话框中设置如图 4-5-1 所示的参数，单击“确定”按钮，创建一个尺寸为 1600 像素×500 像素，分辨率为 100 像素/英寸的新文件。

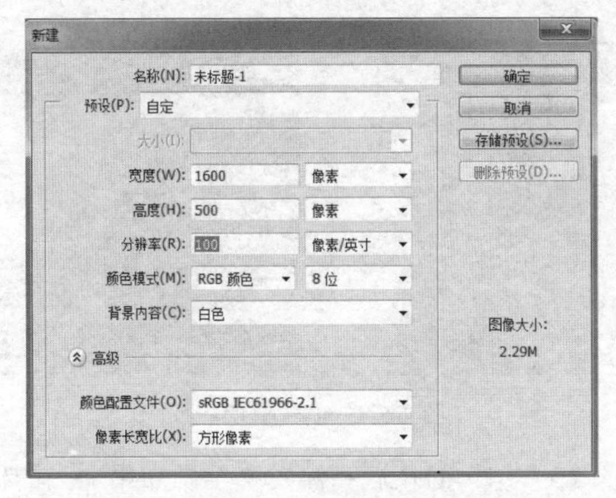

图 4-5-1　新建画布

2）打开素材文件夹下的“1”文件，将背景图案移入画布中，并按 Ctrl+T 快捷键调整位置和大小，使其与画布上下左右对齐，如图 4-5-2 所示。

图 4-5-2　设置背景图案

3）使用“矩形工具”创建一个1600像素×402像素的矩形，描边为0，颜色为白色；然后添加“渐变颜色”，角度为0，左边设置颜色为“#695b44”，右边设置颜色为“#d0d1d0”。选择“选择”→“变换选区”命令调整上下选区边各往内缩小相等一段距离，并填充成白色，如图4-5-3所示。

图4-5-3　创建矩形

4）打开素材文件夹下的“2”文件，使用“移动工具”移入画布中左侧位置；再打开“6”文件，使用“移动工具”移到图层2素材的上方，并使用Ctrl+T快捷键调整大小，使其完全覆盖下面的方块。右击“图层面板”中的图层3，执行“图层”→“创建剪切蒙版”命令，得到如图4-5-4所示的效果。

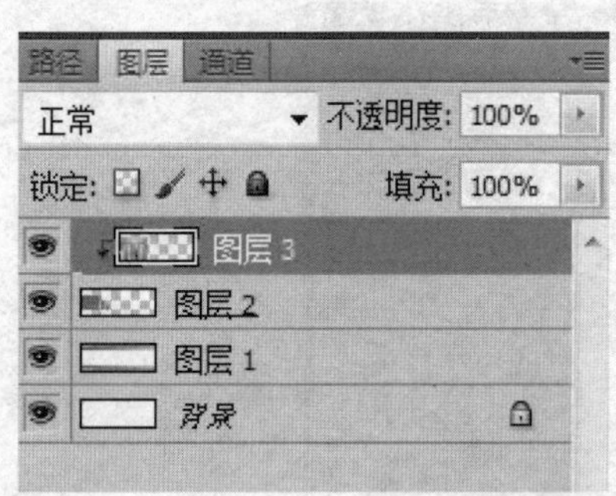

图4-5-4　创建剪切蒙版

5）将素材文件夹下“3”“4”的花瓶和沙发移至画布中适当的位置，如图4-5-5所示。

图4-5-5　放置沙发和花瓶

6）将素材文件夹下的“7”“8”中的图案移至画布中右边的位置，并使用 Ctrl+T 快捷键调整其大小，如图 4-5-6 所示。

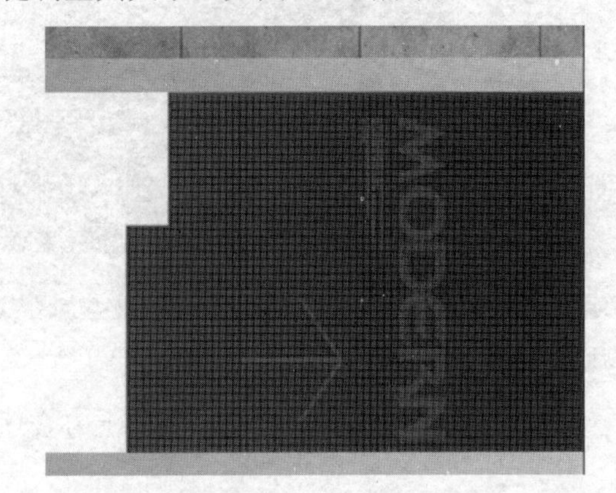

图 4-5-6 移入图片

7）新建图层，使用“矩形选区”工具制作一个矩形选区，执行“选择”→“变换选区”命令，按住 Ctrl+Alt 键并按鼠标左键选中选区上边缘中间点，向右拖动鼠标，使选区变形成平行四边形，打开素材“9”，置入“图层 1”，按 Ctrl+C 快捷键进行复制。回到海报画布，在平行四边形选区中执行“编辑”→“选择性粘贴”→“贴入”命令。采用同样的方法把素材的其他内容分别放置在画布的合适位置，如图 4-5-7 所示。

8）采用步骤 7）的方法，将素材“10”贴入画布，并使用“矩形选区工具”和“渐变工具”制作一个平行四边形渐变，效果如图 4-5-8 所示。

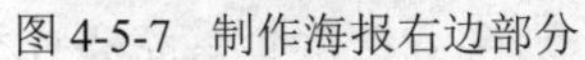

图 4-5-7 制作海报右边部分

图 4-5-8 贴入图片、制作渐变效果

9）将人物素材“11”移入画布，复制一层，右击图层，在“混合模式”中设置“颜色叠加”，填充“黑色”。选择“滤镜”→“模糊”→“高斯模糊”命令，设置数值为 6.8，不透明度为 50%，放置于人物素材的下方；将广告文字素材“12”中的文字移入海报中，放置在合适的位置，注意各素材之间不能相互覆盖，如图 4-5-9 所示。

图 4-5-9 高斯模糊

10）将素材文件夹下的“13”中的吊灯图案移至画布中，放置在广告文字图层上方合适的位置，到此海报制作完毕，如图 4-5-10 所示。

图 4-5-10 效果图

项 目 测 评

测评 4.1 制作完美家园宣传广告

设计要求

制作完美家园宣传广告

某地产公司要对新开发的住宅项目进行宣传，要求宣传广告单简约且突出幸福感。现以“完美家园”为主题制作一幅宣传广告单，广告单以落日黄为背景，再配以铜像卫士、高脚香槟杯做衬托，彰显小区家园的安全保障与高贵。在制作中设计成海报形式，用于销售中心场所，色彩鲜艳夺目，因此在制作时考虑色彩搭配和高光的布局。规格要求尺寸为 30cm×30cm，分辨率为 72 像素/英寸，颜色模式为 RGB 颜色模式。

素材与效果图

测评 4.2　制作简欧风格家具海报

设计要求

某家具公司需要参加某家具城组织的促销活动，特为在该家具城中的门店设计本公司的宣传海报，该家具公司主要设计简约欧式风格家具，要求宣传海报既有神秘感，又突出欧洲家具的厚重感。以故事“苏醒记”为主题制作一幅简欧风格家具海报，海报以森林为背景，再配以神秘的颜色搭配、美丽的草地，彰显欧式田原的风格与高贵。规格要求尺寸为 1920 像素×700 像素，分辨为 100 像素/英寸，颜色模式为 CMYK 颜色模式。

素材与效果图

素材	  
效果图	

服装与妆饰产品广告设计制作

学习目标

利用 Photoshop 软件进行服装与妆饰产品广告设计，学习软件的基本工具，了解广告的一般制作过程。能利用图形图像软件处理素材，用图像来表达意图，使作品更新颖和吸引人。结合整体的规划和审美观念，体现服装与妆饰产品的卖点，达到推广宣传的目的。

知识准备

了解广告设计的概念、特点、意义等，学会分析服装与妆饰产品的特点，选用合适的构图，准备设计素材等。

项目核心素养基本需求

能熟练应用图层、字体、渐变等工具；具备扎实的美术基础、强烈敏锐的感受能力、发明创造的能力、对作品的美学鉴定能力、对设计构想的表达能力。

任务 5.1　制作休闲服广告

岗位需求描述

休闲夹克在中国乃至全球服装市场中的竞争越来越激烈，某服装公司计划推出民族风格休闲夹克，欧美同步的时尚设计，独具风格的色彩搭配，力争打造中国第一休闲品牌，积极倡导个性化时尚动力休闲的新生活。为此，该公司需设计一幅品牌广告图，尺寸为 1050 像素×486 像素，分辨率为 72 像素/英寸，颜色模式为 RGB 颜色模式。

设计理念思路

本作品是品牌休闲服新品上市的网络广告，将会上传到各大网店平台进行宣传并营销。设计中运用非主流空间作为背景图，休闲服产品立于地板中间，使产品带有质感和立体感。色彩运用复古的橙色，与休闲服的颜色相呼应，使整个画面的色彩更加协调。文字排版运用左对齐方式，文字大小对比明显，主次分明。

素材与效果图

岗位核心素养的技能技术需求

色彩搭配、图层模式及色相的综合应用；文字排版、大小对比的设计表现手法。主要使用自由变换工具、图层混合模式、多边形套索工具。

任务实施

制作休闲服广告

1）启动 Adobe Photoshop CS6 软件，按 Ctrl+N 快捷键，在弹出的“新建”对话框的“名称”文本框中输入“休闲服广告”，调整“宽度”为 1050 像素，“高度”为 486 像素，“分辨率”为 72 像素/英寸，“颜色模式”为 RGB 颜色模式，其他参数保持默认。

2）按 Ctrl+O 快捷键，弹出“打开”对话框，选择“背景”素材，单击“打开”按钮，将背景图拖到休闲服广告画布中，通过“自由变换工具”适当调整大小和位置，如图 5-1-1 所示。

图 5-1-1　创建背景图

提　示

按 Ctrl+T 快捷键可以对图像进行自由变换。

3）新建图层 2，将前景色设置为“#ea964a”，按 Alt+Delete 快捷键对新图层填充前景色，如图 5-1-2 所示，此时图层面板如图 5-1-3 所示。

图 5-1-2　填充背景

图 5-1-3　图层面板

4）对图层 2 设置“正片叠底”图层混合模式，如图 5-1-4 和图 5-1-5 所示。

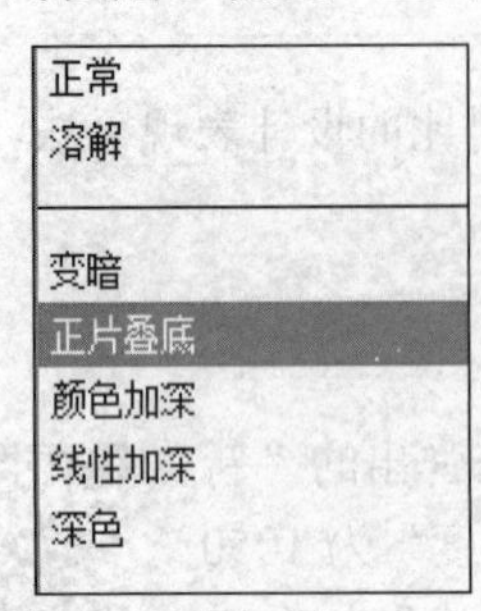

图 5-1-4 选择“正片叠底”图层混合模式

图 5-1-5 背景图效果

5）按 Ctrl+O 快捷键，弹出“打开”对话框，选择“休闲服”素材，单击“打开”按钮，将图片拖到休闲服广告画布中，适当调整大小和位置，如图 5-1-6 所示。

6）单击休闲服图层，按 Ctrl+J 快捷键复制图层，对复制的图层按 Ctrl+T 快捷键自由变换，右击画布，选择“垂直翻转”命令，如图 5-1-7 所示。将垂直翻转后的休闲服调整至下方贴近原休闲服的位置，并设置不透明度为“13%”，制作出倒影的效果，如图 5-1-8 所示。

图 5-1-6 导入休闲服素材

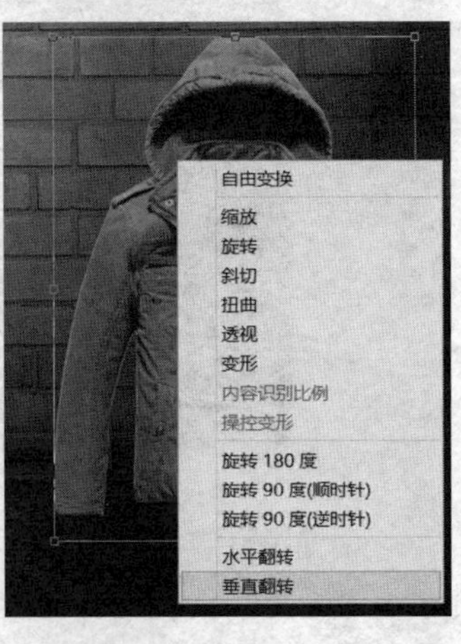

图 5-1-7 “垂直翻转”命令

图 5-1-8 设置倒影

7）选择文字工具，选用合适的中文字体和英文字体，依次输入广告词，并适当调整文字大小，每一行广告词遵循左对齐方式，如图 5-1-9 所示。

图 5-1-9　广告词排版设计

8）新建图层，选择直线工具，颜色为“#FFFFFF”，粗细设置为 2 像素，在“时尚休闲夹克再现”底部画一条直线，如图 5-1-10 所示。

图 5-1-10　画出直线

9）新建图层，选择椭圆工具，在 “选择工具模式”中选择“像素”，按住 Shift 键，画出一个白色正圆形；再新建图层，选择椭圆工具，在“选择工具模式”中选择“路径”，在白色正圆形中心处按住 Shift+Alt 键画出一个正圆环路径，选择文字工具后在圆环路径中单击，设置文字颜色为黑色，连续输入“-”符号，以制作出虚线填充整个圆环，并在圆形内部输入广告词，如图 5-1-11 所示。

图 5-1-11　制作标签

10）新建图层，选择椭圆工具，在“选择工具模式”中选择“像素”，颜色为“#5c5c4e”，按住 Shift 键，画出一个正圆形，载入圆形选区，使用多边形套索工具，采用从选区减去方式，分别从圆的中心点出发画出扇形并填充颜色，颜色分别为“#706753”“#917a54”“#7b5d3e”“#28272d”，最终完成效果如图 5-1-12 所示。

图 5-1-12　休闲服广告最终效果图

任务小结

本任务运用了直线、椭圆、多边形套索、变换等工具，结合图层混合模式等对休闲服进行了创意设计，突出潮酷的风格，起到了推广宣传目的。

任务 5.2　制作女装广告

岗位需求描述

女装款式千变万化，具有许多不同的风格，有的具有历史渊源，有的具有地域渊源，有的具有文化渊源，以适合不同的穿着场所、不同的穿着群体、不同的穿着方式，展现出不同的个性魅力。某网络公司需要为其淘宝店铺客户上架一新款女性秋装，需要设计一幅品牌广告图，主题必须带有秋天的味道，要求尺寸为 1120 像素×466 像素，分辨率为 72 像素/英寸，颜色模式为 RGB 颜色模式。

设计理念思路

本作品是女装广告，在设计上注重季节颜色的表达。要突出秋天的“秋”，整体颜色采用黄色和棕色，更符合季节所代表的颜色。改变字体原有的形态，对文字进行二次设计，使广告词栩栩如生。背景采用点线面中的“点”，零散分布几个小三角形作为“点”，起到活跃版面气氛的作用。

素材与效果图

素材	效果图

岗位核心素养的技能技术需求

掌握字体形状对比的设计表现手法，以及点线面中的“点”在广告设计中的应用；熟练应用钢笔工具、渐变工具、创建剪贴蒙版等。

任务实施

1）启动 Adobe Photoshop CS6 软件，按 Ctrl+N 快捷键，在弹出的“新建”对话框的“名称”文本框中输入“女装广告”，调整“宽度”为 1120 像素，“高度”为 466 像素，“分辨率”为 72 像素/英寸，“颜色模式”为 RGB 颜色模式，其他参数保持默认。

制作女装广告

2）将前景色设置为“#ffffff”，背景色设置为“#9e9b8c”，选择渐变工具，用径向渐变填充背景，如图 5-2-1 所示。

图 5-2-1　渐变颜色背景

3）新建图层，选择矩形选框工具，在底部建立一个长方形选区，高度为 85 像素，将前景色设置为“#7c6459”，背景色设置为“#422015”，选择渐变工具，用径向渐变填充选区，如图 5-2-2 所示。

图 5-2-2 渐变颜色矩形条

4）按 Ctrl+O 快捷键，弹出“打开”对话框，选择“模特”素材，单击“打开”按钮，将图片拖到女装广告画布中，适当调整大小和位置。双击模特图层，弹出“图层样式”对话框，设置“投影”参数，如图 5-2-3 所示，设置后效果如图 5-2-4 所示。

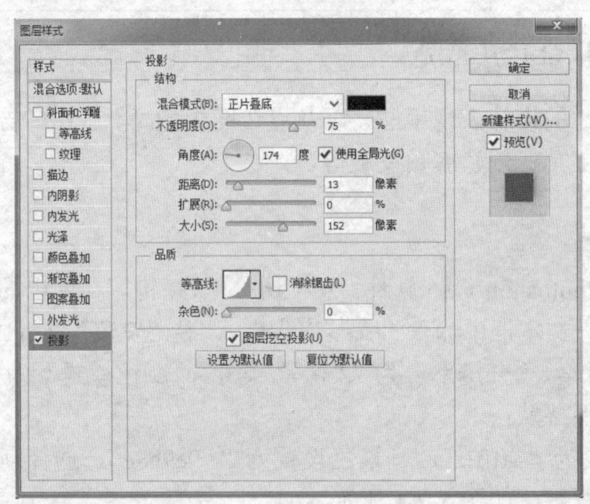

图 5-2-3 “投影”参数设置

图 5-2-4 设置模特投影

5）单击模特图层，按 Ctrl+J 快捷键复制图层，并放置于模特图层的下面，对复制的图层按 Ctrl+T 快捷键自由变换进行放大，将图层不透明度设置为 8%，适当调整位置，如图 5-2-5 所示。

图 5-2-5　设计模特暗影

6）新建图层，选择文字工具，字体使用“方正综艺简体”，字号为“209 点”，颜色设置为“#231510”，输入文字“秋”；右击图层，选择“栅格化文字”对文字进行栅格化，如图 5-2-6 所示。用多边形套索工具选中一些笔画填充颜色“#41190b”，如图 5-2-7 所示。

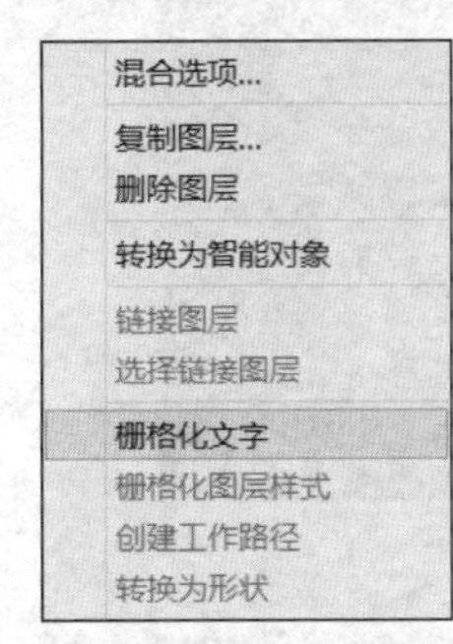

图 5-2-6　栅格化文字

图 5-2-7　填充笔画颜色

7）新建图层，将前景色设置为橙黄色“#f1c100”，在笔画内部用多边形套索工具画出两个斜三角形并填充颜色，然后为该图层创建剪贴蒙版，如图 5-2-8 所示。

图 5-2-8　用橙黄色修饰笔画

8）选择钢笔工具，对“秋”的笔画进行修饰与填补，改变文字的形态，如图 5-2-9 所示。

图 5-2-9　用钢笔工具修饰笔画

9）用矩形选框工具选中笔画左边的一部分删除，并用文字工具输入文字“女装”，如图 5-2-10 和图 5-2-11 所示。

图 5-2-10　删除笔画中的一部分

图 5-2-11　输入文字

10）选择文字工具，选用合适的中文字体输入广告词，并适当调整文字大小；新建图层，置于文字图层下面，用多边形套索工具在文字中建立选区填充橙黄色“#f1c100”，如图 5-2-12 所示。

11）选择文字工具，选用合适的英文字体输入广告词，并适当调整文字大小；新建图层，在广告词左右两边分别画出黑色直线，如图 5-2-13 所示。

图 5-2-12　广告词设计（1）

图 5-2-13　广告词设计（2）

12）选择多边形套索工具，分别使用“# e6b604”“# 3d180a”“# 8c8c8c”填充 3 个小三角形，零散分布，起到活跃版面气氛的作用，最终效果如图 5-2-14 所示。

图 5-2-14　女装广告最终效果

任务小结

本任务运用了直线、矩形、多边形、钢笔、多边形套索、变换等工具对女装进行了创意设计，重在突出秋，对广告词进行创意设计，构思新颖，起到了推广宣传目的。

任务 5.3　制作皮鞋广告

岗位需求描述

职场人总少不了一双品质优良的皮鞋。从皮鞋上可以观察出一个男人的品位，这种观点越来越流行于上班族群体中。为了吸引顾客眼球，体现一流的皮鞋品牌，某网络公司拟为商务正装男鞋客户设计一幅皮鞋促销广告图，要求突出卖点，高端上档次，尺寸为 1080 像素×320 像素，分辨率为 72 像素/英寸，颜色模式为 RGB 颜色模式。

设计理念思路

本任务是商务正装皮鞋促销广告图设计，要体现出卖点：绅士风度、价格适中。设计中使用模特更显庄重且有气派，衬托出皮鞋的高端上档次。色彩运用暗色调——黑色，广告词使用烫金文字，体现出欧美商务风格。皮鞋要有质感，包括阴影的设计。

素材与效果图

岗位核心素养的技能技术需求

暗调及烫金色的应用；阴影设计突出质感；主要使用渐变叠加、亮度/对比度等工具。

任务实施

制作皮鞋广告

1）启动 Adobe Photoshop CS6 软件，按 Ctrl+N 快捷键，在弹出的“新建”对话框的“名称”文本框中输入“皮鞋广告”，调整“宽度”为 1080 像素，“高度”为 320 像素，“分辨率”为 72 像素/英寸，“颜色模式”为 RGB 颜色模式，其他参数保持默认。

2）按 Ctrl+O 快捷键，弹出“打开”对话框，选择“人物背景”素材，单击“打开”按钮，将背景图拖到皮鞋广告画布中，如图 5-3-1 所示。

图 5-3-1　导入背景图

3）按 Ctrl+O 快捷键，弹出“打开”对话框，选择“皮鞋”素材，单击“打开”按钮，将皮鞋拖到皮鞋广告画布右侧，通过“自由变换工具”适当调整大小和位置，如图 5-3-2 所示。

图 5-3-2　导入皮鞋

4）在图层面板下方单击“创建新的填充或调整图层”按钮，在弹出的菜单中选择“亮度/对比度”命令，如图 5-3-3 所示。在弹出的“属性”面板中设置亮度值为 10，对比度值为 10，如图 5-3-4 所示。

5）右击“亮度/对比度”图层，选择“创建剪贴蒙版”命令，如图 5-3-5 和图 5-3-6 所示。

图 5-3-3　亮度/对比度

图 5-3-4　“亮度/对比度”属性面板

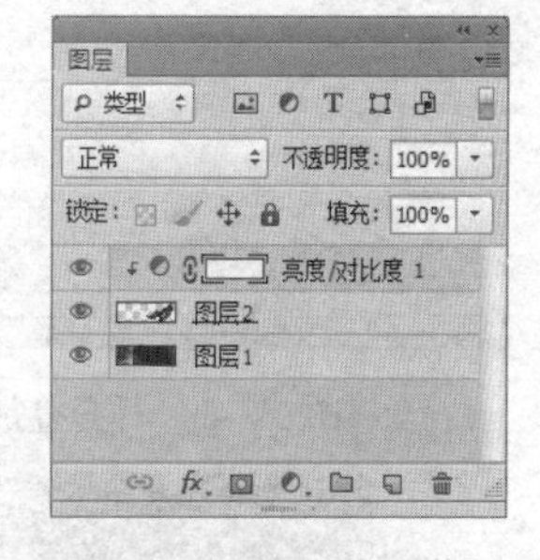

图 5-3-5　创建剪贴蒙版

图 5-3-6　调整后效果

6）在皮鞋图层下方新建一个图层，选择柔角画笔，前景色设置为黑色，在皮鞋的底部画出黑色阴影，以增强皮鞋的质感，如图 5-3-7 所示。

图 5-3-7　增加阴影

7）选择文字工具，选用合适的中文字体输入广告词“商务正装男鞋”，并适当调整文字大小，双击图层弹出“图层样式”对话框，勾选“渐变叠加”复选框，并设置混合模式为正常，不透明度为 100%，角度为 90°，如图 5-3-8 所示。设置渐变颜色的色标从左到右依次为“#a8998c”“#a7998d”“#cdc0b5”“#fff5ef”，如图 5-3-9 所示。烫金文字设置后的效果如图 5-3-10 所示。

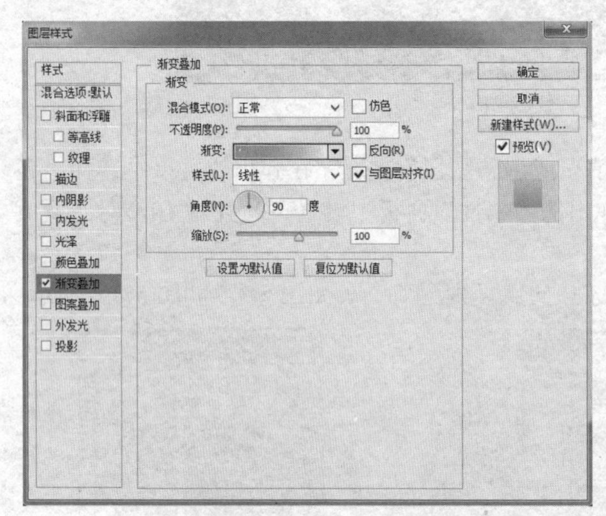

图 5-3-8　渐变叠加参数设置

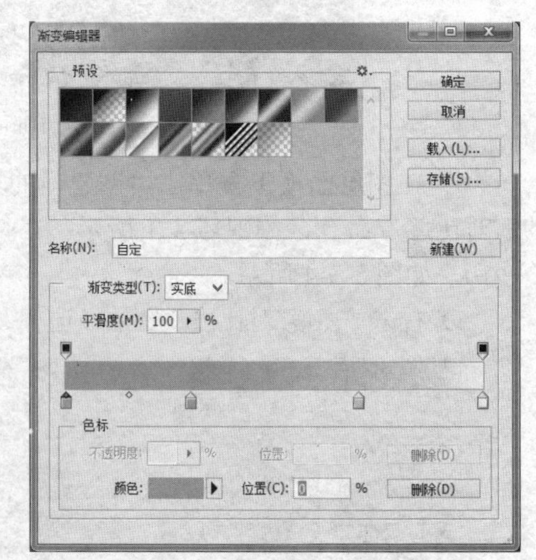

图 5-3-9　渐变编辑器设置

图 5-3-10　设置后的效果

8）按照步骤 7）的方法，输入英文广告词，如图 5-3-11 所示。

图 5-3-11 输入英文

9）输入促销信息，并进行合理的文字排版，加入直线元素，如图 5-3-12 所示。

图 5-3-12 输入促销信息

10）设计“立即抢购”按钮，用圆角矩形工具，设置半径为 2，颜色为“#603b35”，画出圆角矩形，再用多边形工具，设置边为 3，颜色为“#ffffff”，画出三角形箭头，输入文字信息，最终效果如图 5-3-13 所示。

图 5-3-13 皮鞋广告最终效果图

任务小结

本任务运用了直线、圆角矩形、多边形、钢笔、多边形套索、变换等工具，结合亮度/对比度对皮鞋进行了创意设计，体现出高端大气，时尚有品味，起到了推广宣传目的。

任务 5.4 制作运动服广告

岗位需求描述

为了达到更好的品牌推广效果，打造高端的运动服套装品牌，某公司需要为其官方网站

设计一幅广告图，要求尺寸为 1600 像素×600 像素，分辨率为 72 像素/英寸，颜色模式为 RGB 颜色模式。

设计理念思路

本任务是设计运动服广告，要突出动感的设计理念。整体文字排版采用斜向排版方式，符合运动服的风格，更加动感。背景采用点线面中的“点”与“线”，起到活跃版面气氛和增强动感的作用。模特与文字之间采用多层次的结构，使画面更富有层次感。

素材与效果图

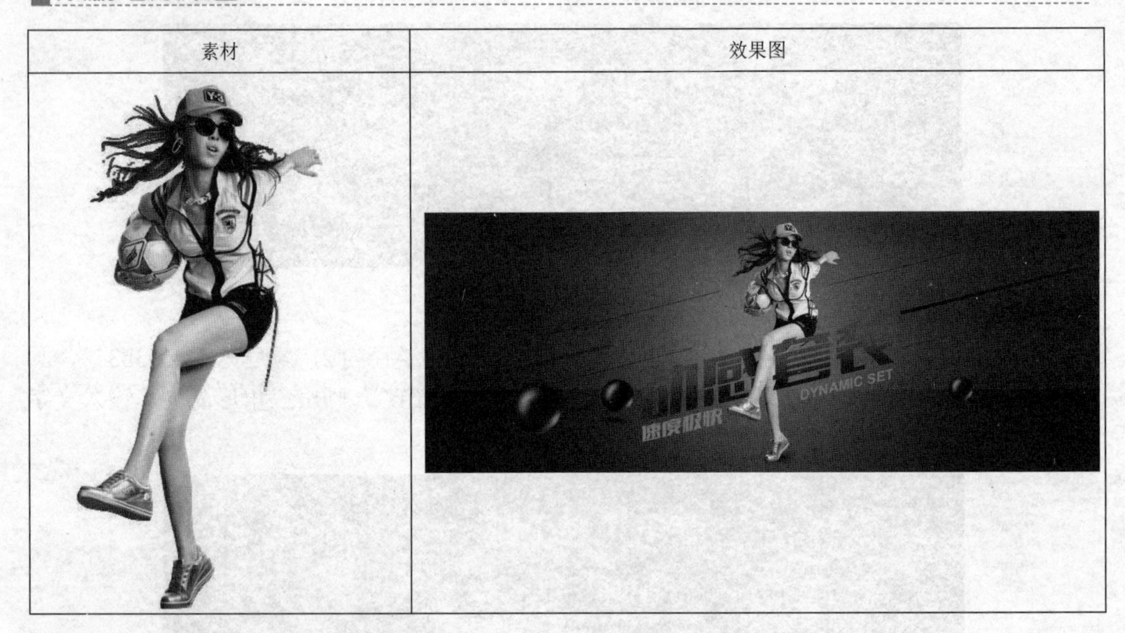

岗位核心素养的技能技术需求

掌握斜向型文字排版方式，突出运动感；掌握点线面中的“点”与“线”在设计中的应用；主要使用加深工具、减淡工具等进行设计。

任务实施

1）启动 Adobe Photoshop CS6 软件，按 Ctrl+N 快捷键，在弹出的“新建”对话框的“名称”文本框中输入“运动服广告”，调整“宽度”为 1600 像素，“高度”为 600 像素，“分辨率”为 72 像素/英寸，“颜色模式”为 RGB 颜色模式，其他参数保持默认。

制作运动服广告

2）将前景色设置为“#282828”，选择油漆桶工具，填充背景颜色；再用矩形选框工具将底部约 1/3 的区域填充颜色“#171717”，如图 5-4-1 所示。

图 5-4-1　填充背景色

3）新建图层，选择画笔工具，选用柔角画笔，大小设置为 900，不透明度设置为 50%，前景色设置为白色，在背景中间处单击画出高光，如图 5-4-2 和图 5-4-3 所示。

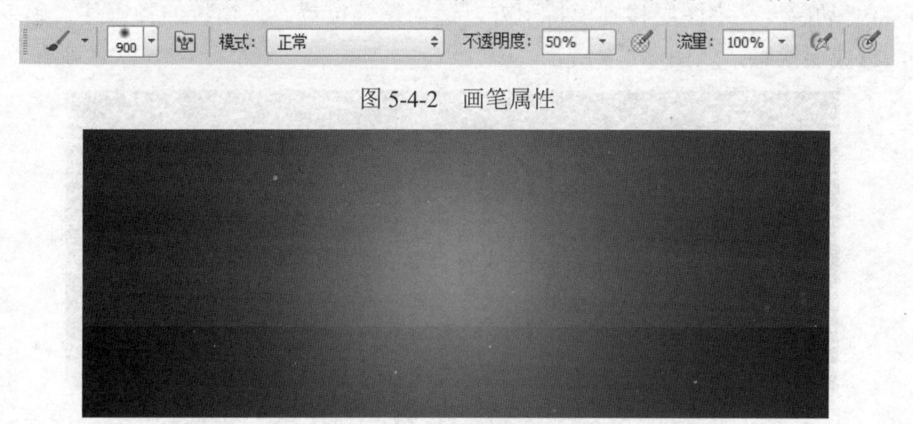

图 5-4-2　画笔属性

图 5-4-3　背景高光效果

4）按 Ctrl+O 快捷键，弹出“打开”对话框，选择“模特”素材，单击“打开”按钮，将图片拖到运动服广告画布中，适当调整大小，并将其放置到画布居中的位置。在模特图层下面新建一个图层，使用柔角画笔，用黑色画出运动鞋投影，按 Ctrl+T 快捷键适当调整投影的大小与方向，如图 5-4-4 所示。

图 5-4-4　导入模特图片

5）新建图层，选择文字工具，字体使用“方正粗谭黑简体”，字号为“150 点”，颜色设置为“#ee2c10”，输入“动感”“套装”文字，同时选中两个文字图层，按 Ctrl+T 快捷键自由变换；按住 Ctrl 键，单击右边中间的控制点向上移动，使两个图层的文字斜切变形，如

图 5-4-5 所示。

图 5-4-5　输入文字，斜切变形

6）将“动感”文字图层移到模特下方，适当调整位置，使模特的脚压住“感”字的一些部分，形成层次感，如图 5-4-6 所示。

图 5-4-6　层次感设计

提　示

“套装”文字图层在最前面，模特图层在中间，“动感”文字图层在后面，形成“文字—模特—文字”的层次感设计。

7）选中文字图层，栅格化文字，使用加深工具在文字中下方涂抹，形成上面亮下面暗的效果，并在模特脚压住笔画的地方用加深工具涂抹，增强立体感与层次感，如图 5-4-7 所示。

图 5-4-7　用加深工具加深文字颜色

8）用上述的方法输入其他广告词，颜色设置为“#e98b07”，如图 5-4-8 所示。

图 5-4-8　广告词设计

9）新建图层，选择椭圆工具，将前景色设置为黑色，按住 Shift 键，画出一个黑色圆形，选择减淡工具，选用柔角画笔，大小设置为 30，范围设置为“中间调”，曝光度设置为 50%，不勾选保护色调，如图 5-4-9 所示。在圆的左上角顺着圆的弧度涂抹，使其变亮，然后在正对的右下角，顺着圆的弧度涂抹，设计出立体球的效果，如图 5-4-10 所示。

图 5-4-9　减淡工具属性

图 5-4-10　立体球设计

10）新建图层，选择画笔工具，选用柔角画笔，用黑色画出圆形，按 Ctrl+T 快捷键适当调整投影的大小，通过复制图层复制出几个立体球，零散分布在画布中，如图 5-4-11 所示。

图 5-4-11　设计立体球投影

11）选择直线工具，用黑色画出细线与粗线，适当降低某些线条的不透明度，注意线条的方向要保持与广告词的方向一致，增强动感，最终效果如图 5-4-12 所示。

图 5-4-12　运动服广告最终效果图

任务小结

本任务运用了直线、椭圆、钢笔、多边形、减淡、变换等工具，结合层次关系对运动套装进行了创意设计，体现出动感、层次感，时尚高端，起到了推广宣传目的。

任务 5.5　制作化妆品海报

岗位需求描述

某公司最新研发了水动力输送系列化妆产品，为此需要设计一幅户外广告，以达到宣传品牌、推广新系列产品的目的，要求设计尺寸为 5906 像素×2551 像素，分辨率为 300 像素/英寸，颜色模式为 RGB 颜色模式。

设计理念思路

本任务是制作化妆品海报，突出水动力的卖点，整体以水为题材展开。采用淡蓝色作为主色调，体现护肤品保湿作用。系列产品的堆叠式摆放，在视觉上有前有后，有主有次，有层次感。整体运用圆形构图方式，使画面更加唯美。

素材与效果图

素材	

效果图	

岗位核心素养的技能技术需求

堆叠式摆放体现主次有序；圆形构图应用；主要使用图层蒙版进行设计。

任务实施

1）启动 Adobe Photoshop CS6 软件，按 Ctrl+N 快捷键，在弹出的“新建”对话框的“名称”文本框中输入“化妆品海报”，调整“宽度”为 5906 像素，“高度”为 2551 像素，“分辨率”为 300 像素/英寸，“颜色模式”为 RGB 颜色模式，其他参数保持默认。

制作化妆品海报

2）将前景色设置为“#86ceed”，选择油漆桶工具，填充背景颜色。新建图层，选择画笔工具，选用柔角画笔，大小设置为 3000，前景色设置为白色，在背景中间处单击两次画出高光，如图 5-5-1 和图 5-5-2 所示。

3000　模式：正常　不透明度：100%　流量：100%

图 5-5-1　画笔属性

图 5-5-2　背景高光效果

3）选中高光图层，按 Ctrl+T 快捷键自由变换，把高光往左右两边拉宽，适当调整位置，如图 5-5-3 所示。

4）按 Ctrl+O 快捷键，弹出“打开”对话框，选择“水”素材，单击“打开”按钮，将图片拖到画布右边位置，如图 5-5-4 所示。

5）选中水图层，在图层面板下方单击图标，为图层添加矢量蒙版，用黑色柔角画笔在水的外面涂抹，如图 5-5-5 和图 5-5-6 所示。

图 5-5-3　高光变形后效果

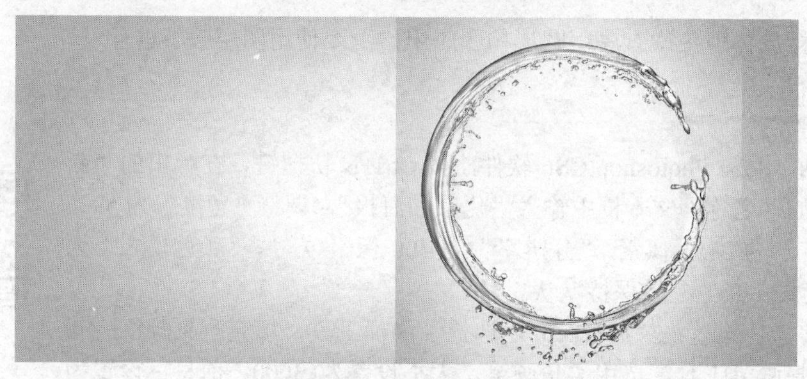

图 5-5-4　导入水素材

图 5-5-5　添加矢量蒙版

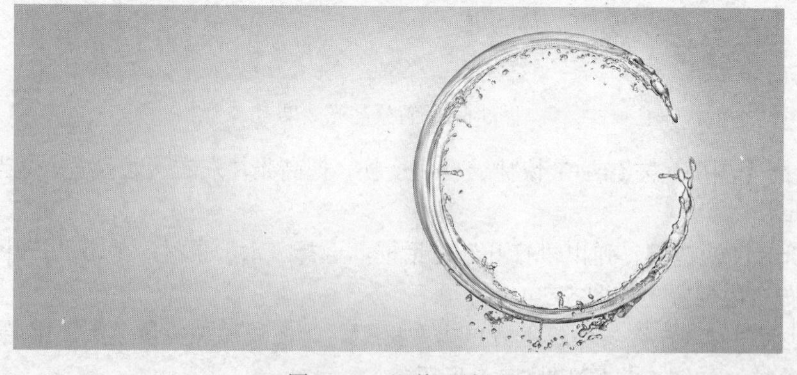

图 5-5-6　调整后效果

6）按 Ctrl+J 快捷键复制水图层，按 Ctrl+T 快捷键自由变换，按住 Shift 键并用鼠标拖动控制点使水放大，再用黑色柔角画笔涂抹右边部分，以达到渐隐的效果，并将此图层的不透明度设置为 40%，调整后效果如图 5-5-7 所示。

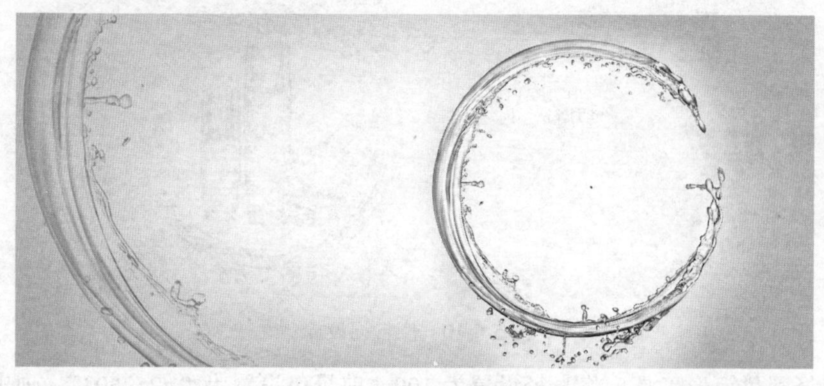

图 5-5-7　设计水背景（1）

7）用第 6）步的类似操作方法，制作出右边水部分，如图 5-5-8 所示。

图 5-5-8　设计水背景（2）

8）按 Ctrl+O 快捷键，弹出“打开”对话框，选择“产品 1”“产品 2”“产品 3”素材，单击“打开”按钮，依次将图片拖到画布中水的中心位置，适当调整其大小与位置，形式堆叠式摆放，如图 5-5-9 所示。

图 5-5-9　导入产品图片

9）新建图层，选择文字工具，选用合适的字体与大小，颜色设置为“#257693”，输入广告词，如图 5-5-10 所示。

图 5-5-10　广告词设计

10）选择圆角矩形工具，将半径设置为 100，前景色设置为“#257693”，画出适当大小的圆角矩形，用矩形选框工具选中左边部分，按 Delete 键删除；在图形上应用文字工具，字体为 Arial，输入白色“+”符号，最终效果如图 5-5-11 所示。

图 5-5-11　化妆品广告最终效果图

任务小结

本任务运用了圆角矩形、变换等工具，结合蒙版对化妆品进行了创意设计，产品堆叠式摆放，在视觉上有前有后，有主有次，有层次感，整体运用圆形构图方式，使画面更加唯美，起到了推广宣传目的。

项 目 测 评

测评 5.1　制作化妆品海报

设计要求

以“美肌产品”为主题完成创意合成，以圆形构图方式为主，主色调采用比较柔和的暖色调淡粉色与淡黄色。所用的工具与知识包括文字居中对齐方式、点线面的结合等。规格要求成品尺寸为 1024 像素×1319 像素，分辨率为 72 像素/英寸，颜色模式为 RGB 颜色模式。

素材与效果图

测评 5.2　制作皮鞋广告

设计要求

以“高端男装皮鞋”为主题完成创意合成，画面以欧式高档建筑为背景，主色调采用冷色调棕色，红色作为点缀颜色。规格要求成品尺寸为 1918 像素×599 像素，分辨率为 72 像素/英寸，颜色模式为 RGB 颜色模式。

素材与效果图

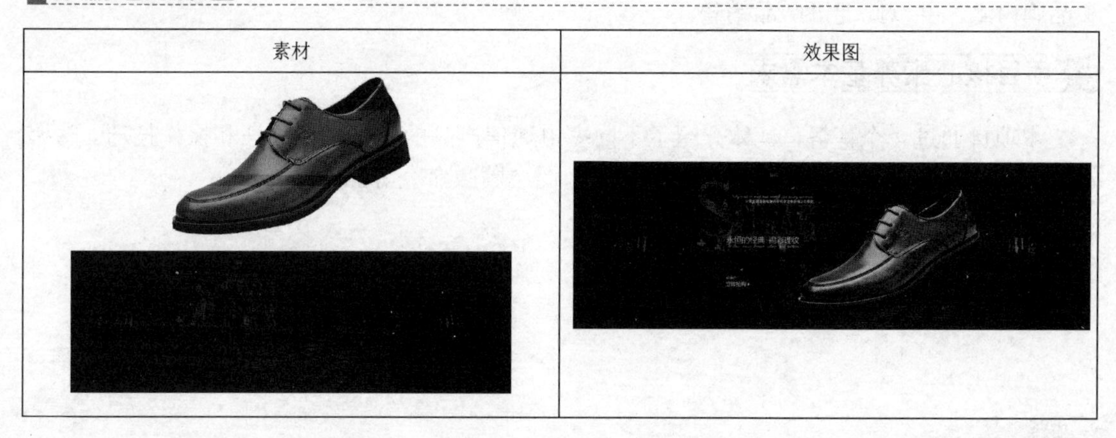

家电通信产品广告设计制作

学习目标

利用 Photoshop 软件进行家电通信产品广告设计，除了学习软件的基本工具外，还要学习广告的版面设计与色彩搭配，从而使作品更有视觉冲击力，达到为产品宣传的目的。

知识准备

本项目以设计制作家电通信产品广告为主，从任务效果剖析开始带领大家了解整个案例的制作思路和基本流程，将软件技术融入制作广告的实战操作中。广告要突出体现产品特性和品牌内涵，并以此促进产品销售。

项目核心素养基本需求

本项目通过 4 个任务，具体介绍了不同家电通信产品的广告制作方法和操作技巧。掌握钢笔工具、渐变工具、文字工具、形状工具、图层蒙版命令等的应用。

任务 6.1　制作 MINI 手机广告

岗位需求描述

现代社会，手机是必不可少的通信工具。伴随着多功能手机在市场上的推广，设计智能手机海报，促进消费者对智能手机的关注，在一定程度上推动了智能手机在市场上的繁荣。

设计理念思路

本任务中的 MINI 手机主题是“因韵而生”，广告中的彩带装饰让整个画面灵动、俏丽。彩带特效制作是本案例的重点。

素材与效果图

素材	效果图

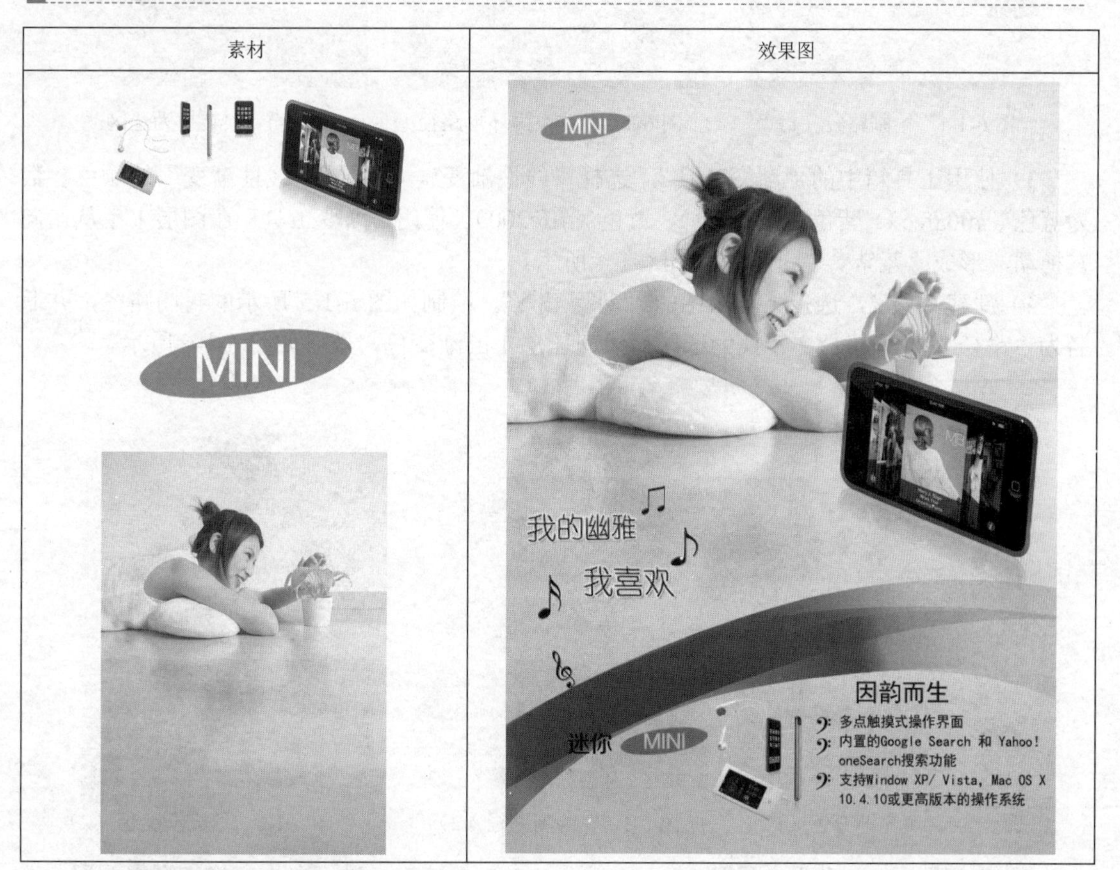

岗位核心素养的技能技术需求

完成本任务所用的工具和知识点包括钢笔工具、渐变工具，文字工具，形状工具。

任务实施

1）启动 Adobe Photoshop CS6 软件，打开“背景素材”，使其成为背景层。

2）新建图层 1，选择工具箱中的“钢笔工具”，绘制如图 6-1-1 所示的封闭路径，并命名为“路径 1”。接着选择工具箱中的“转换点工具”，拖动中间的两个锚点，将路径转换为环形，如图 6-1-2 所示。最后按 Ctrl+Enter 快捷键将路径转换为选区，如图 6-1-3 所示。

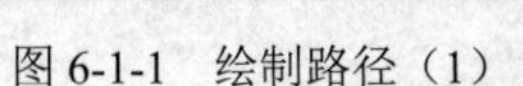

图 6-1-1　绘制路径（1）

图 6-1-2　转换为环形路径

图 6-1-3　转换为选区

3）使用工具箱中的“渐变工具”，选择“线性渐变”，并设置“线性渐变”的颜色参数为蓝色（#00afec）、紫色（#ce0071）、黄色（#ffe200）。使用“渐变工具”在图层 1 中从左向右拖动，形成“蓝紫黄”渐变，如图 6-1-4 所示。

4）新建图层 2，选择工具箱中的“钢笔工具”，绘制如图 6-1-5 所示的封闭路径，并命名为“路径 2”。将路径 2 转换为选区后填充图层 1 的渐变色，效果如图 6-1-6 所示。

图 6-1-4　填充渐变色（1）

图 6-1-5　绘制路径（2）

图 6-1-6　填充渐变色（2）

5）复制图层 2，形成“图层 2 副本”。按 Ctrl+T 快捷键，进行自由变换，右击图层，选择“水平翻转”命令，按住鼠标左键并拖动，拉大图形，按 Enter 键确定。接着按住 Ctrl 键，并单击“图层 2 副本”中的缩略图选中图形，使用“线性渐变工具”从左向右拖动，形成“蓝紫黄”渐变，如图 6-1-7 所示。

6）用同样的方法，复制图层1，形成“图层1副本”，并进行水平翻转，放大并旋转图形，最后进行“蓝紫黄”线性渐变，效果如图6-1-8所示。

7）将“图层2副本”的图层混合模式设置为“正片叠底”，效果如图6-1-9所示。

图6-1-7　填充渐变色（3）

图6-1-8　填充渐变色（4）

图6-1-9　设置正片叠底

8）打开“素材手机”，使用“移动工具”把“素材手机”拖至文档中，将图层命名为“图层3”。

9）在图层3中，选择工具箱中的“魔棒工具”，设置容差值为10，选中“消除锯齿”“连续”复选框。

10）接着使用“魔棒工具”，在图层1的空白处单击，效果如图6-1-10所示，按Delete键删除选中的内容，效果如图6-1-11所示。

11）在图层3中使用工具箱中的“矩形选框”工具，选中不同的电子产品，“剪切”并“粘贴”到当前文档，分别命名为“图层4”“图层5”“图层6”“图层7”，并设置各图层混合模式为“正片叠底”，然后按样图要求摆放位置（图层3保留最左边的MP3），效果如图6-1-12所示。

图6-1-10　魔棒工具应用

图6-1-11　删除后效果图

图6-1-12　摆放后效果

12）打开“MINI标志”，使用“移动工具”把“MINI标志”拖至文档中，将图层命名为“图层8”，并用设置“魔棒工具”的“容差”值为5。

13）接着使用“魔棒”工具，在图层8的空白处单击，然后按Delete键删除选中的内容，效果如图 6-1-13 所示。

14）复制图层 8，按 Ctrl+T 快捷键进行自由变换，缩小图像并移动到相应的位置，设置图层混合模式为“正片叠底”，如图 6-1-14 所示。

15）单击“横排文字工具”，设置前景色为黑色，在文档左下方相应位置创建文字“迷你 MINI”，效果如图 6-1-15 所示。

图 6-1-13　添加图层 8

图 6-1-14　正片叠底

图 6-1-15　添加文字

16）单击“横排文字工具”，设置前景色为黑色，在文档右下方相应位置创建文字“因韵而生”；再次单击“横排文字工具”，在“因韵而生”下面创建文字“多点触摸式操作界面内置的 Google Search 和 Yahoo！ oneSearch 搜索功能支持 Window XP/ Vista，Mac OS X 10.4.10 或更高版本的操作系统”，效果如图 6-1-16 所示。

17）单击“横排文字工具”，设置前景色为黑色，在文档中的相应位置分别创建文字“我的幽雅”“我喜欢”，为文字添加相应的图层样式：斜面和浮雕、外发光、投影；栅格化文字后，再做相应的“自由变换”，效果如图 6-1-17 所示。

18）单击“矩形工具”中的“自定形状工具”，设置前景色为黑色，在“设置待创建的形状模式”中选择“音乐”，选择“像素”模式，在相应的位置添加符号，并为各符号添加图层样式，效果如图 6-1-18 所示。

图 6-1-16　添加文字（1）

图 6-1-17　添加文字（2）

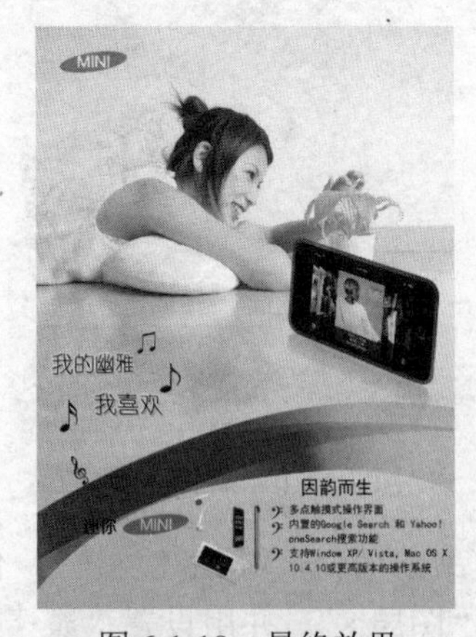

图 6-1-18　最终效果

任务小结

本任务运用了钢笔工具、渐变工具、文字工具、形状工具等对智能手机海报进行了创意，针对音乐的部分，视觉效果强烈。

任务6.2　制作联动电脑广告

岗位需求描述

市场上的品牌电脑可谓是众星云集，各有千秋。而联动电脑却始终凭借其稳定的性能、完善的品质和优异的服务深受消费者喜爱。一个产品的成功与否，广告起着至关重要的作用。

设计理念思路

本任务的主题是联动电脑广告，主色调以黑灰色调为主，显示企业的严谨，红色部分凸显广告宣传主题。时钟特效、发光特效制作是本任务的重点。

素材与效果图

岗位核心素养的技能技术需求

完成本任务所用的工具包括钢笔工具、渐变工具、图层样式、图层蒙版、文字工具等；掌握应用图层蒙版工具制作倒影效果的方法。

任务实施

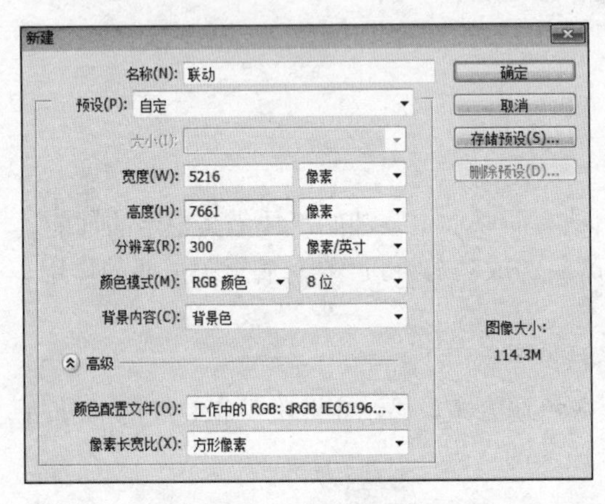

图 6-2-1　创建新文件

1）启动 Adobe Photoshop CS6 软件，新建文件，命名为“联动”，背景设置为“黑色”，其他参数设置如图 6-2-1 所示。

2）分别打开“素材处理器”“素材电脑”“素材字体”，拖入文件“联动”中，选择“魔棒工具”，删除图片中的白色背景，按图 6-2-2 摆放好，形成图层 1、图层 2、图层 3，图层面板如图 6-2-3 所示。

3）添加两条辅助线，确定圆心。新建图层 4，绘制直径为 3269 像素的正圆，填充灰色（#5c5f5b）；新建图层 5，绘制直径为 3137 像素的正圆，填充颜色为白色（#ffffff）；新建图层 6，绘制直径为 3025 像素的正圆，填充灰色（#696768）；新建图层 7，绘制直径为 2981 像素的正圆，填充白色（#ffffff）；新建图层 8，绘制直径为 2935 像素的正圆，填充径向渐变色（#5f6468，#393a3b），按图 6-2-4 所示摆放好各圆的位置。

图 6-2-2　素材摆放位置

图 6-2-3　各图层素材

图 6-2-4　绘制圆盘

4）新建图层 9，选择“圆角矩形工具”，设置参数如图 6-2-5 所示。设置前景色为“白色”，适当放大图形，在图 6-2-6 所示位置绘制圆角矩形，效果如图 6-2-7 所示。

5）为图层 9 中的圆角矩形添加“斜面和浮雕”“投影”图层样式，具体参数如图 6-2-8 和图 6-2-9 所示，设置效果如图 6-2-10 所示。

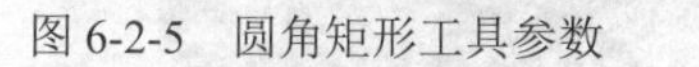

图 6-2-5　圆角矩形工具参数

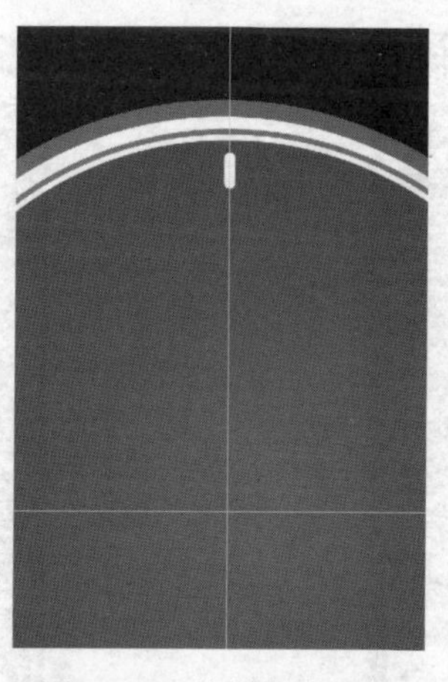

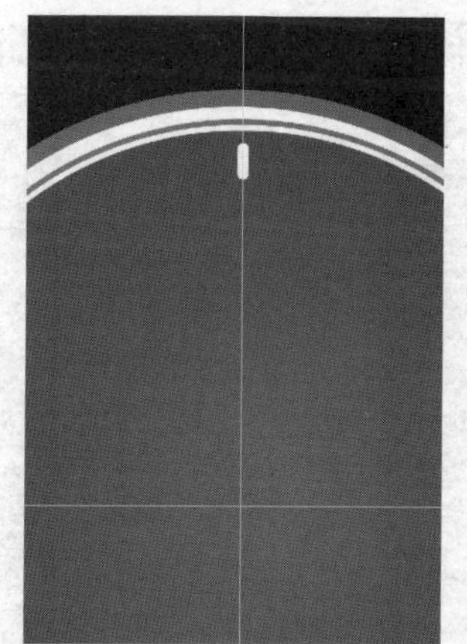

图 6-2-6　绘制圆角矩形

图 6-2-7　绘制圆角矩形后效果

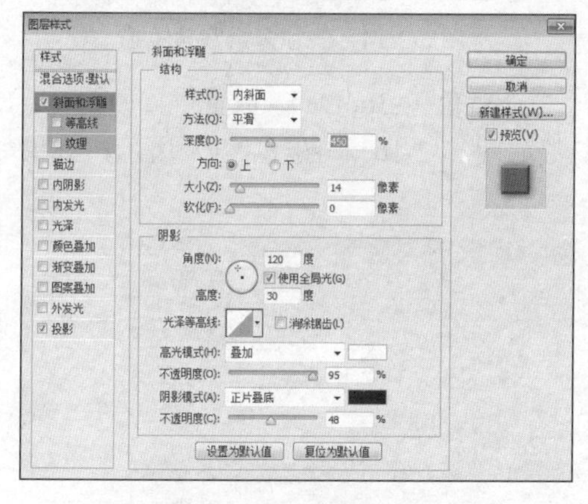

图 6-2-8　斜面和浮雕参数设置

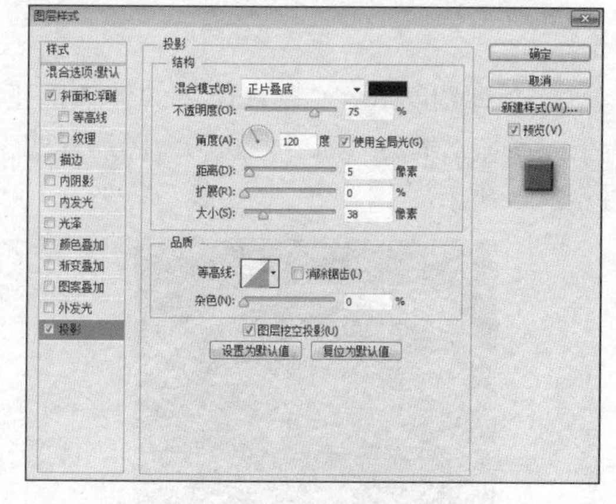

图 6-2-9　投影参数设置

6）复制图层 9，形成“图层 9 副本”，按 Ctrl+T 快捷键进入自由变换状态，将图形的中心点移动到与“圆心”相重合，如图 6-2-11 所示，设置旋转角度为 6 度，按 Enter 键确定后，效果如图 6-2-12 所示。连续按 Ctrl+Shift+Alt+T 快捷键，进行快速复制变换，效果如图 6-2-13 所示。删除部分图层，最终效果如图 6-2-14 所示。

图 6-2-10　设置后效果

图 6-2-11　自由变换

图 6-2-12　变形复制 1 次

图 6-2-13　变形复制效果　　图 6-2-14　删除多余圆角矩形

7）新建图层 10，绘制直径为 89 像素的正圆，填充蓝色（#3b6f9a），放置位置如图 6-2-15 所示，添加“描边”和“内阴影”图层样式，参数如图 6-2-16 和图 6-2-17 所示，效果如图 6-2-18 所示。

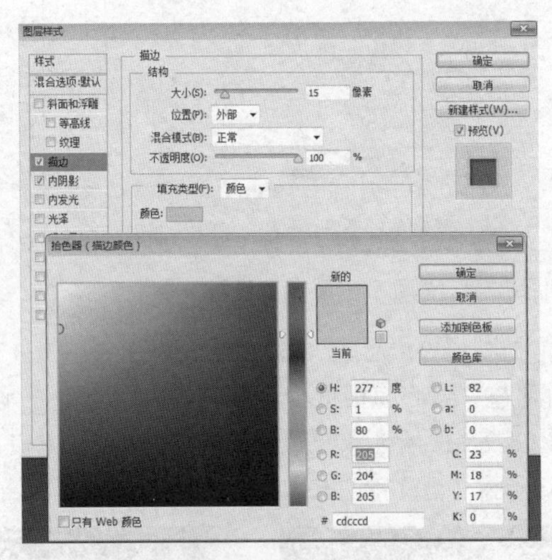

图 6-2-15　添加圆形　　图 6-2-16　描边参数设置

8）复制图层 10，形成“图层 10 副本”，按 Ctrl+T 快捷键进入自由变换状态，将图形的中心点移动到与“圆心”相重合，如图 6-2-19 所示。设置旋转角度为 30 度，按 Enter 键确定后，效果如图 6-2-20 所示。连续按 Ctrl+Shift+Alt+T 快捷键，进行快速复制变换，最终效果如图 6-2-21 所示。

9）新建图层 11，绘制分针、秒针及中心，选择钢笔工具，绘制如图 6-2-22 所示的时针图形，按 Ctrl+Enter 快捷键将路径转换为选区，填充白色。复制图层 11，将时针的颜色填充为蓝色（#4763ab），并进行自由变换（快捷键为 Ctrl+T），进行缩小、旋转，效果如图 6-2-23 所示。新建图层 12、图层 13，绘制分针和中心，调整好位置，效果如图 6-2-24 所示。

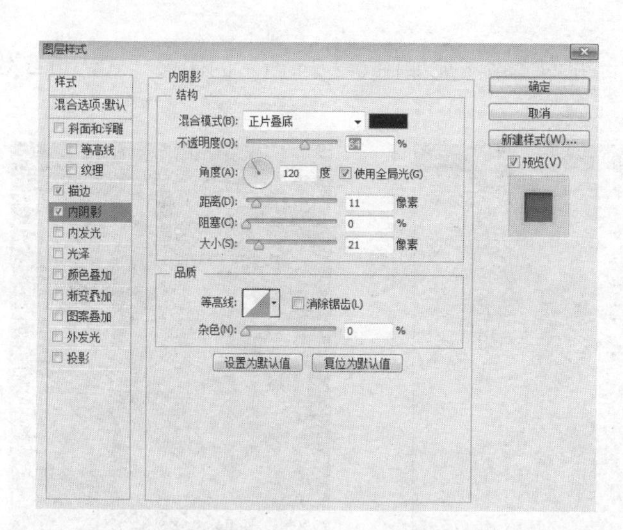

图 6-2-17　内阴影参数设置

图 6-2-18　圆形效果图

图 6-2-19　自由变换状态

图 6-2-20　变形复制 1 次

图 6-2-21　变形复制效果

图 6-2-22　绘制时针路径

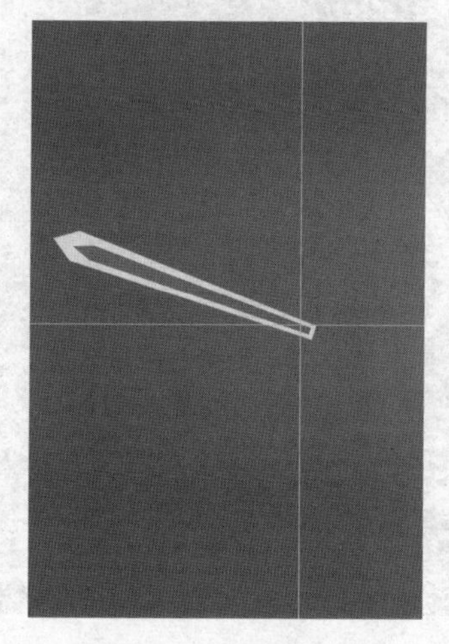

图 6-2-23　时针效果

图 6-2-24　分针、秒针及中心

10）使用路径文字，添加文字“在线会计”“在线订货平台”“在线进销存”“在线对账平台”“在线培训”“在线电子商务”，并为文字添加如图 6-2-25 所示的图层样式，最终效果如图 6-2-26 所示。

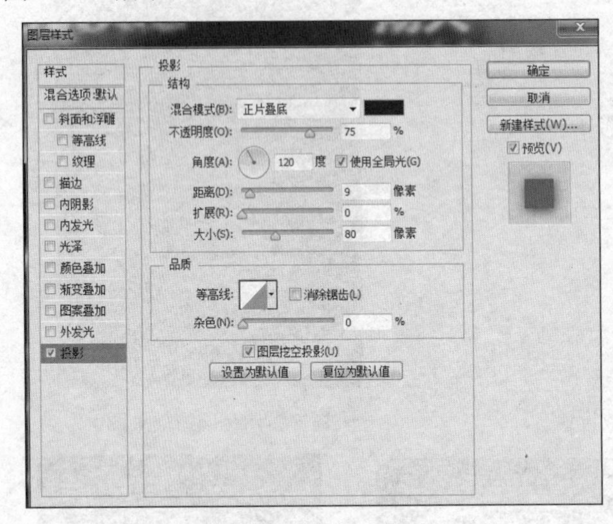

图 6-2-25　投影参数设置

图 6-2-26　添加文字后效果

11）合并时钟表盘、分针、时针、中心和文字图层，进行自由变换（快捷键 Ctrl+T），压缩时钟，然后添加图层蒙版，最后效果如图 6-2-27 所示。

12）将图层 2 拖动到最顶层，复制并垂直翻转，调整好位置后添加图层蒙版，设置黑白线性渐变，效果如图 6-2-28 所示。

13）新建图层 14，选择“椭圆选框工具”，设置羽化值为 600 像素，绘制椭圆并填充白色，适当调整透明度。新建图层 15，选择“椭圆选框工具”，设置羽化值为 50 像素，在时钟的下方绘制一个长条形椭圆，并适当调整透明度。调整图层位置，效果如图 6-2-29 所示。

图 6-2-27　时钟压缩变形蒙版效果

图 6-2-28　倒影制作效果

图 6-2-29　添加羽化背景

14）新建图层 16，选择“自定形状工具”，绘制如图 6-2-30 所示形状，填充红色

(#ff0000)，并添加文字“新品”。新建图层 17，选择“矩形选框工具”，绘制 5216 像素×805 像素的矩形，并填充红色（#ff0000），添加文字“企业分秒掌握”。调整好字体大小和位置，效果如图 6-2-30 所示。

15）添加如图 6-2-31 所示文字，并设置好字体的大小和位置，最终效果如图 6-2-31 所示。

图 6-2-30　添加文字效果

图 6-2-31　最终效果

任务小结

本任务运用了钢笔工具、渐变工具、图层样式、文字工具。针对海报广告语“分秒必争”进行了图像的绘制和创意，视觉效果强烈。

任务 6.3　制作阳阳电器广告

岗位需求描述

某知名跨国企业集团，业务范围广阔，其生产的具有高附加值的电冰箱、洗衣机、小型家用电器等产品，满足了消费者日常生活的需要。本任务针对这些电器制作宣传海报。

设计理念思路

本任务的主题是设计制作阳阳电器主打电器的产品广告，主要制作部分是背景图的处理，以及广告版面中辅助图形的绘制。白纱效果和星星效果的表现是广告效果图打造的重点。

素材与效果图

岗位核心素养的技能技术需求

所用的工具：钢笔工具、渐变工具、滤镜工具、文字工具。

任务实施

1）启动 Adobe Photoshop CS6 软件，新建文件，命名为“阳阳”，参数设置如图 6-3-1 所示。

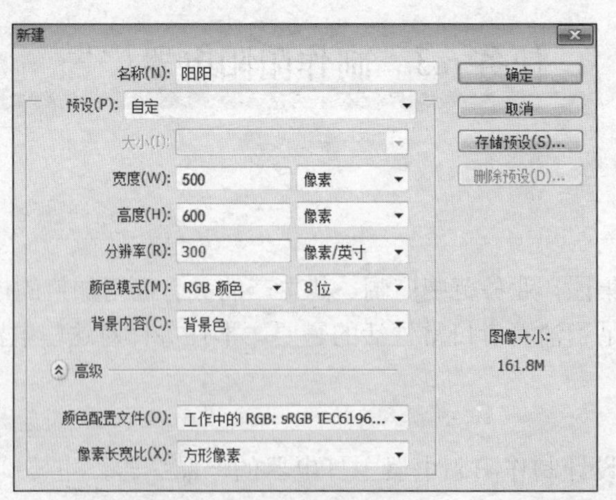

图 6-3-1 创建新文件

2）选择“渐变工具”，由上往下，拉一个蓝色（#2153dd）到深蓝色（#0a1f60）的线性渐变。

3）新建图层 1，选择“多边形套索工具”，在图 6-3-2 所示的地方画一个闭合三角形，从右往左，用渐变工具在选区内拉一个由白色到透明的线性渐变。

4）选择“滤镜”→“扭曲”→“波浪”命令，参数设置如图 6-3-3 所示，然后进行适当的自由变换，再添加“外发光”图层样式，参数设置如图 6-3-4 所示，效果如图 6-3-5 所示。

5）新建图层 2，用“多边形套索工具”在图 6-3-6 所示位置用渐变工具做一个深蓝色（#0f193c）到透明的渐变，并做垂直翻转，然后选择“滤镜”→“扭曲”→“波浪”命令，

图 6-3-2　白色到透明的三角形线性渐变

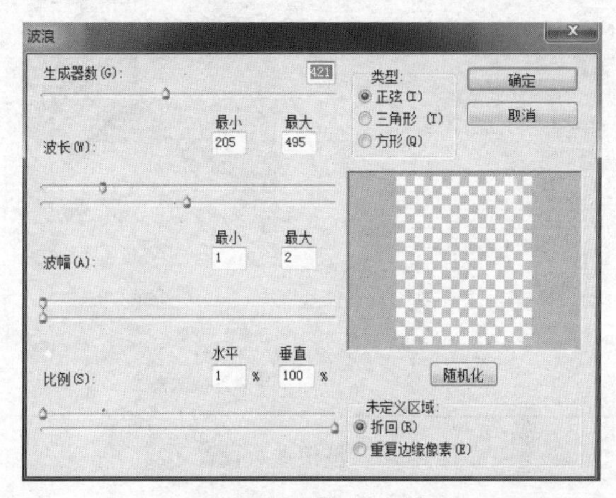

图 6-3-3　波浪参数设置（1）

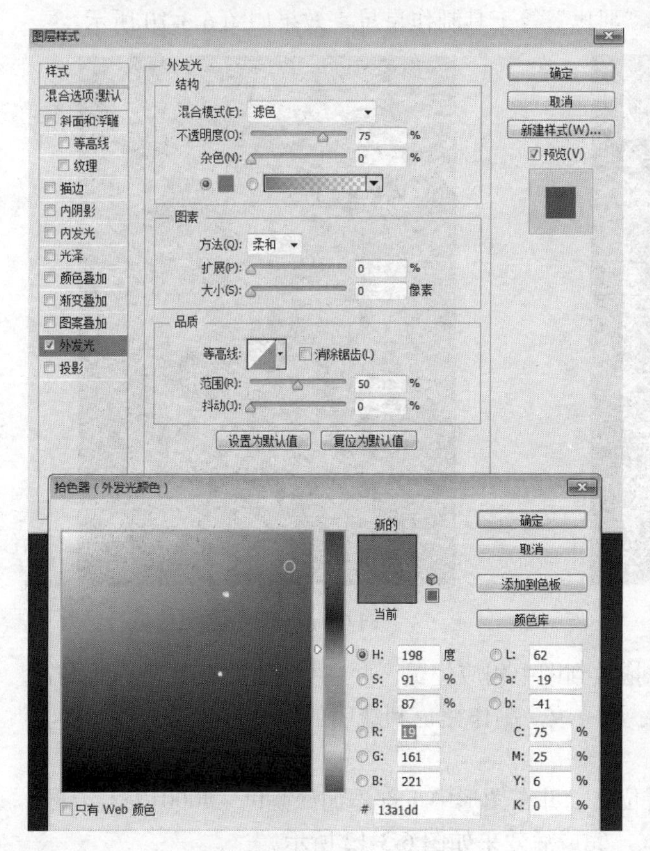

图 6-3-4　外发光参数设置

图 6-3-5　设置后效果

图 6-3-6　深蓝色到透明的三角形线性渐变

参数设置如图 6-3-7 所示。适当调整图片的不透明度，并用自由变换工具进行适当处理，效果如图 6-3-8 所示。

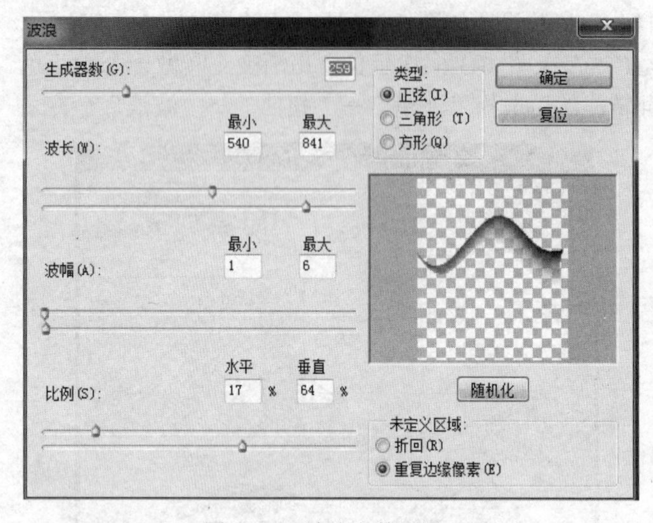

图 6-3-7　波浪参数设置（2）

图 6-3-8　处理后的效果图

6）用上述方法，制作其他曲线，最后得到如图 6-3-9 所示的背景图。

7）运用“椭圆工具”“自由变换”“羽化”等工具制作星星，效果如图 6-3-10 所示。

图 6-3-9　添加多条波浪效果

图 6-3-10　添加星星效果

8）打开“素材 1”和“素材 2”，拖放到图中相应位置，并进行复制，然后垂直翻转，放到原图下面对齐，在复制的图层里添加蒙版，制作黑色到透明的渐变，效果如图 6-3-11 所示。

9）打开“素材 3”，拖放图中相应位置，并在图形中下部添加深蓝色（#00012a）方框，输入图示文字，最后添加投影图层样式，完成后效果如图 6-3-12 所示。

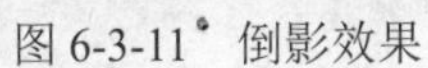
图 6-3-11　倒影效果

图 6-3-12　添加文字

10）用矩形工具在图 6-3-13 所示位置添加一个橙（#c74f00）、黄（#f7ab00）、橙（#c74f00）的线性渐变。

图 6-3-13　添加橙黄橙线性渐变矩形

11）选择“横排文字工具”输入“品 • 质　北智”，设置文字图层的填充为 0%，添加“斜面和浮雕”“描边”“内阴影”“颜色叠加”“渐变叠加”“投影”图层样式，具体参数设置如图 6-3-14～图 6-3-19 所示。（渐变叠加的颜色分别为#aa7207、#d58f09、#7e5607、#ffa801，描边颜色不变），按 Ctrl+J 快捷键复制图层，修改颜色为白色，效果如图 6-3-20 所示。

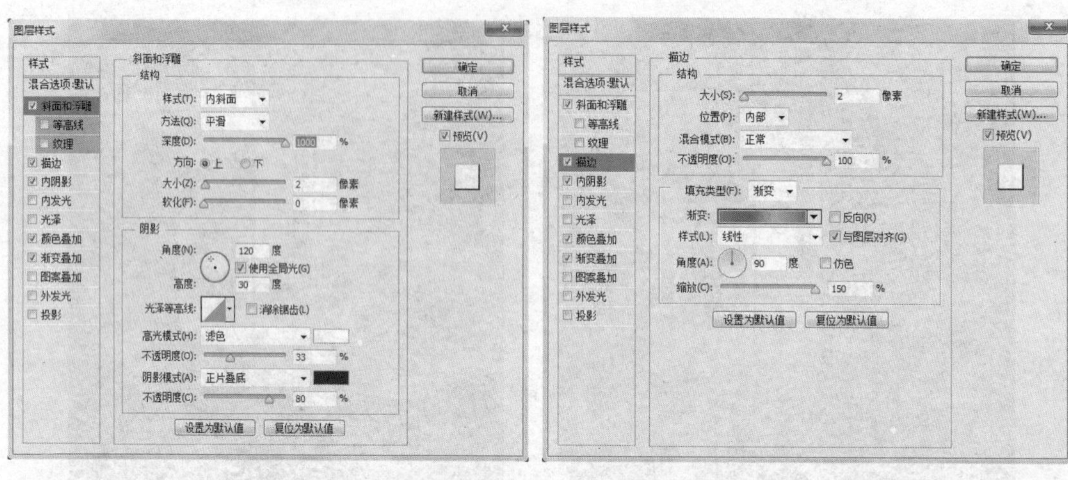

图 6-3-14 “斜面和浮雕”参数设置　　图 6-3-15 “描边”参数设置

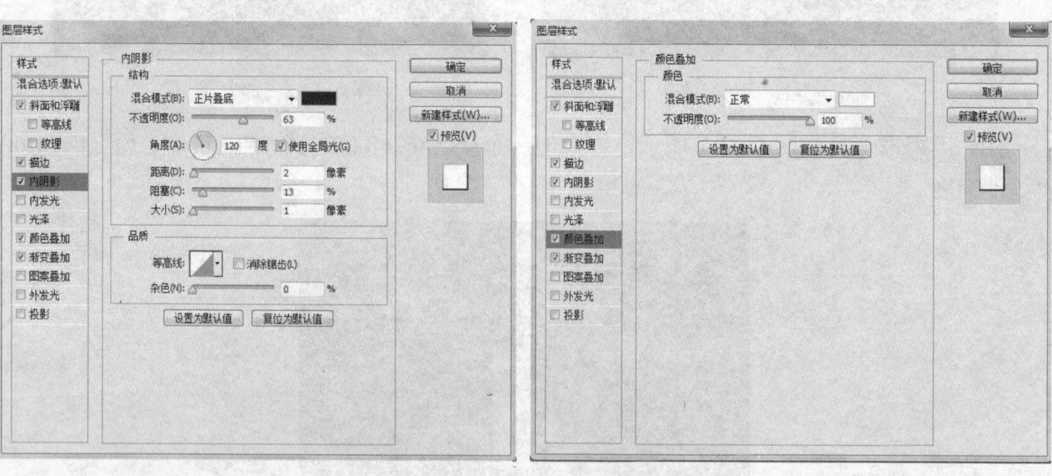

图 6-3-16 “内阴影”参数设置　　图 6-3-17 “颜色叠加”参数设置

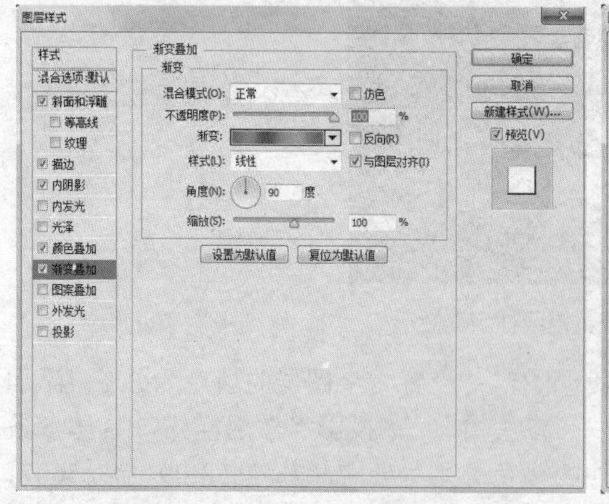

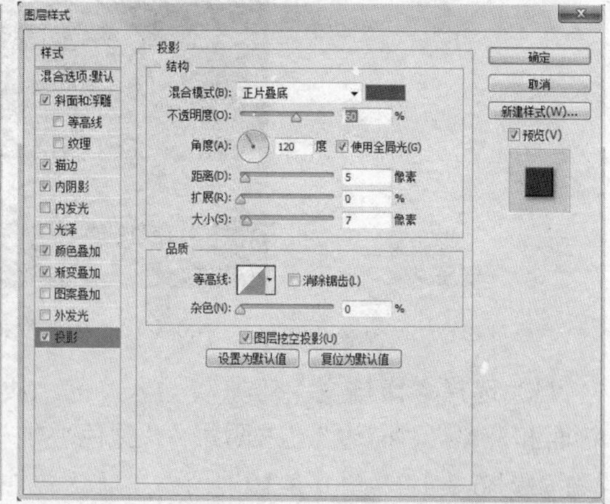

图 6-3-18 “渐变叠加”参数设置　　图 6-3-19 “投影”参数设置

12）输入英文字体 Feel Quality，栅格化文字后载入文字选区，用渐变工具制作一个深红(#630000)到橙色(#c95900)的线性填充;再复制两个图层,第一个图层填充黄色(#fac031),第二个图层填充白色，按顺序排好后调整位置并合并图层，设置自由变换斜切，完成后效果如图 6-3-21 所示。另一边英文字体同上操作。

图 6-3-20　设置后中文文字效果

图 6-3-21　设置后英文文字效果

13）用“钢笔工具”在图 6-3-22 所示的位置画两个闭合路径，一个填充蓝色（#12377b），另一个填充黄色（#eebd18），字体用横排文字工具输入，字体颜色分别为白色和蓝色。

14）新建图层，用钢笔画一个平行四边形，转换成选区后，用渐变工具从左往右，做黄色（#eebd18）到橙色（#de5401）的线性渐变，复制若干个，调整好大小和方向后放置在图 6-3-23 所示位置。

图 6-3-22　底部添加文字图形效果

图 6-3-23　添加如图多个平行四边形

15）新建图层，用“椭圆工具”绘制一个椭圆，用渐变工具，选择“径向渐变”做一个蓝色（#5e9ded）到深蓝色（#153775）的渐变，用钢笔工具在椭圆相应位置做一个暗部一个高光，暗部填充深蓝色（#0e2c65），高光填充白色，将不透明度调整为 30；黄色的椭圆“径向渐变”是黄色（#f6e66e）到土黄色（#d29d1a），暗部填充深黄色（#bf851a），高光填充同上，完成后浏览最终效果。

任务小结

本任务主要运用了钢笔工具和滤镜工具对背景图中的白纱部分进行了处理，达到了想要的广告效果。

任务 6.4　制作移动通信广告

岗位需求描述

本任务的主题是移动公司针对年轻群体举办的推广活动，整体的思路是年轻、有活力。广告的整体感觉是醒目、律动。

设计理念思路

M 字体的设计处理、广告语的效果处理。

素材与效果图

岗位核心素养的技能技术需求

此任务所用的工具和知识点包括：图层样式（斜面和浮雕、描边、投影、外发光）、文字工具。

任务实施

制作动感地带广告

1）启动 Adobe Photoshop CS6 软件，打开背景素材“素材 1”，使其成为背景层。

2）新建图层 1，选择渐变填充工具，设置颜色为透明到橙色（#7e440e）渐变，在图层中进行线性渐变填充，效果如图 6-4-1 所示。

图 6-4-1　背景层填充透明到橙色线性渐变效果

3）新建图层 2，选择“多边形套索工具”绘制出如图 6-4-2 所示的多边形，填充白色，效果如图 6-4-3 所示。

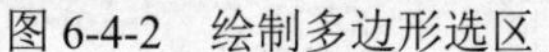

图 6-4-2　绘制多边形选区　　图 6-4-3　填充白色

4）复制图层 2，得到图层 2 副本（快捷键 Ctrl+J），填充黄色（#ffdd00），向下移动至如图 6-4-4 所示位置。

5）选择“横排文字工具”，输入大写字母 M，设置字体为“Bolt Bd BT”，字体颜色为“#ea6c00”，输入文字后效果如图 6-4-5 所示。

6）选择“M”文字图层，栅格化图层，再进行自由变换（快捷键 Ctrl+T），对大写字母 M 做如图 6-4-6 所示的透视效果。

图 6-4-4　白黄图形重叠效果　　图 6-4-5　输入大写字母 M　　图 6-4-6　字母 M 自由变换效果

7）复制“M”图层，得到图层 3 副本，选择图层 3 副本，选择“3D”→“从所选图层新建 3D 凸出”命令，如图 6-4-7 所示。

8）在 3D 工作场景中，右击“M”图形，参数设置如图 6-4-8 所示。

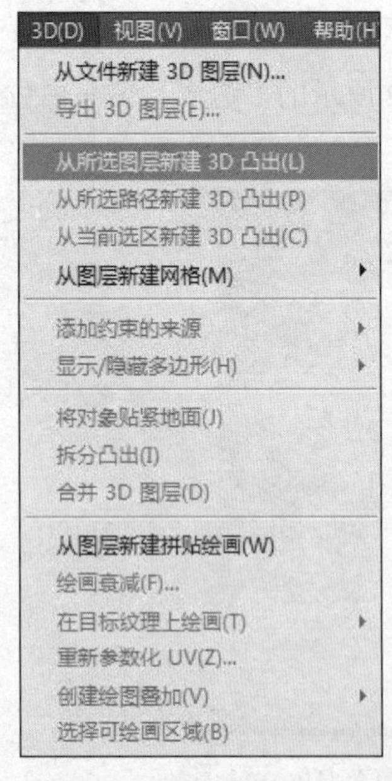

图 6-4-7　制作 3D 凸出效果　　图 6-4-8　3D 参数设置

9）选中图层 3 副本，通过“栅格化 3D”命令栅格化图层 3 副本，选择“魔棒工具”，对“M”中黑色部分进行选取，如图 6-4-9 所示。

10）选择“渐变工具”，设置从棕色（#813400）到橙色（#ae4300）的线性渐变，在图层 3 副本中从左向右做出渐变，制作“M”的立体化效果，如图 6-4-10 所示。

图 6-4-9　栅格化 3D 命令

图 6-4-10　“M”的立体化效果

11）选择图层 3 副本，执行“添加图层样式”命令，并设置如图 6-4-11 所示的参数，效果如图 6-4-12 所示。

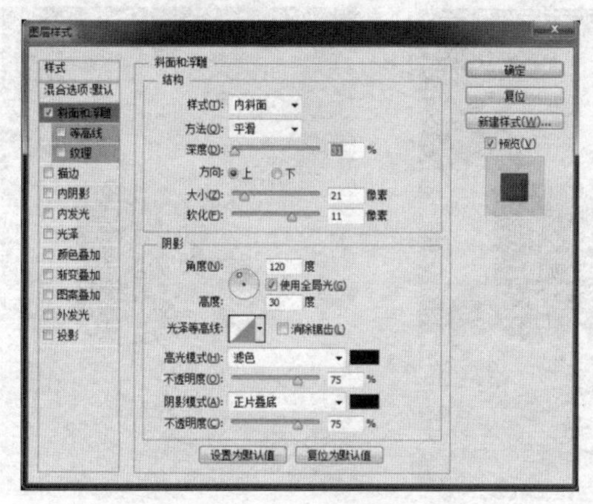

图 6-4-11　斜面和浮雕参数设置

图 6-4-12　设置后效果

12）选中图层 3 选区，为其填充黄色（#ffdc06）到橙色（#ff6f00）的线性渐变，在图层 3 从左上方向右下方做线性渐变，效果如图 6-4-13 所示；接着为图层 3 设置图层样式，参数如图 6-4-14，效果如图 6-4-15 所示。

13）新建图层 4，选择“钢笔工具”，沿着“M”底部做出选区，如图 6-4-16 所示。执行“选择”→“修改”→“羽化”命令，设置羽化值为 100 像素，填充黑色，效果如图 6-4-17 所示。

14）复制图层 3 副本，进行自由变换（快捷键 Ctrl+T），右击复制图层，在弹出的快捷菜单中选择“垂直翻转”命令，按住 Shift 键垂直移动至图形下方，执行“自由变换”→“斜切”命令，最后效果如图 6-4-18 所示。

15）选择“魔棒工具”，选中文字“M”倒影的右侧面，执行“自由变换”→“斜切”命令，拖曳出如图 6-4-19 所示效果。对倒影添加图层蒙版，设置从黑到白的线性渐变，由上往下拉，制作渐隐效果，如图 6-4-20 所示。

图 6-4-13 “M”添加线性渐变

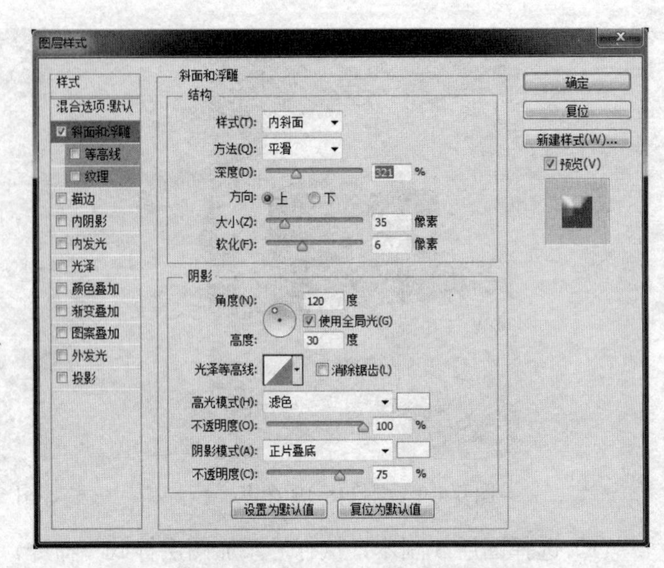

图 6-4-14 斜面和浮雕参数设置

图 6-4-15 设置后效果

图 6-4-16 添加选区

图 6-4-17 羽化阴影效果

图 6-4-18 添加倒影斜切

图 6-4-19 “M”右侧面斜切

图 6-4-20 倒影效果

16）新建图层 5，选择“钢笔工具”绘制长条选区，执行“选择”→“修改”→“羽化”命令，设置羽化半径为 50 像素，填充白色，高光效果如图 6-4-21 所示。

17）新建图层 6，用上述方法得到左边高光，如图 6-4-22 所示。

图 6-4-21　羽化高光效果（1）

图 6-4-22　羽化高光效果（2）

18）在 Photoshop 软件中，打开“素材 2”，将素材排列成如图 6-4-23 所示的形式，将右下角花饰素材的不透明度设置为 22%，并放置于 M 图层副本中；将右上角的花饰置于文字图层 M 的上方，创建剪切蒙版。效果如图 6-4-24 所示。

图 6-4-23　添加花饰效果

图 6-4-24　创建剪切蒙版

19）对花饰图层、文字图层和文字图层副本执行复制图层命令（快捷键 Ctrl+J），然后执行编组命令（快捷键 Ctrl+G），继续执行自由变换命令，依次复制出两个组，制作出如图 6-4-25 所示的效果。

20）新建图层 7，单击“椭圆选框工具”，在小 M 下方绘制椭圆，执行“选择”→“修改”→“羽化”命令，设置羽化半径为 60 像素，并填充黑色。依次复制图层 7 次，调整阴影位置和大小，效果如图 6-4-26 所示。

21）新建图层 8，选择“钢笔工具”，绘制如图 6-4-27 所示图形，为其填充黄色（#ffdc06）到橙色（#ff6f00）的线性渐变。

22）复制 3 次图层 8，调整到合适位置和大小，效果如图 6-4-28 所示。

图 6-4-25　复制 3 个立体 M

图 6-4-26　添加投影效果

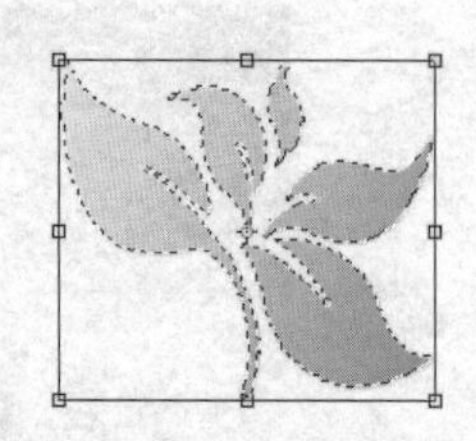

图 6-4-27　绘制图案

图 6-4-28　调整图案位置

23）新建图层 9，选择“多边形套索工具”，绘制如图 6-4-29 所示的多边形图形，设置羽化半径为 3 像素，并填充白色到透明的线性渐变。

24）复制图层 9，对图层 9 副本执行自由变换命令（快捷键 Ctrl+T），右击复制图层，在弹出的快捷菜单中选择“水平翻转”命令，并移至另外一边，效果图如图 6-4-30 所示。

25）选择“横排文字工具”，输入文字，栅格化文字图层，填充棕色（#7a3b0e），进行自由变换调整文字大小和位置，使用钢笔工具为文字添加曲线，效果如图 6-4-31 所示。

图 6-4-29　添加白光效果

图 6-4-30　对称添加白光

图 6-4-31　添加文字

26）复制文字图层，得到文字图层副本，按住 Ctrl 键的同时单击“文字图层副本缩览图”，载入该图层选区，执行“选择”→“修改”→“扩展”命令，为其填充白色。然后为文字图层副本添加“投影”图层样式，参数如图 6-4-32 所示。调整图层顺序，最后效果图如图 6-4-33 所示。

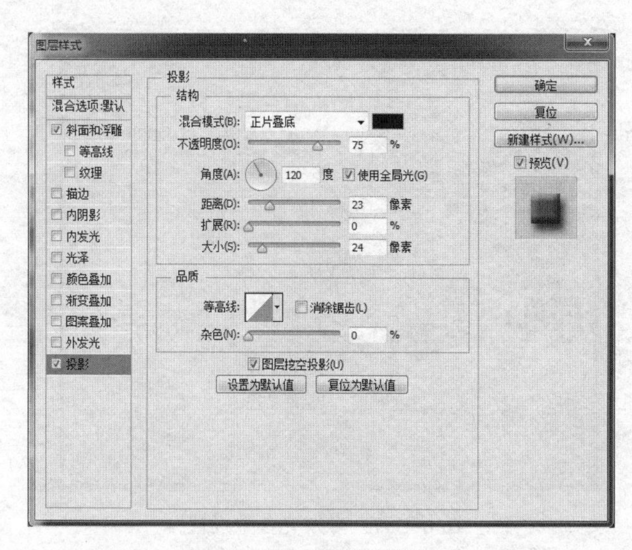

图 6-4-32　投影参数设置

图 6-4-33　文字效果

27）选中“文字图层”选区，为其添加棕色（#7a3b0e）到黄色（#faa519）到棕色（#7a3b0e）的对称渐变。单击“添加图层样式”按钮，添加“斜面和浮雕”制作文字立体效果，参数如图 6-4-34 所示，效果图如图 6-4-35 所示。

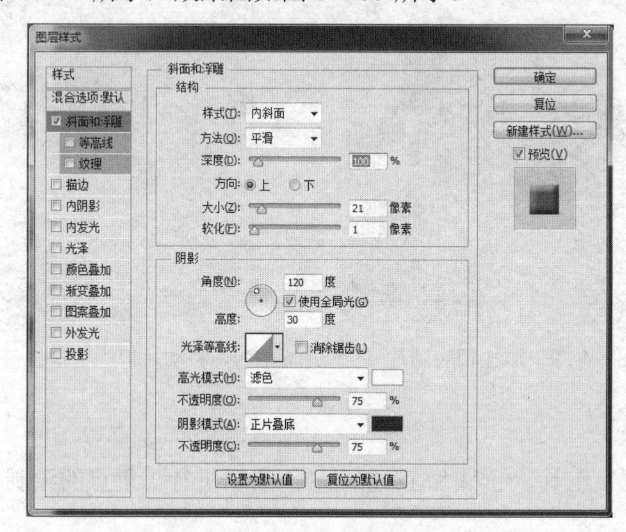

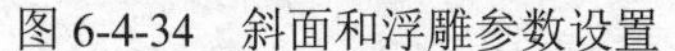

图 6-4-34　斜面和浮雕参数设置

图 6-4-35　文字立体效果

28）新建图层 10，选择“钢笔工具”绘制如图 6-4-36 所示曲线，执行加载选区命令（快捷键 Ctrl+Enter），设置羽化半径为 2 像素，填充白色，并添加“外发光”图层样式，参数设置如图 6-4-37 所示，效果图如图 6-4-38 所示。

29）打开“素材 3”，将相关素材拖曳至当前图像文件中，调整大小和位置，效果图如图 6-4-39 所示。

30）选择“横排文字工具”输入相应文字，并添加 “描边”和“投影”图层样式，最终效果如图 6-4-40 所示。

图 6-4-36　添加白色羽化曲线

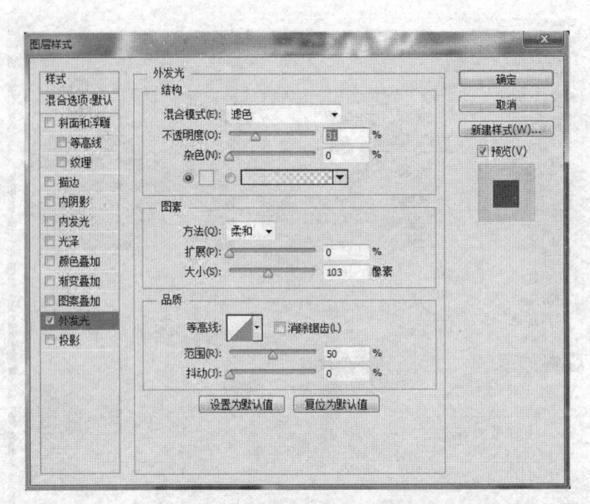

图 6-4-37　外发光参数设置

图 6-4-38　添加发光曲线效果

图 6-4-39　添加相应图片

图 6-4-40　移动通信广告最终效果

任务小结

本任务主要运用了图层样式和文字工具。针对“M”字母和广告语进行了重点的绘制和创意，视觉效果强烈。

项 目 测 评

测评 6.1　制作爱克斯空调广告海报

设计要求

夏天到了，空调来了，为了能更好地宣传“爱克斯空调”的“环保、健康、绿色”理念，现制作海报进行宣传。海报的主题为“健康专家，爱克斯空调”，整个宣传画面以自然清新为主要基调，突出“爱克斯空调”的冰爽感觉。所用的工具与知识包括渐变、滤镜、钢笔工具、图层样式等。海报的尺寸为横向 A4 大小，分辨率为 300 像素/英寸。

素材与效果图

素材	效果图

测评 6.2　制作万磁王电磁炉广告海报

设计要求

“万磁王电磁炉”采用滑动感应技术，“精控火候，自由感触”。制作“万磁王电磁炉”宣传海报的重点部分是“火焰”的特效处理，要突出“是真正能炒菜的电磁炉”。所用的工具与知识包括渐变、滤镜、图层样式等。海报的尺寸为竖向 A4 大小，分辨率为 300 像素/英寸。

素材与效果图

素材	效果图

环保宣传单与社会公益广告设计

学习目标

利用 Photoshop 软件进行社会公益广告设计，学习软件的基本工具，能综合利用多种工具进行创意设计，使作品具有较强的视觉冲击力，更好地吸引人的眼球，能引发与受众的共鸣，能以鲜明的立场及健康的方法正确诱导社会公众，达到为公益宣传的目的。

知识准备

了解宣传单、海报、路牌灯箱等广告设计的概念、特点及意义，学会分析客户特点、创意思路，制定设计方案，收集整理设计素材等。

项目核心素养基本需求

掌握 Photoshop 软件的钢笔工具、画笔工具、魔棒工具、变换工具、图层、滤镜、蒙版和字体等的使用方法；熟练运用图层混合模式、图层样式、路径及描边路径进行宣传单和户外广告的设计。

任务 7.1　制作低碳环保广告

岗位需求描述

在校园内，人们经常会发现水龙头没关，教室电灯没关，垃圾乱扔，食堂里学生经常剩饭等现象，为增强学生的节能环保意识，减少浪费，宣传引导学生树立良好的节约、绿色、低碳的学习方式、消费模式和生活习惯，学校宣传部门决定针对学校存在的浪费现象设计一张宣传低碳生活的宣传单，发放到每一个班级进行学习宣传。设计尺寸为 291mm×216mm，分辨率为 300 像素/英寸，颜色模式为 CMYK，最终印刷出来的成品尺寸为 285mm×210mm，各边含 3mm 出血位。

设计理念思路

这是一个宣传校园绿色低碳生活的宣传单，采用绿色为主色调，针对宣传改善校园中存在的各种浪费现象进行设计，文字与图片相对应，简洁明了点明主题，给出正确的指引，让学生一目了然，明白其中的意思，呼吁全员参与行动，从我做起，从每一件小事做起。

素材与效果图

素材	效果图

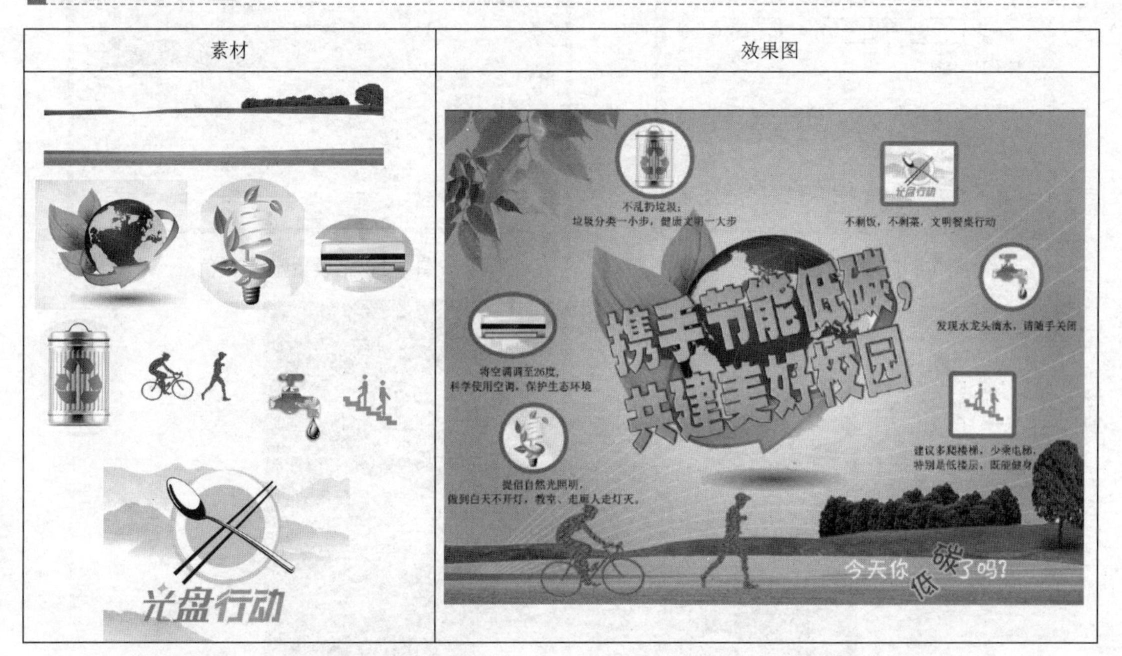

岗位核心素养的技能技术需求

综合运用图层样式功能及文字工具，创作出主题突出的文字效果。

任务实施

制作低碳环保广告

1）启动 Adobe Photoshop CS6 软件，按 Ctrl+N 快捷键，在弹出的“新建”对话框的“名称”文本框中输入“环保宣传单”，调整“宽度”为 291mm，“高度”为 216mm，“分辨率”为 300 像素/英寸，“颜色模式”为 CMYK 颜色模式，其他参数保持默认。

2）单击“创建新的填充或调整图层”按钮，在弹出的菜单中选择“渐变”命令，弹出“渐变填充”对话框，设置参数如图 7-1-1 所示。同时单击渐变条，打开“渐变编辑器”对话框，设置渐变颜色参数如图 7-1-2 所示，其中 CMYK 颜色参考值设为 C:44, M: 0, Y:94, K:0，得到如图 7-1-3 所示的效果图，同时得到“渐变填充 1”图层。

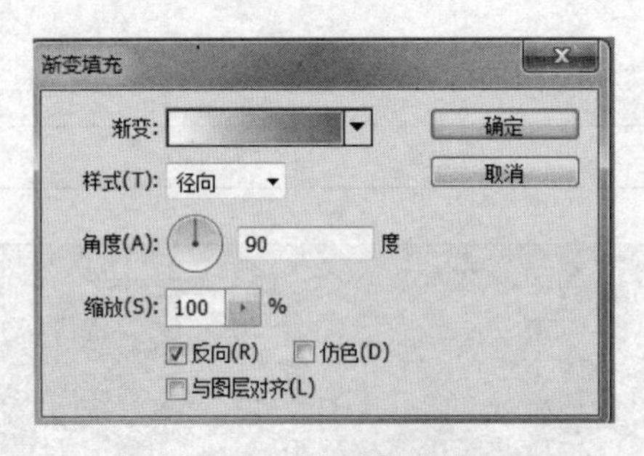

图 7-1-1　设置渐变填充

图 7-1-2　设置渐变颜色

图 7-1-3　填充效果

3）按 Ctrl+O 快捷键，弹出“打开”对话框，选择“地球”素材，单击“打开”按钮，在工具箱中选择魔棒工具（快捷键 W），设置容差值为 40，如图 7-1-4 所示。在白色的部分单击选取，如图 7-1-5 所示，按 Shift+Alt+I 快捷键，反选得到地球选区，如图 7-1-6 所示。运用移动工具，将地球素材添加到“环保宣传单”文件中，同时，按 Ctrl+T 快捷键，进入自由变换状态，按住 Shift+Alt 键，鼠标指针放置到右上角单击拉动，等比例放大，调整到合适的位置，如图 7-1-7 所示。

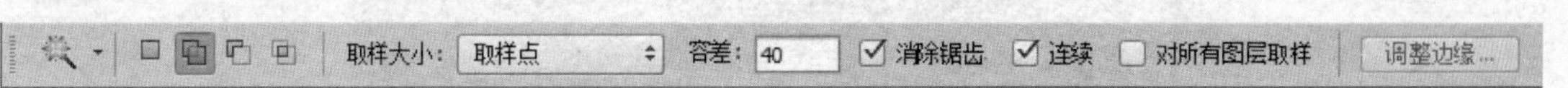

图 7-1-4　设置容差值

图 7-1-5　创建选区

图 7-1-6　反选

图 7-1-7　添加地球素材

提　示

Photoshop 中自由变换的快捷键是 Ctrl+T，开启自由变换之后，配合 Shift、Alt 键，再通过鼠标拖动变形框角点可以对图像进行缩放。按 Shift 键或 Alt+Shift 都是等比缩放，前者以选区的边框角点为变换中心，后者以选区中心点为变换中心。

4）新建图层 2，利用“钢笔工具”，画出如图 7-1-8 所示的路径，激活工具箱面板中的“画笔工具”，并设置图 7-1-9 所示的参数。然后打开路径面板，如图 7-1-10 所示，用画笔描边路径，效果如图 7-1-11 所示。选中图层 2，按 Ctrl+T 快捷键进入自由变换状态，如图 7-1-12 所示。

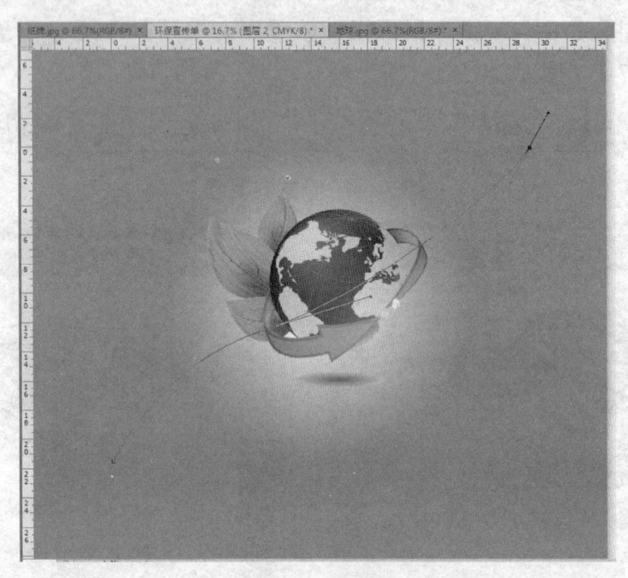

图 7-1-8　绘制路径

图 7-1-9　设置画笔

图 7-1-10　画笔描边路径

图 7-1-11　路径效果

图 7-1-12　自由变换状态

5）将中心点移到左下角，将变换角度设置为“3”，如图 7-1-13 所示，按 Enter 键确认，然后按 Ctrl+Shift+Alt+T 组合键做重复自由变换 10 次，最后效果如图 7-1-14 所示，图层面板如图 7-1-15 所示。将图层 2 至图层 2 副本 10 共 11 个图层合并成一个图层，并重命名为“曲线”，并将其不透明度设置为 30%，效果如图 7-1-16 所示。

图 7-1-13　变换角度

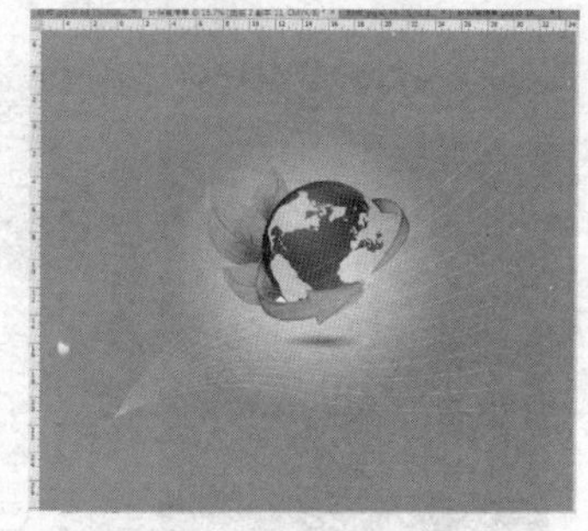

图 7-1-14　重复自由变换　　图 7-1-15　合并图层　　图 7-1-16　设置图层透明度

按 Ctrl+Shift+Alt+T 组合键进行重复自由变换。

6）按 Ctrl+O 快捷键，弹出“打开”对话框，选择“草地 1”素材，单击“打开”按钮，在工具箱中选择移动工具，将“草地 1”素材添加到“环保宣传单”文件中。同时，按 Ctrl+T 快捷键进入自由变换状态，按住 Shift+Alt 键，鼠标指针放置到右上角单击拉动，等比例放大，调整到合适的位置，其他素材操作类似，最后效果如图 7-1-17 所示。按素材重命名各图层，并调整各图层的顺序，效果如图 7-1-18 所示。

7）选中要描边的图，单击图层面板下方的 fx 按钮，选择描边选项，如图 7-1-19 所示，打开描边窗口，描边颜色参数设置如图 7-1-20 所示，描边大小设置如图 7-1-21 所示，最后效果如图 7-1-22 所示。

图 7-1-17　添加素材

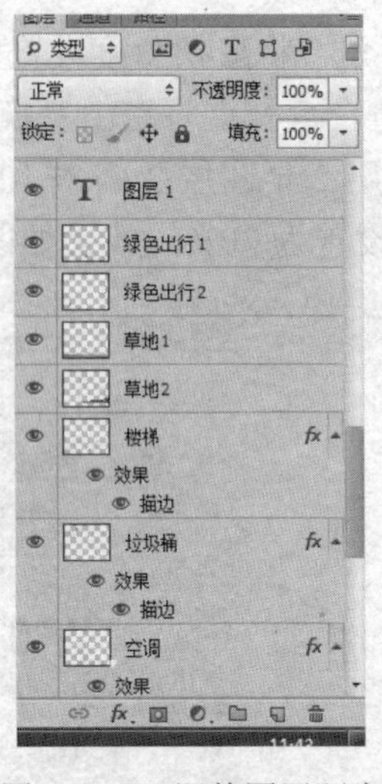

图 7-1-18　调整图层顺序

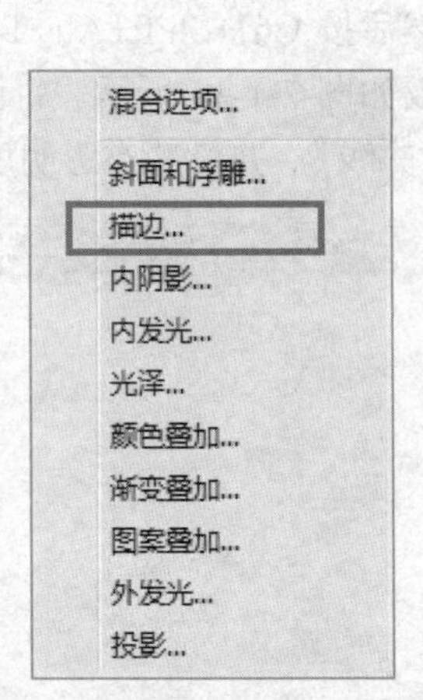

图 7-1-19　描边

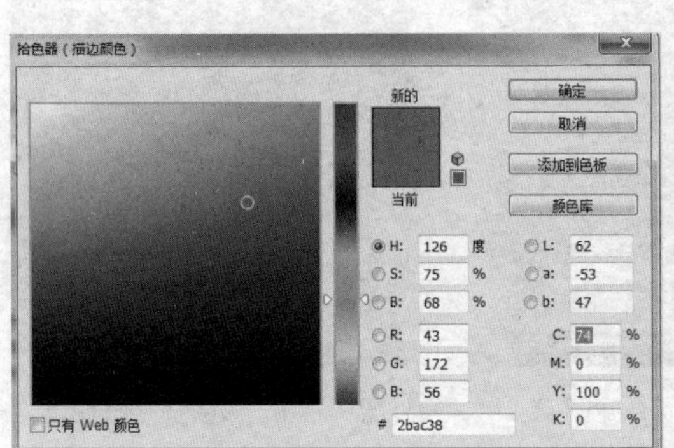

图 7-1-20　描边颜色

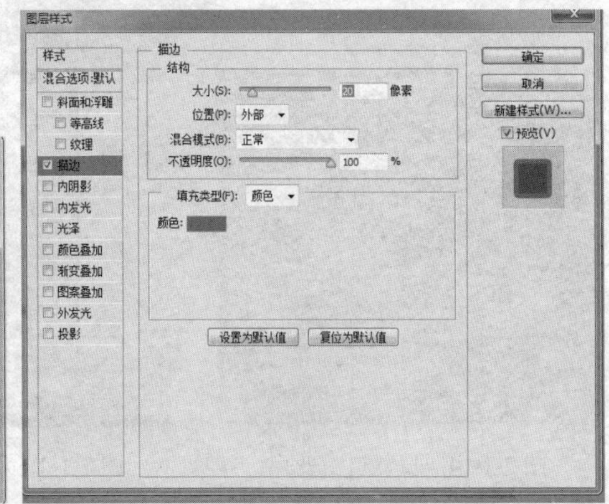

图 7-1-21　描边大小

图 7-1-22　描边效果

提　示

如果无法显示描边效果，请执行“图层”→“图层样式”命令，查看是否为显示所有图层效果。

8）新建图层，选择工具箱中的“文本工具”，设置字体为“宋体”，大小为“14 点”，如图 7-1-23 所示，在相应位置输入相应的文字，效果如图 7-1-24 所示。

图 7-1-23　设置文本属性

图 7-1-24　文字效果

9）利用“文本工具”，设置参数如图 7-1-25 所示，在中间位置输入“携手节能低碳，共建美好家园”，单击 fx 按钮打开图层样式，分别设置“斜面和浮雕”“渐变叠加”“投影”参数，如图 7-1-26～图 7-1-31 所示，最终效果如图 7-1-32 所示。

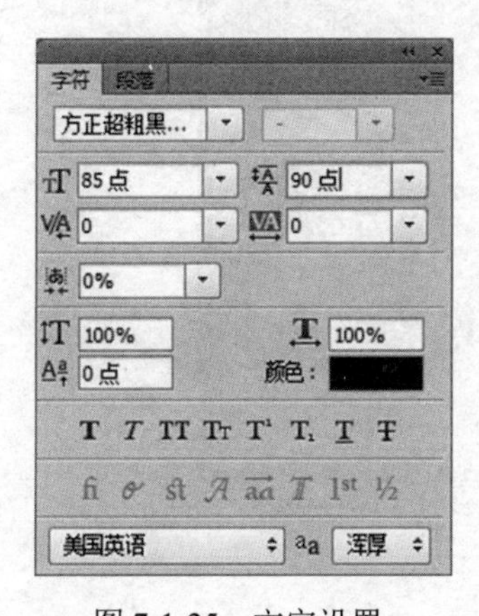

图 7-1-25　文字设置

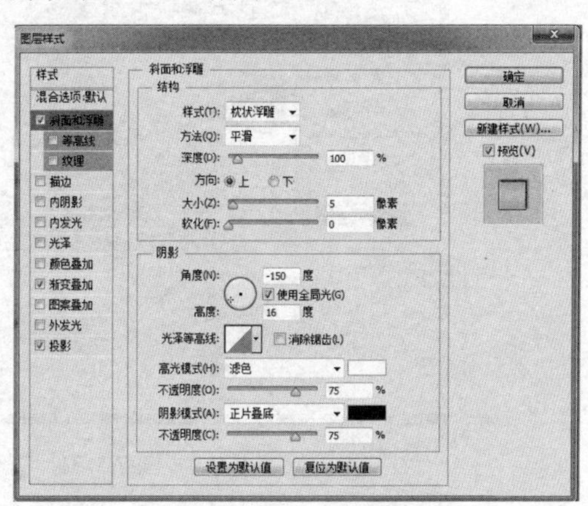

图 7-1-26　斜面和浮雕

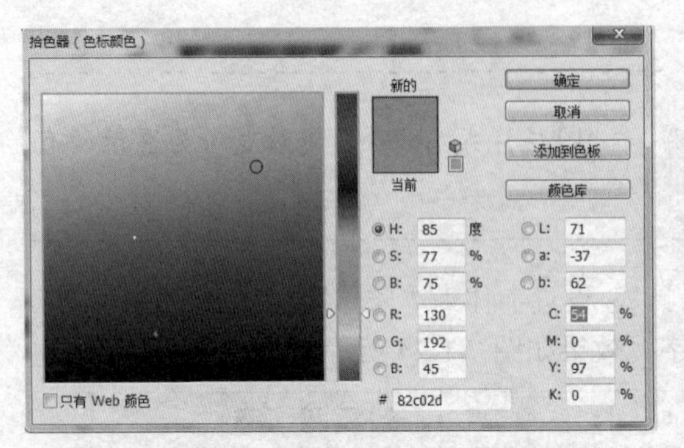

图 7-1-27　设置颜色（1）

图 7-1-28　设置颜色（2）

图 7-1-29　设置渐变效果

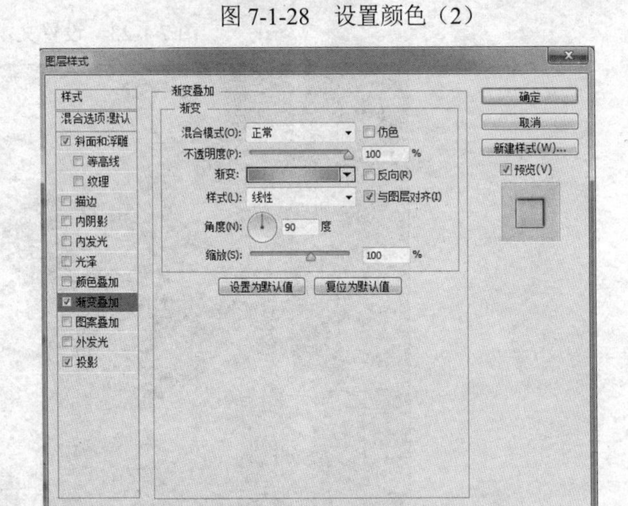

图 7-1-30　渐变叠加

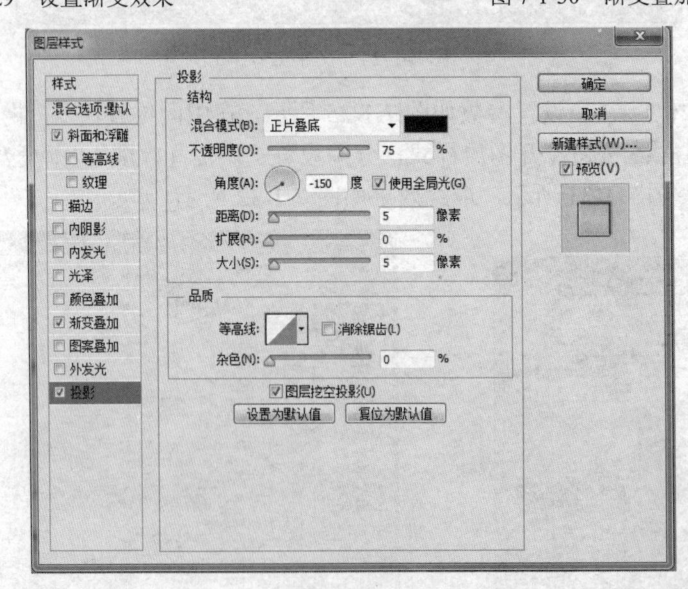

图 7-1-31　投影

图 7-1-32　文字效果

10）用同样的方法，输入文字“今天你低碳了吗？”，参数设置如图 7-1-33 所示。为了突出“低碳”两字，其参数设置如图 7-1-34 所示，适当调整其方向，突出效果，得到最终效果图。

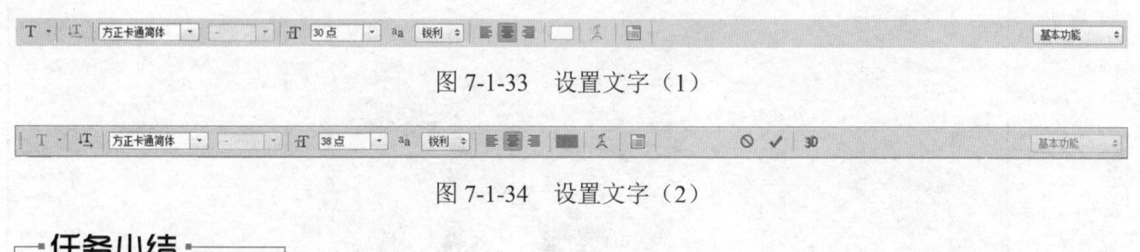

图 7-1-33　设置文字（1）

图 7-1-34　设置文字（2）

任务小结

本任务运用了填充、图层样式、文字工具、Ctrl+Shift+Alt+T 快捷键重复自由变换图层蒙版、魔棒、画笔、钢笔、变换等工具，结合蒙版对低碳宣传进行了创意设计，画面清新美观，起到了宣传目的。

任务 7.2　制作禁赌公益广告

岗位需求描述

某镇区政法委组织综治办、派出所、司法所、文化站等多个部门，围绕“摒弃赌博陋习，净化社会环境”主题，积极开展多项宣传活动。在活动现场，工作人员通过悬挂横幅，设立展板海报，发放法制年画、法律宣传小手册、宣传资料，设立法律咨询台等方式，向群众普及、宣传和解答有关消防交通安全、远离邪教、赌博危害及禁赌举报等方面的法律法规知识，提高了群众的法律意识。现需要广告公司设计制作一幅大型展板海报，尺寸为 120cm×240cm，分辨率为 100 像素/英寸，颜色模式为 CMYK 颜色模式，喷绘在户外 PP 背胶上。

设计理念思路

为突出主题，并获得一目了然且有冲突思想的视觉效果，设计使用了禁止赌博的文字标志表明主题，同时使用“手铐”警示赌博可能走向的结局，引起民众思考和警醒。

素材与效果图

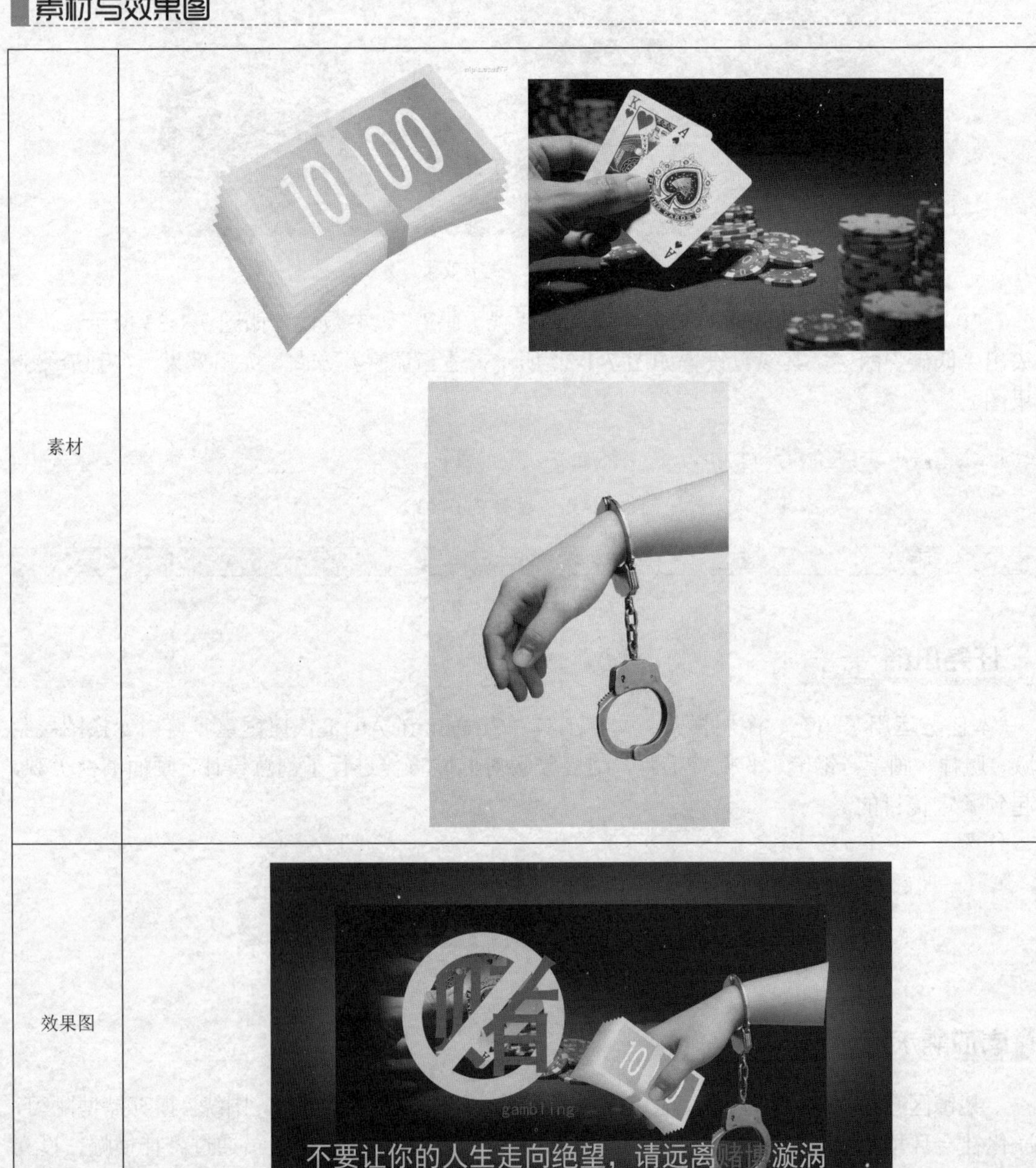

岗位核心素养的技能技术需求

综合运用形状工具和图层蒙版，利用文字工具制作具有警示作用的文字效果。

任务实施

1）启动 Adobe Photoshop CS6 软件，按 D 键，设置前景色/背景色为黑色/白色，并切换前景色和背景色，使得背景色为黑色。按组合键 Ctrl+N，在弹出的“新建”对话框的“名称”文本框中输入“禁赌宣传”，调整“宽度”为 240cm，“高度”为 120cm，“分辨率”为 100 像素/英寸，“颜色模式”为 CMYK 颜色模式，其他参数保持默认。

制作禁赌公益广告

2）新建图层 1，选择椭圆选框工具，设置羽化参数为 500 像素，利用辅助线画一个椭圆选框，如图 7-2-1 所示。

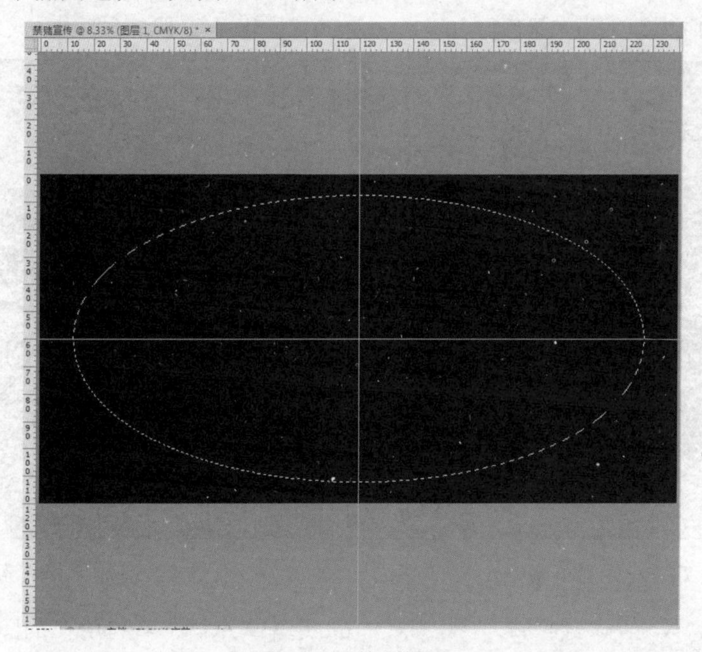

图 7-2-1 绘制椭圆

3）设置前景色参数如图 7-2-2 所示，利用 Alt+Delete 快捷键为选区填充颜色。按 Ctrl+D 快捷键取消选区，效果如图 7-2-3 所示。

4）新建图层 2，选择矩形选框工具，设置羽化参数为 0，用同样方法画一个矩形，并填充黑色，效果如图 7-2-4 所示。

5）按 Ctrl+O 快捷键，弹出“打开”对话框，选择“纸牌”素材，单击“打开”按钮，运用移动工具将素材添加到“禁赌宣传”文件中，同时，按 Ctrl+T 快捷键进入自由变换状态，按住 Shift+Alt 键，将鼠标指针放置到右上角单击拉动，等比例放大，调整到合适的位置，如图 7-2-5 所示。

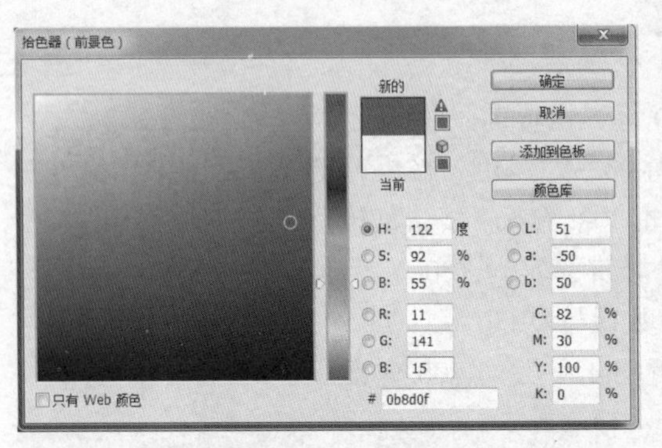

图 7-2-2　设置前景色

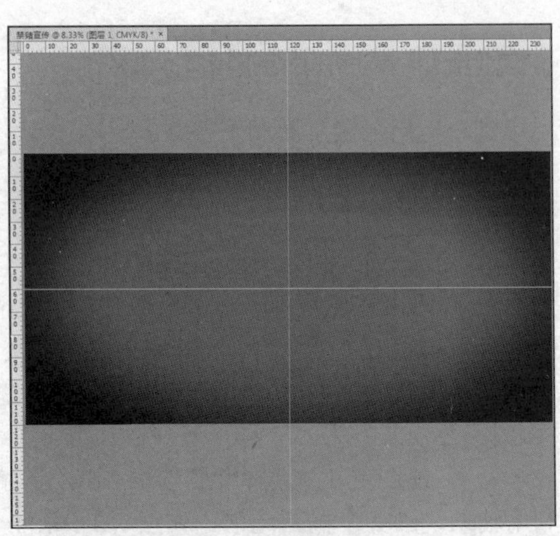

图 7-2-3　填充选区

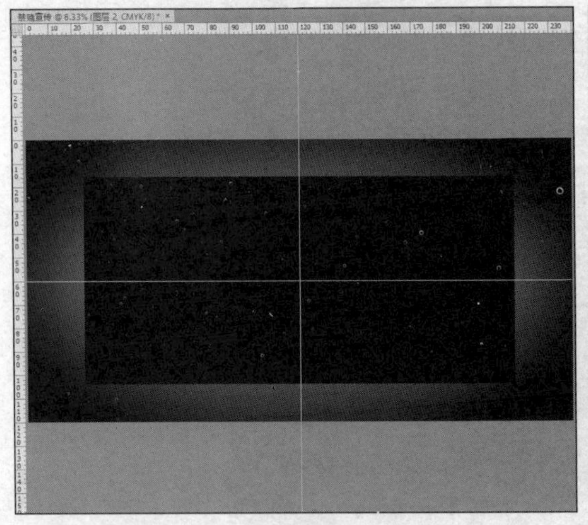

图 7-2-4　矩形填充

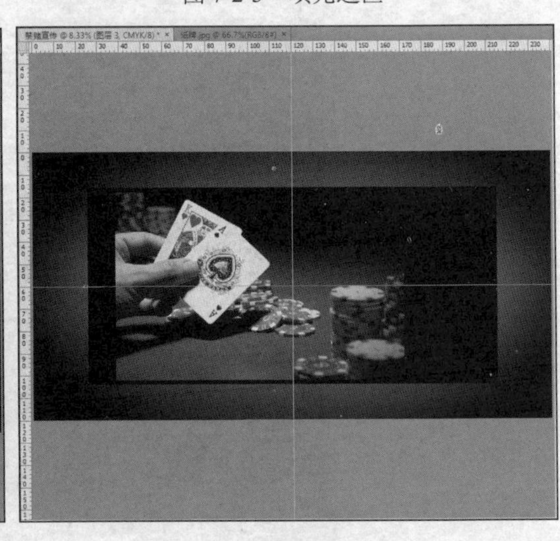

图 7-2-5　添加纸牌素材

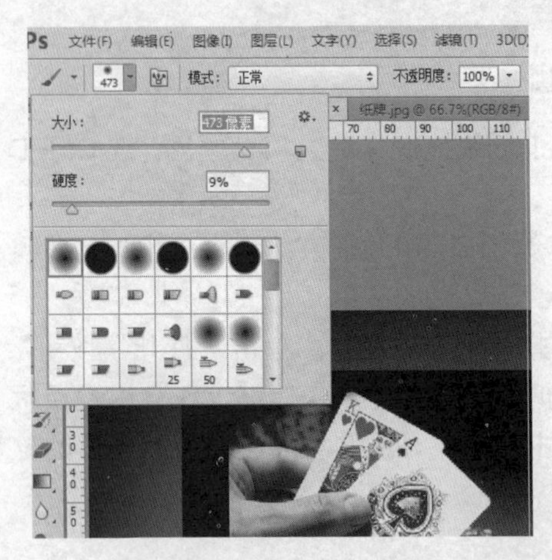

图 7-2-6　设置画笔

6）选中“纸牌”素材所在的图层，选择图层面板下方的■按钮，为该图层添加矢量蒙版。按 D 键设置前景色为黑色，选择画笔工具，设置其参数如图 7-2-6 所示，对纸牌素材进行蒙版效果设置（可以按需调整画笔的大小和不透明度，以达到最佳的效果），最终效果如图 7-2-7 所示。

7）按 Ctrl+O 快捷键，弹出“打开”对话框，选择“手铐”素材，单击“打开”按钮，在工具箱中选择魔棒工具（快捷键 W），设置容差值为 30，在白色的部分单击选取，按 Ctrl+Shift+I 快捷键反选得到手和手铐选区，运用移动工具将手铐素材添加到“禁赌”文件中，同时，按 Ctrl+T 快捷键进入自由变换状态，按住 Shift+Alt 键，将鼠标指针放置到右上角单击拉动，等比例放大，调整到合适的位置。用同样的方法，设置容差值为 5，将“人民币”素材移入文件中，最后效果如图 7-2-8 所示。

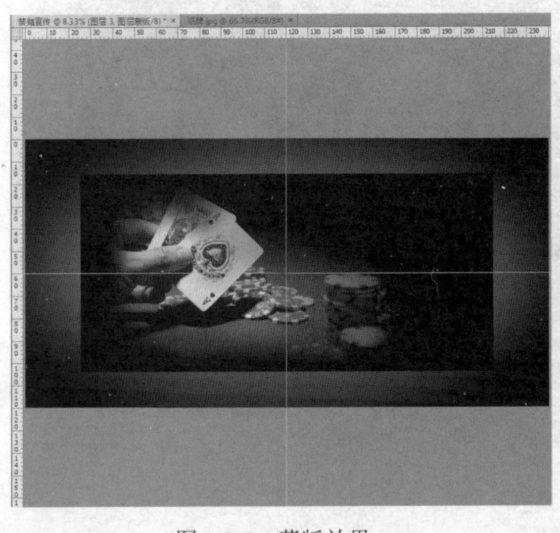

图 7-2-7　蒙版效果

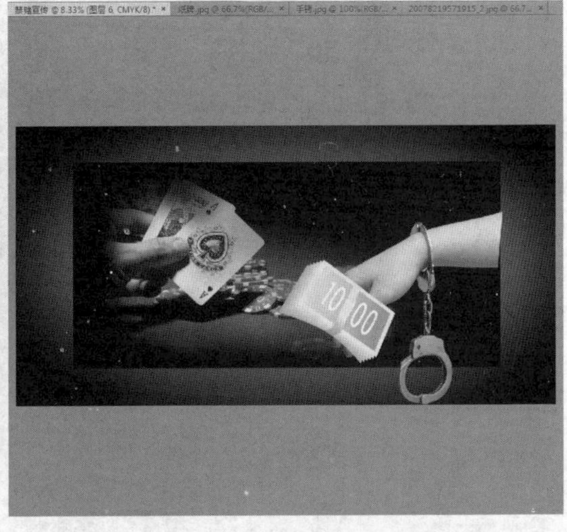

图 7-2-8　添加手和手铐素材

8）将“人民币”所在图层暂时隐藏，按 Ctrl++快捷键放大图像，利用磁性套索工具画出大拇指选区，如图 7-2-9 所示。按 Ctrl+–快捷键恢复图像显示比例，显示“人民币”图层并选中，按 Delete 键删除选区内的图像，效果如图 7-2-10 所示。

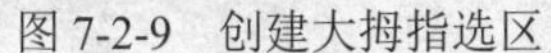

图 7-2-9　创建大拇指选区

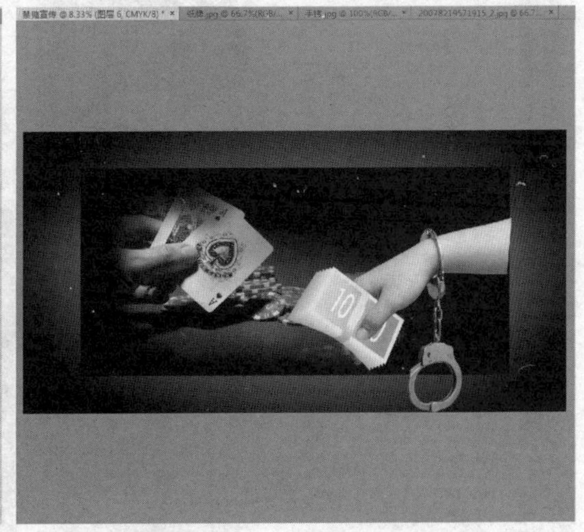

图 7-2-10　人民币效果图

9）选择“自定义形状工具”，颜色设置为“纯黄”，选择“禁止标志”，如图 7-2-11 所示，在图中绘制大小适中的禁止图标，如图 7-2-12 所示。选择“编辑变换路径”→“水平翻转”命令，如图 7-2-13 所示，将形状水平翻转，如图 7-2-14 所示。

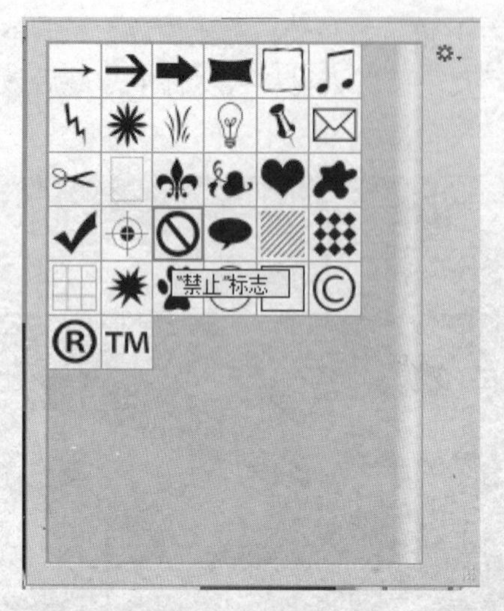

图 7-2-11　自选图形

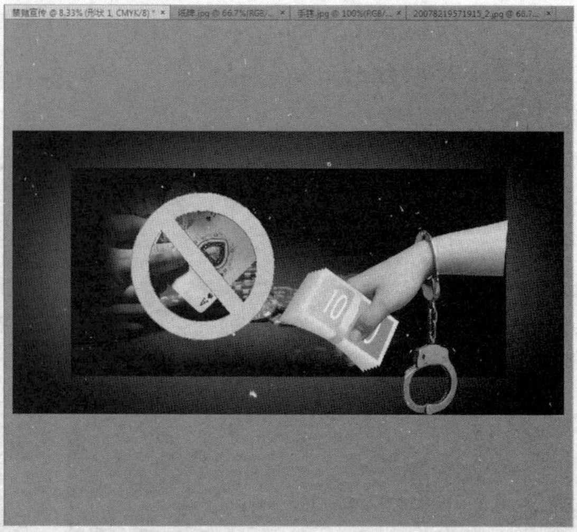

图 7-2-12　绘制自选图形

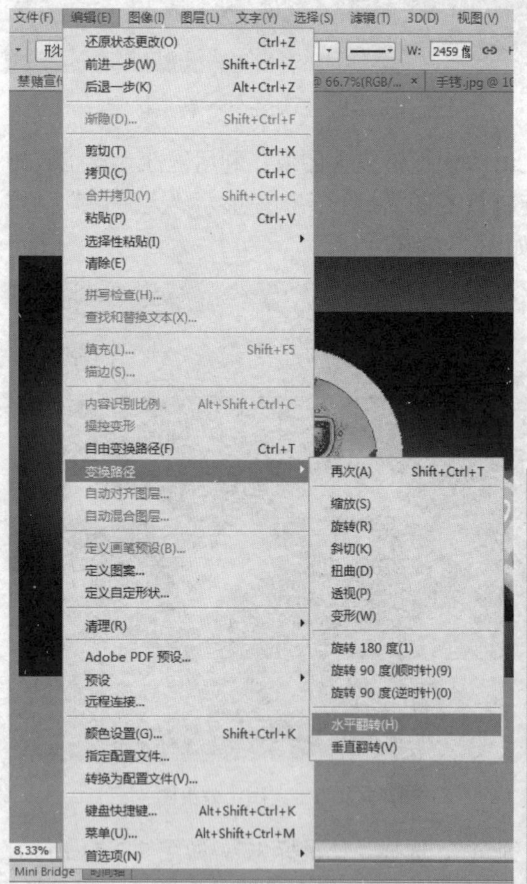

图 7-2-13　水平翻转

图 7-2-14　禁止标志形状效果

10）选择“文本工具”，设置属性如图 7-2-15 所示，在图中输入“赌”字，效果如图 7-2-16 所示。

图 7-2-15　设置文字

11）按住 Ctrl 键的同时单击选中“赌”字所在的文字图层，为“赌”字创建选区，如图 7-2-17 所示。适当放大图像，激活“多边形套索工具”，选择“从选区中减去”，如图 7-2-18 所示，将选区左边部分减去，效果如图 7-2-19 所示。将形状 1 图层栅格化，并按 Delete 键删除，将文字图层移动到形状图层下方，完成“赌”字从禁止图形中穿出的效果，如图 7-2-20 所示。

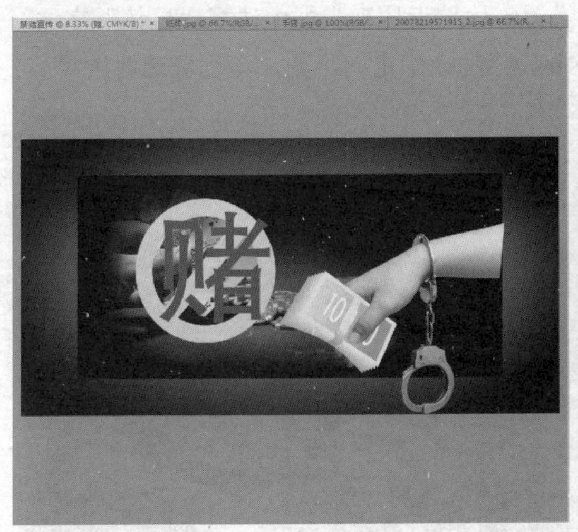

图 7-2-16　文字效果（1）

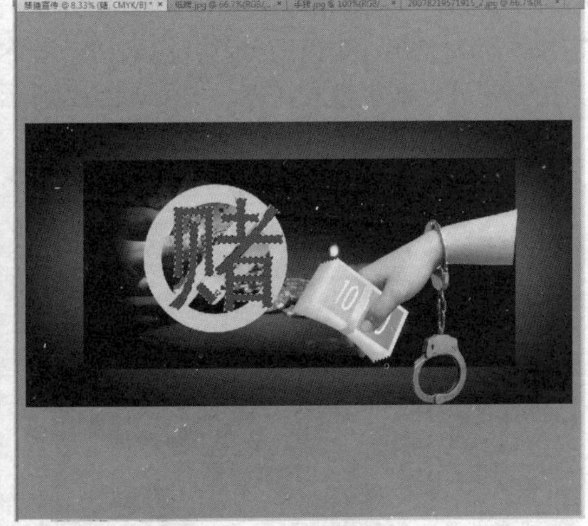

图 7-2-17　给文字创建选区

图 7-2-18　设置套索工具

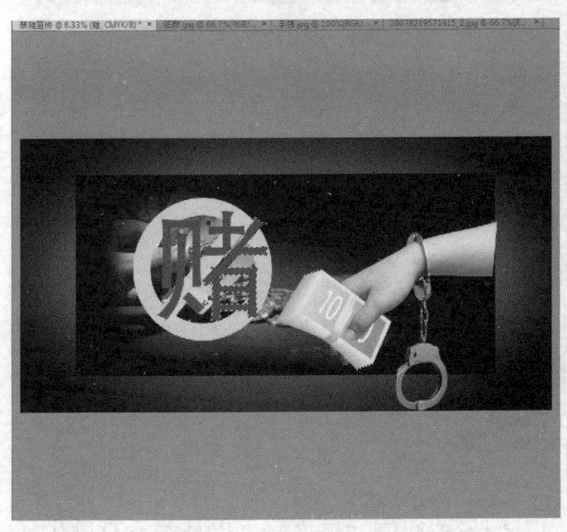

图 7-2-19　创建选区

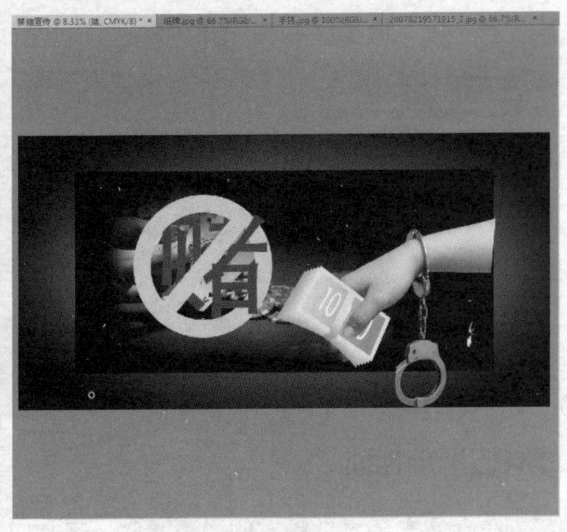

图 7-2-20　文字效果（2）

12）设置前景色为黄色（CMYK 参考值为 C:0, M:0, Y:100, K:0），在工具箱中选择“横排文字工具”（快捷键为 T），在工具选项栏“设置字体”下拉列表框中选择“华文楷体”字体，设置如图 7-2-21 所示，输入文字“Gambling”。

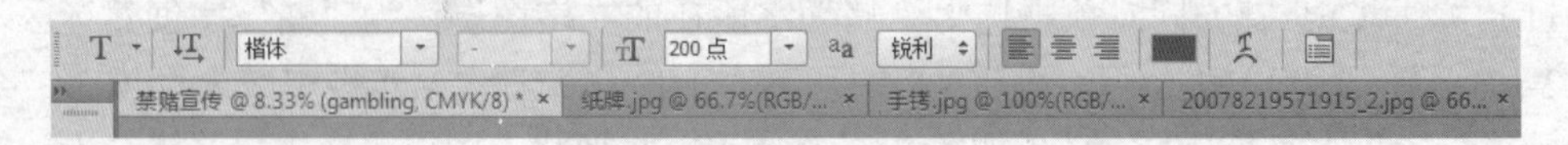

图 7-2-21 设置文本工具

13）设置前景色为黄色（CMYK 参考值为 C:0, M:0, Y:100, K:0），在工具箱中选择“横排文字工具”（快捷键为 T），在工具选项栏“设置字体”下拉列表框中选择“黑体”字体，字体大小为 300，颜色为黄色，输入文字“不要让你的人生走向绝望，请远离赌博漩涡”，其中“赌博”两字设成红色，如图 7-2-22 所示。

14）复制上面的图层，对其进行“编辑”→“变换”→“垂直翻转”操作，并将图层的不透明度调整为 5%，得出最终效果，如图 7-2-23 所示。

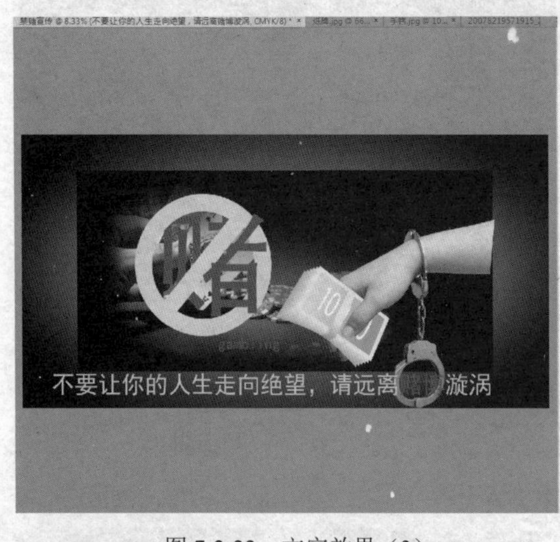

图 7-2-22 文字效果（3）

图 7-2-23 禁赌宣传最终效果

任务小结

本任务运用了形状工具、图层蒙版、魔棒、画笔、钢笔、变换等工具，结合蒙版对禁赌宣传进行了创意设计，视觉效果强烈，起到了警示宣传目的。

任务 7.3 制作食品安全宣传广告

岗位需求描述

在食品安全事件频发的当下，食品安全成为人们最关心的话题之一，也是关系百姓生活的大事。某市场监管局想要设计印制多幅食品安全宣传海报，在市场墙壁的醒目位置张贴，提示食品经营者增强食品安全意识，遵守职业道德，避免违规运作，同时倡议消费者增强消费安全意识。设计的食品安全公益海报要醒目且深刻地表现食品安全对人们健康的直接影响，能引发人们警醒和思考。设计海报要求：成品尺寸为 50cm×70cm，分辨率为 300 像素/英寸，颜色模式为 CMYK 颜色模式，材质为室内 PP 背胶写真贴纸。

设计理念思路

本任务以“苹果”作为食品的代表，通过形象化的人吃苹果，还是苹果吃人的视觉冲击，引发人们的关注和思考。

素材与效果图

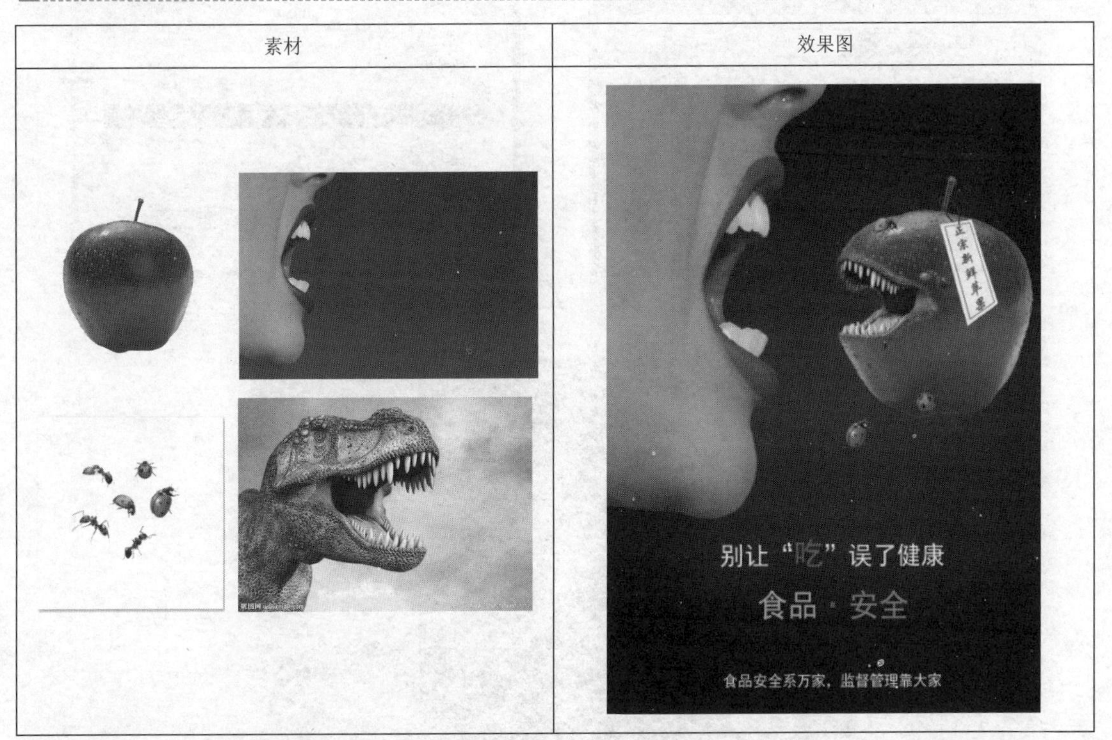

岗位核心素养的技能技术需求

综合运用图层蒙版、变换工具（扭曲）、混合模式、矩形工具、魔棒工具，通过图像的形象比喻和文字效果突出主题。

任务实施

1）启动 Adobe Photoshop CS6 软件，按 Ctrl+N 快捷键，在弹出的“新建”对话框的“名称”文本框中输入“食品安全公益海报”，调整“宽度”为 50cm，“高度”为 70cm，“分辨率”为 300 像素/英寸，“颜色模式”为 CMYK 颜色模式，其他参数保持默认。

制作食品安全宣传广告

2）单击“创建新的填充或调整图层”按钮，在弹出的菜单中选择“渐变”命令，弹出“渐变填充”对话框，设置参数如图 7-3-1 所示。单击渐变条，打开渐变编辑器，设置渐变颜色参数如图 7-3-2 所示，其中 CMYK 颜色参考值设为“C:55, M: 100, Y:100, K:48”，得到如图 7-3-3 所示的效果图，同时得到“渐变填充 1”图层。

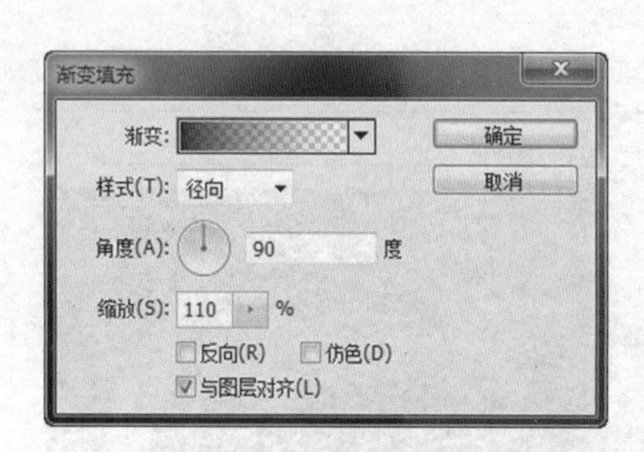

图 7-3-1　设置渐变

图 7-3-2　设置渐变色

图 7-3-3　渐变效果

3）按 Ctrl+O 快捷键，弹出“打开”对话框，选择“人物”素材，单击“打开”按钮，在工具箱中选择魔棒工具（快捷键为 W），设置容差值为 30，如图 7-3-4 所示。在深绿色部分单击选取，如图 7-3-5 所示，按 Shift+Ctrl+I 快捷键反选得到人物头像选区，如图 7-3-6 所示，运用移动工具将人物素材添加到“食品安全公益海报”文件中，同时，按 Ctrl+T 快捷键进入自由变换状态，按住 Shift+Alt 键，将鼠标指针放置到右上角单击拉动，等比例放大后，调整到合适的位置，如图 7-3-7 所示。

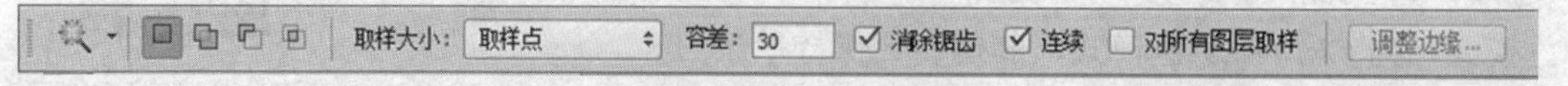

图 7-3-4　设置魔棒容差参数

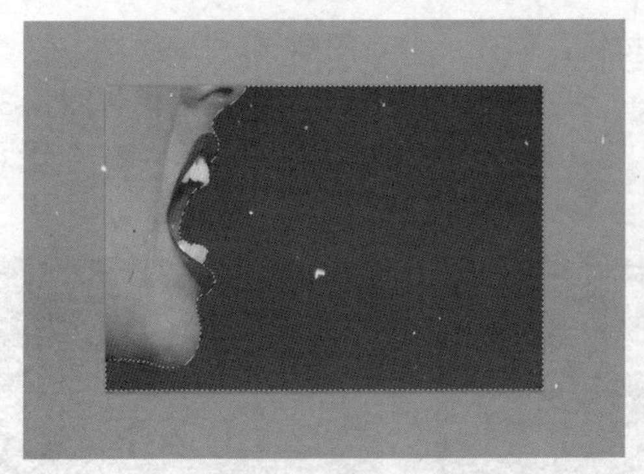

图 7-3-5　选择区域

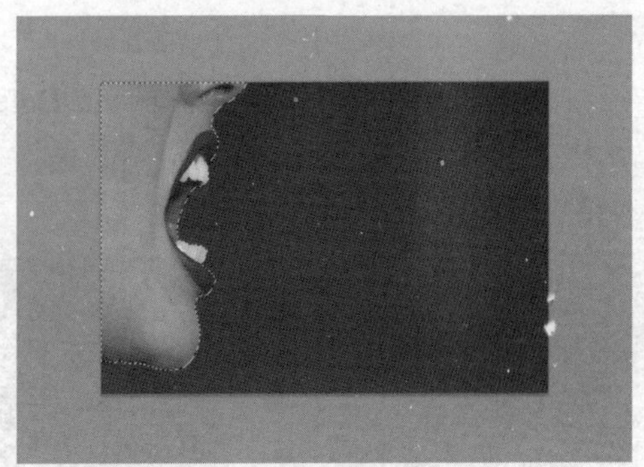

图 7-3-6　反选区域

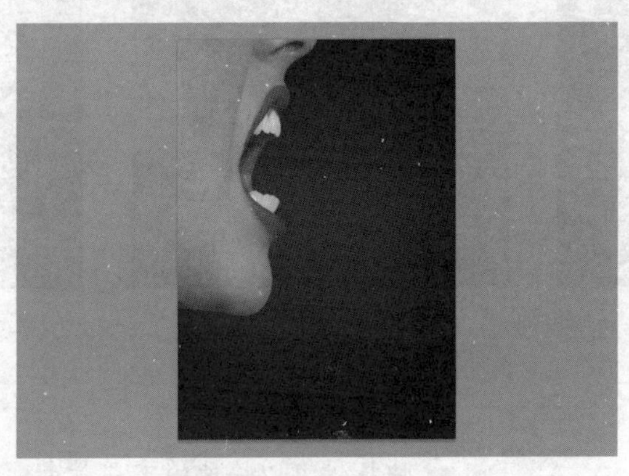

图 7-3-7　添加人物素材

4）运用同样的操作方法，打开“苹果”素材，运用移动工具将苹果素材放置到合适的位置，如图 7-3-8 所示。

5）按住 Ctrl 键的同时单击苹果图层的缩览图，将苹果载入选区，如图 7-3-9 所示。在工具箱中选择矩形选区工具（快捷键为 M），在工具选项栏中选择“从选区减去”选项，如图 7-3-10 所示，在苹果选区中减去一半选区，如图 7-3-11 所示。

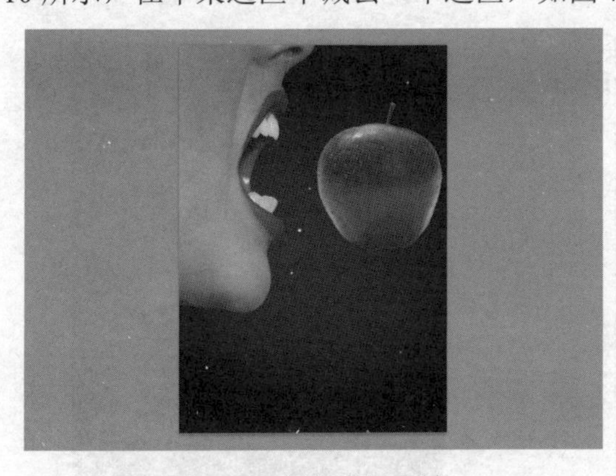

图 7-3-8　添加苹果素材

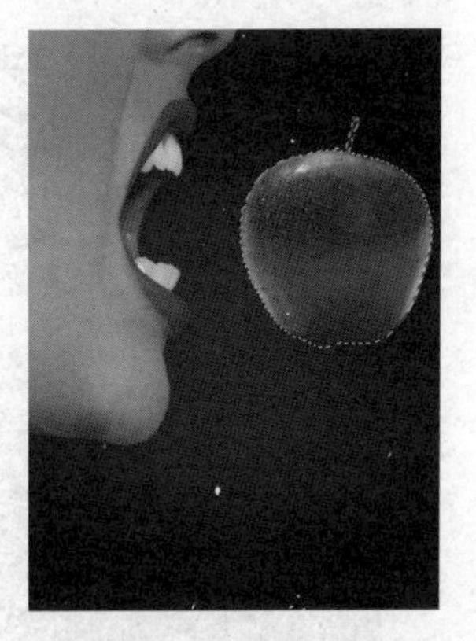

图 7-3-9　苹果载入选区

羽化：0 像素　消除锯齿　样式：正常　宽度：　高度：　调整边缘...

图 7-3-10　选择“从选区减去”选项

6）在图层面板中，单击“创建新图层”按钮，创建一个新的图层。按 D 键，设置前景色/背景色为默认的黑色/白色，按 Alt+Delete 快捷键填充选区颜色为黑色，如图 7-3-12 所示。设置图层的“混合模式”为“颜色”，按 Ctrl+D 快捷键，取消选择，参考效果如图 7-3-13 所示。

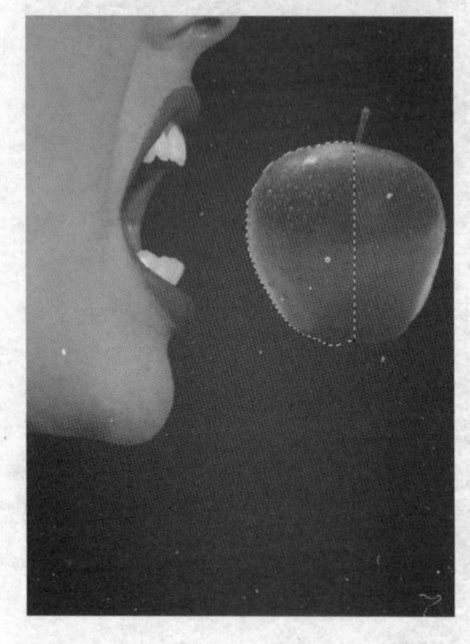

图 7-3-11　减去苹果一半选区

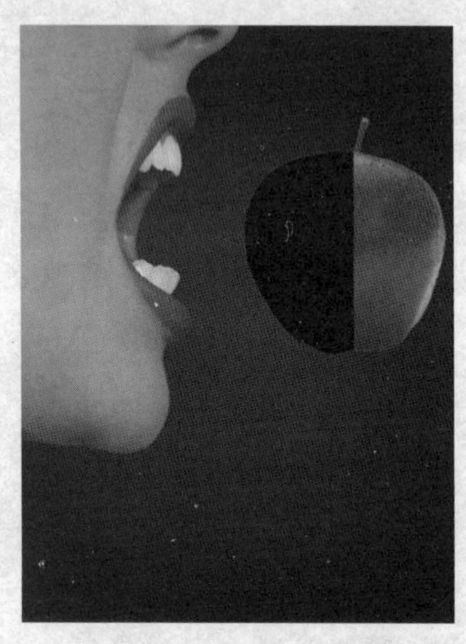

图 7-3-12　填充选区

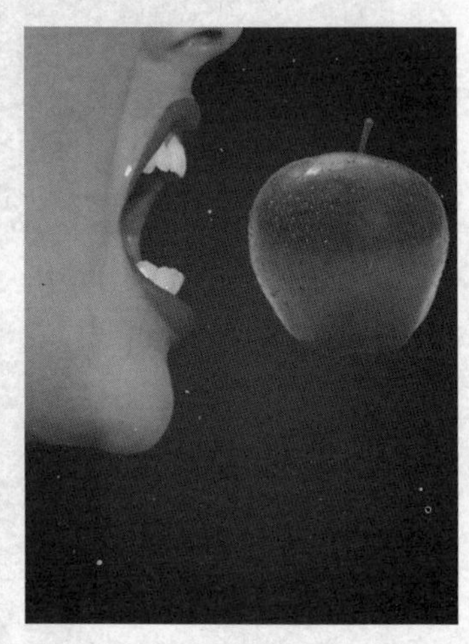

图 7-3-13　图层“混合模式”

按 Alt+Backspace 或 Alt+Delete 快捷键可以快速填充前景色；按 Ctrl+Backspace 或 Ctrl+Delete 快捷键可以快速填充背景色；按 Shift+Backspace 快捷键则可以打开“填充”对话框。

7）参照前面同样的操作方法，添加“恐龙”素材，按 Ctrl+T 快捷键进入自由变换状态，如图 7-3-14 所示。右击图层，在弹出的快捷菜单中选择“水平翻转”命令，按 Enter 键确认，效果如图 7-3-15 所示。

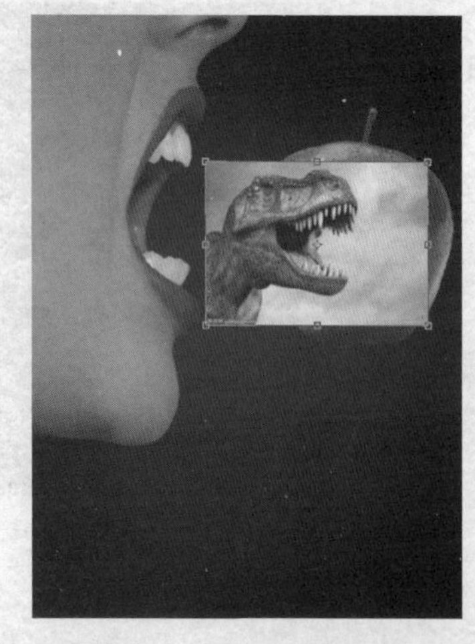

图 7-3-14　添加“恐龙”素材

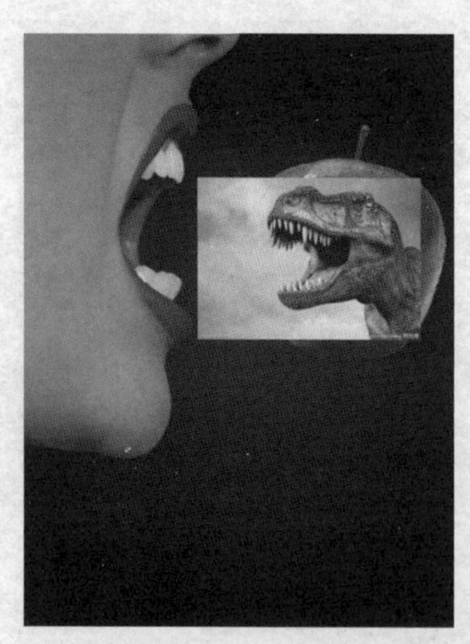

图 7-3-15　“恐龙”翻转

8）重命名“人物”“苹果”“恐龙”素材所在的图层，分别为“人物”“苹果”“恐龙”。选择恐龙图层，设置图层的“不透明度”为 60%，如图 7-3-16 所示。按 Ctrl+T 快捷键，以苹果为参照物，调整恐龙的位置，如图 7-3-17 所示，按 Enter 键确认。

9）单击图层面板中的“添加图层蒙版”按钮，为“恐龙”“图层 3”“苹果”图层添加蒙版，如图 7-3-18 所示。

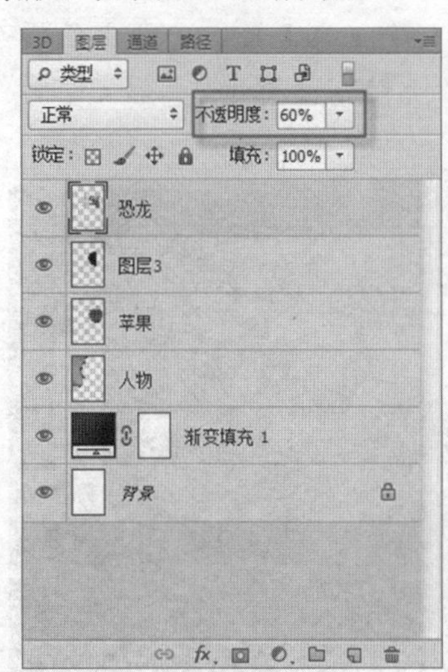

图 7-3-16　设置恐龙图层“不透明度”

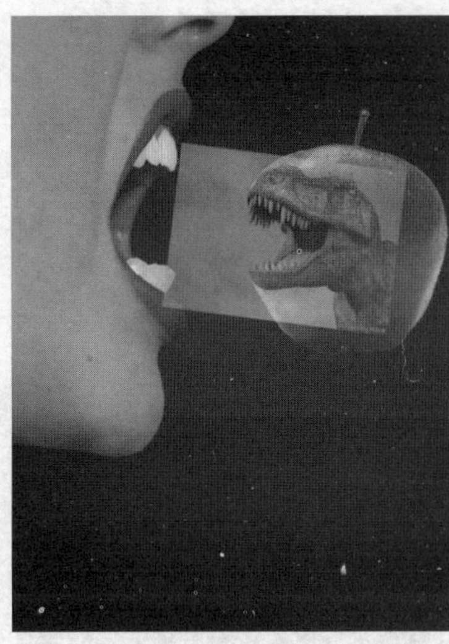

图 7-3-17　调整恐龙

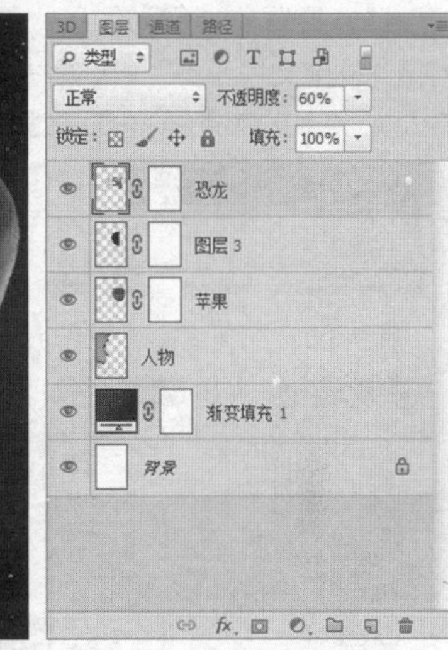

图 7-3-18　添加蒙版

10）按 D 键，设置前景色/背景色为默认的黑色/白色，如图 7-3-19 所示。选择画笔工具，在工具选项栏中选择“柔边圆”画笔笔触，如图 7-3-20 所示，在图层蒙版上涂抹，涂抹时，可通过按 [和] 键调整合适的画笔大小，按 X 键切换前景色、背景色。调整“恐龙”图层的“不透明度”为 100%，最终形成如图 7-3-21 所示的图像效果。

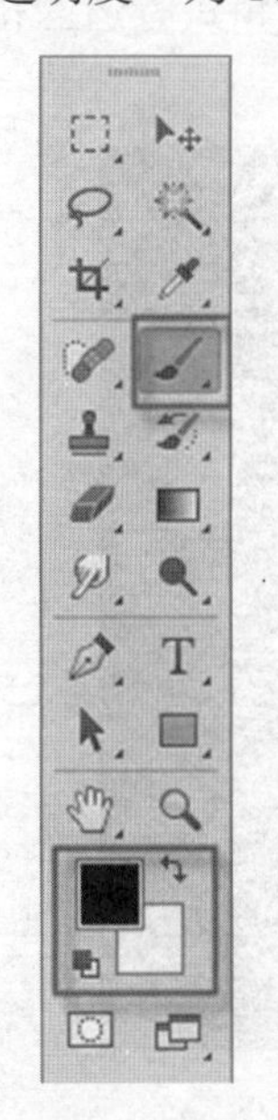

图 7-3-19　默认前景色

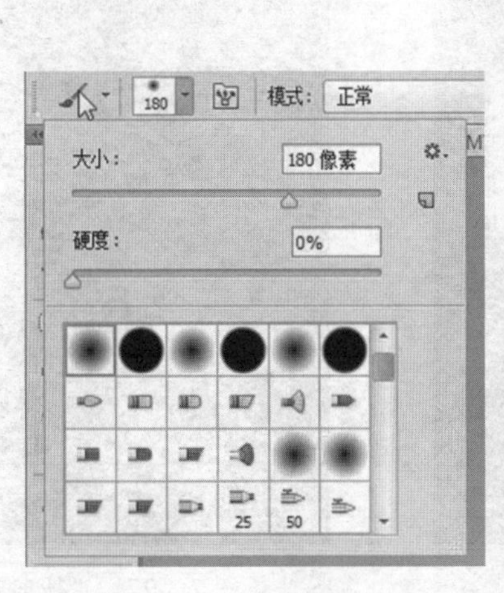

图 7-3-20　“柔边圆”画笔

图 7-3-21　调整效果

11）新建图层，重命名“吊牌”，在工具箱中选择矩形选区工具（快捷键 M），在图像窗口中按住鼠标左键并拖动鼠标，绘制矩形选区，按 Ctrl+Delete 快捷键，填充选区背景色为白色。执行“选择”→“修改”→“收缩”命令，设置收缩量为 20 像素，如图 7-3-22 所示。执行“编辑”→“描边”命令，弹出“描边”对话框，颜色 CMYK 参考值为 C:25, M:100, Y:100, K:0，参数设置如图 7-3-23 所示。按 Ctrl+D 快捷键取消选择，效图如图 7-3-24 所示。

12）设置前景色为红色（颜色 CMYK 参考值为 C:20, M:100, Y:100, K:0），在工具箱中选择“竖排文字工具”（快捷键 T），在工具选项栏“设置字体”下拉列表中选择“华文行楷”，输入文字“正宗新鲜苹果”，如图 7-3-25 所示。

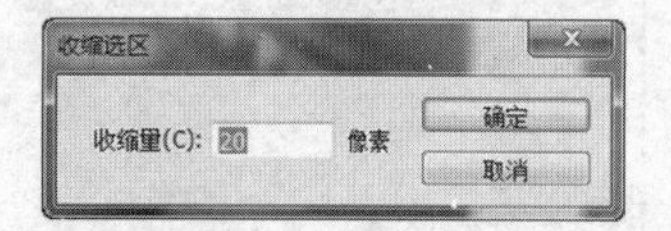

图 7-3-22　“收缩”参数

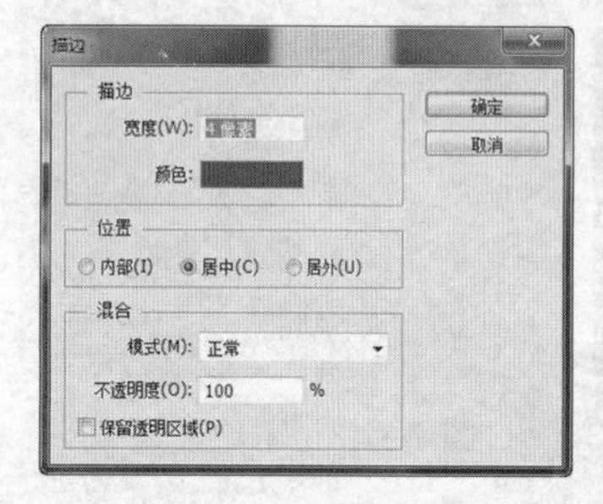

图 7-3-23　描边参数

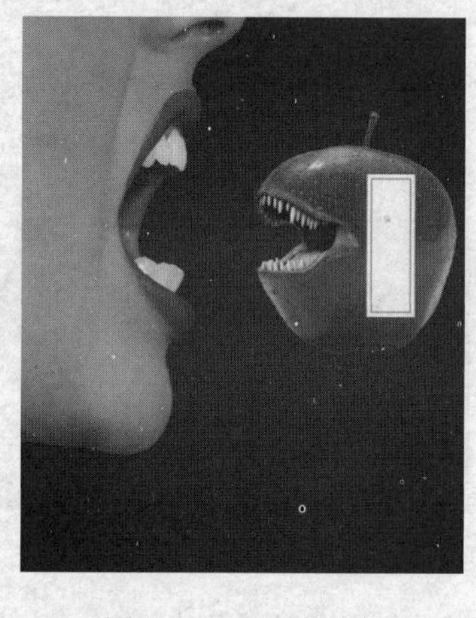
图 7-3-24　吊牌制作

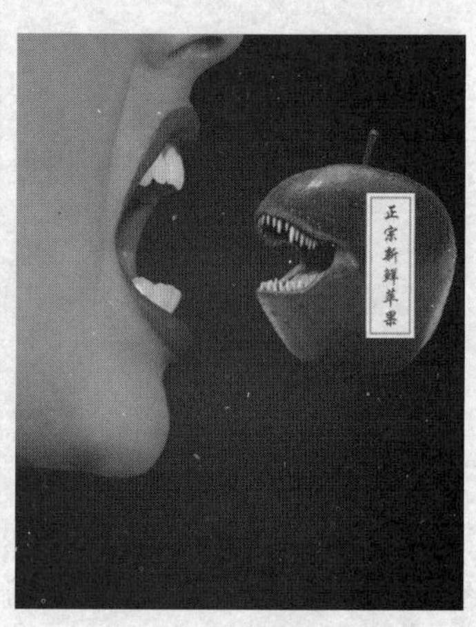
图 7-3-25　苹果制作效果

13）按住 Ctrl 键的同时选中文字图层和“吊牌”图层，按 Ctrl+E 快捷键合并图层，按 Ctrl+T 快捷键进入自由变换状态，如图 7-3-26 所示。右击图层，在弹出的快捷菜单中选择“扭曲”命令，对图像进行扭曲变形处理，按住鼠标左键并拖动鼠标对选区的边角进行适当扭曲，扭曲后效果如图 7-3-27 所示。

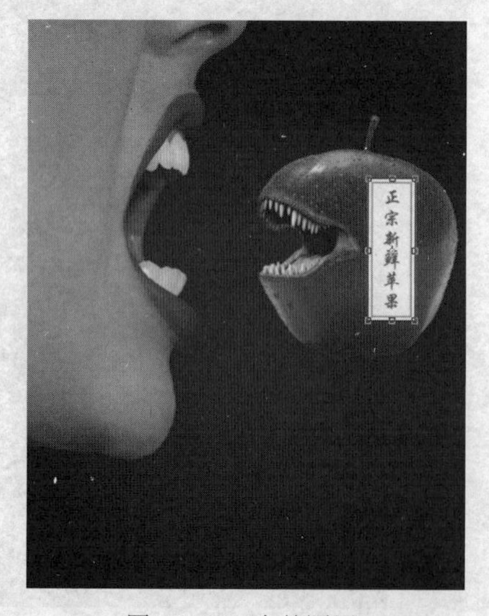
图 7-3-26　合并图层

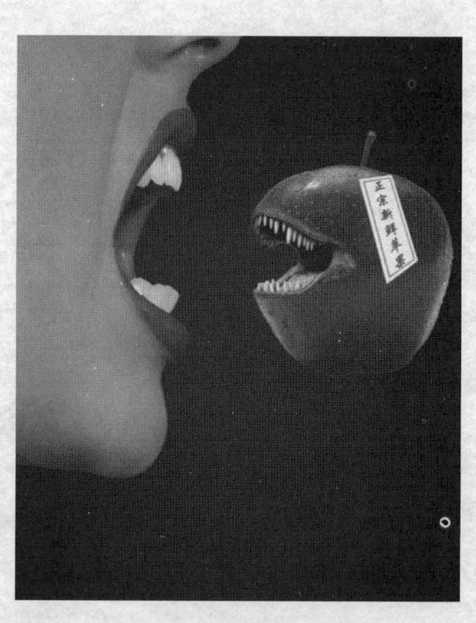
图 7-3-27　“扭曲”效果

14）在图层面板中单击“添加图层样式”按钮，选择“投影”命令，弹出“图层样式”对话框，设置参数，如图 7-3-28 所示，效果如图 7-3-29 所示。

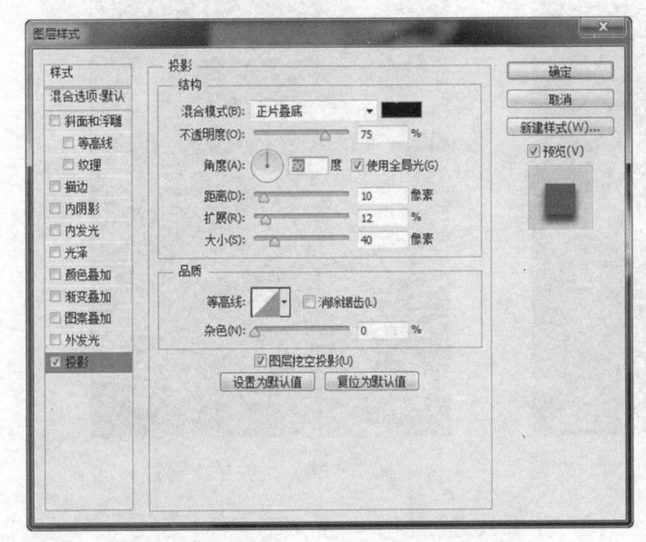

图 7-3-28　设置投影参数

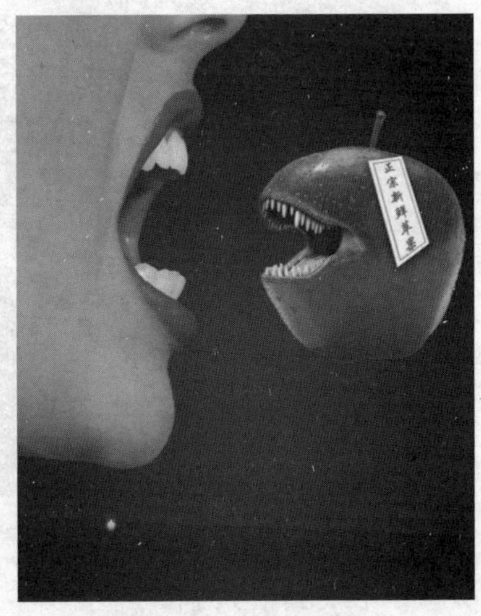

图 7-3-29　投影效果

15）新建图层，重命名为“线”，在工具箱中选择套索工具（快捷键 L），在苹果蒂的部位画一条闭合的线，如图 7-3-30 所示。执行“编辑”→“描边”命令，弹出“描边”对话框，颜色 CMYK 参考值为 C:57, M:100, Y:100, K:51，宽度参考值为 6 像素，如图 7-3-31 所示。获得的吊牌线效果如图 7-3-32 所示。

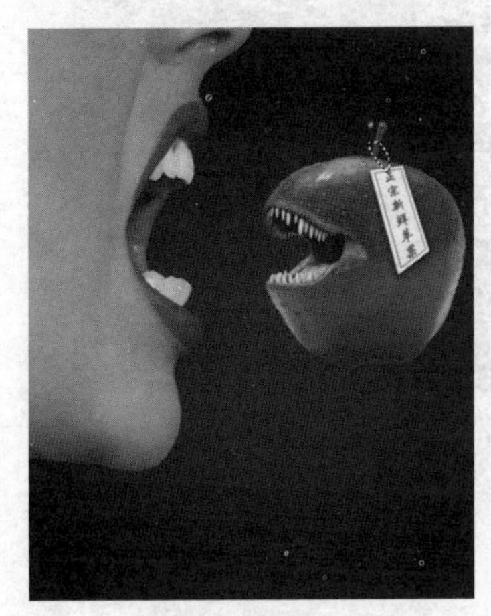

图 7-3-30　苹果“线”

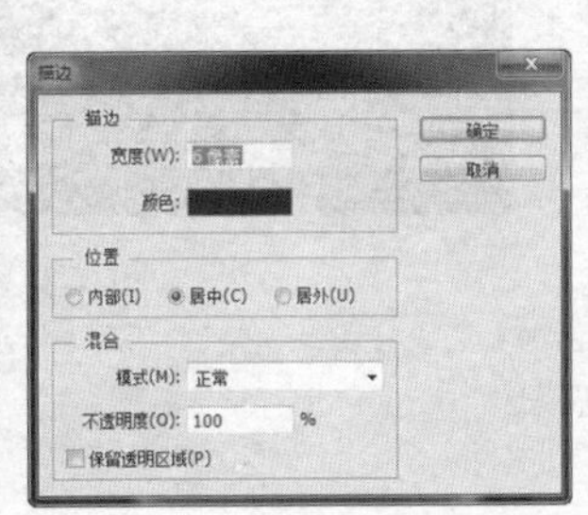

图 7-3-31　“描边”参数

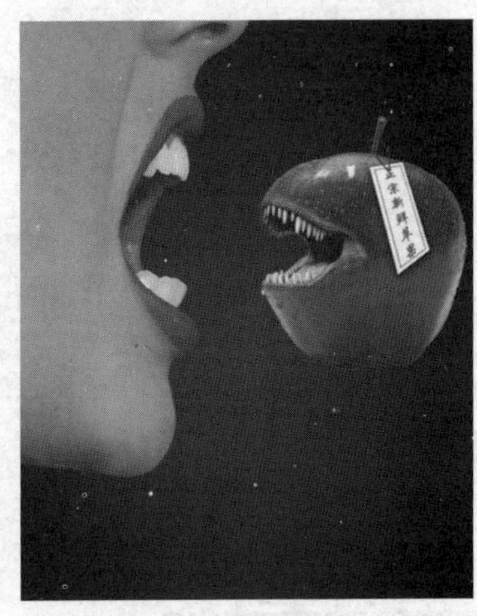

图 7-3-32　吊牌线效果

16）单击图层面板中的“添加图层蒙版”按钮，为线图层添加蒙版，参照步骤 11)，完成线的部分隐藏效果，如图 7-3-33 所示。

17）参照前面的操作方法，打开“昆虫”素材，结合运用矩形选区工具和移动工具，将需要的昆虫移到文件中，放置在合适的位置，选中所有的昆虫图层，按 Ctrl+E 快捷键合并，效果如图 7-3-34 所示。

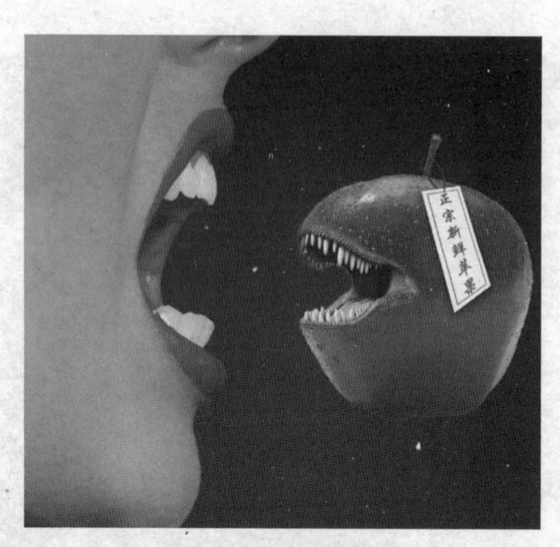

图 7-3-33　添加蒙版效果

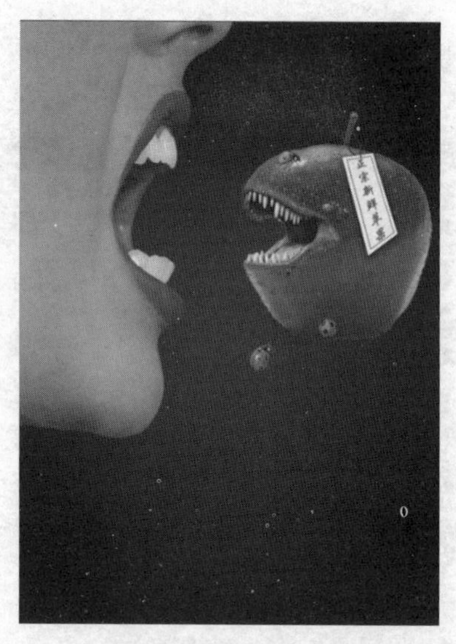

图 7-3-34　添加昆虫素材

18）在工具箱中选择“横排文字工具”，在工具选项栏中设置文字字体、字号、颜色等，更多的属性可以调出字符面板进行设置，包括字符间距、文字加粗等，如图 7-3-35 所示，输入文字，最终文字效果如图 7-3-36 所示。

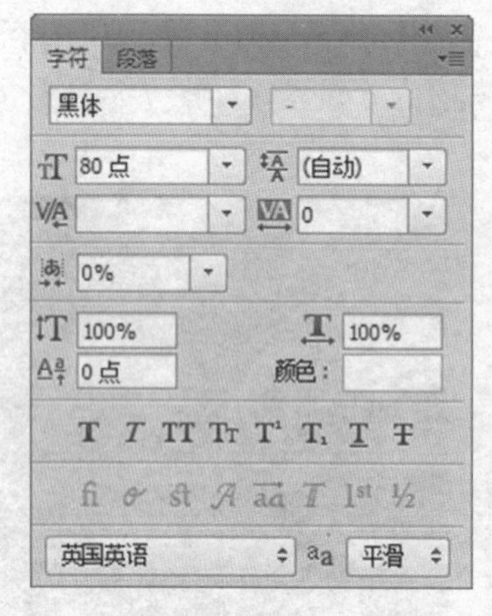

图 7-3-35　字符设置

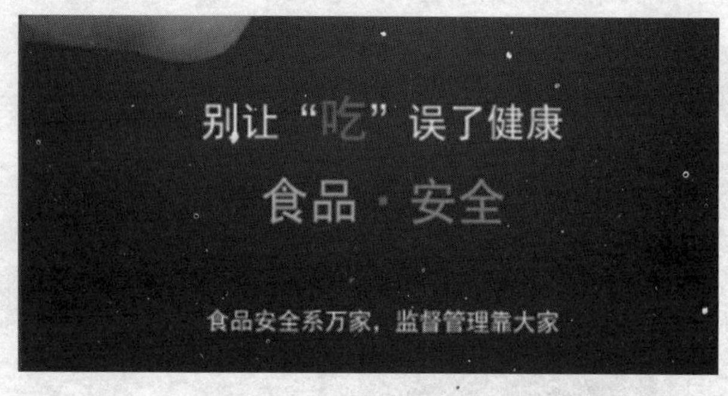

图 7-3-36　文字效果

19）得出最终效果。

任务小结

1）在设计该广告时要突出主题，击中宣传核心，利用强烈的视觉效果，达到警示宣传作用，强调设计广告者的创意。

2）本任务运用了魔棒、画笔、钢笔、变换等工具，结合蒙版、描边等对食品安全进行了创意设计。难点在于如何利用蒙版工具和画笔工具将苹果和恐龙较好地融合在一起，在操作时，需要使用放大镜工具放大图像，对恐龙嘴巴、牙齿细节部分进行细致处理。

任务 7.4　制作禁烟公益广告

岗位需求描述

自 1989 年起，每年的 5 月 31 日是世界无烟日。在世界无烟日到来之际，为提高学生对吸烟有害健康的认识，某学校根据世界无烟日的主题，积极开展“无烟校园”健康教育主题活动，在校园内营造戒烟、禁烟、拒绝吸烟的健康校园环境。为了更好地宣传吸烟有害健康，学校要求某广告公司设计一份禁烟海报，在学校宣传栏张贴，直观地呈现吸烟的危害，让禁烟的概念深入人心。设计海报要求：成品尺寸为 50cm×70cm，分辨率为 300 像素/英寸，模式为 RGB 颜色模式，材质为室内 PP 背胶写真贴纸。

设计理念思路

黑色背景，骷髅头为警示，文字点题。画面将飘出的烟雾巧妙地变成了一个骷髅头像，较有震撼力地告诉人们吸烟有害健康，吸烟等于慢性自杀！让吸烟的人警醒，让禁烟的概念深入人心，达到禁烟的宣传目的。

素材与效果图

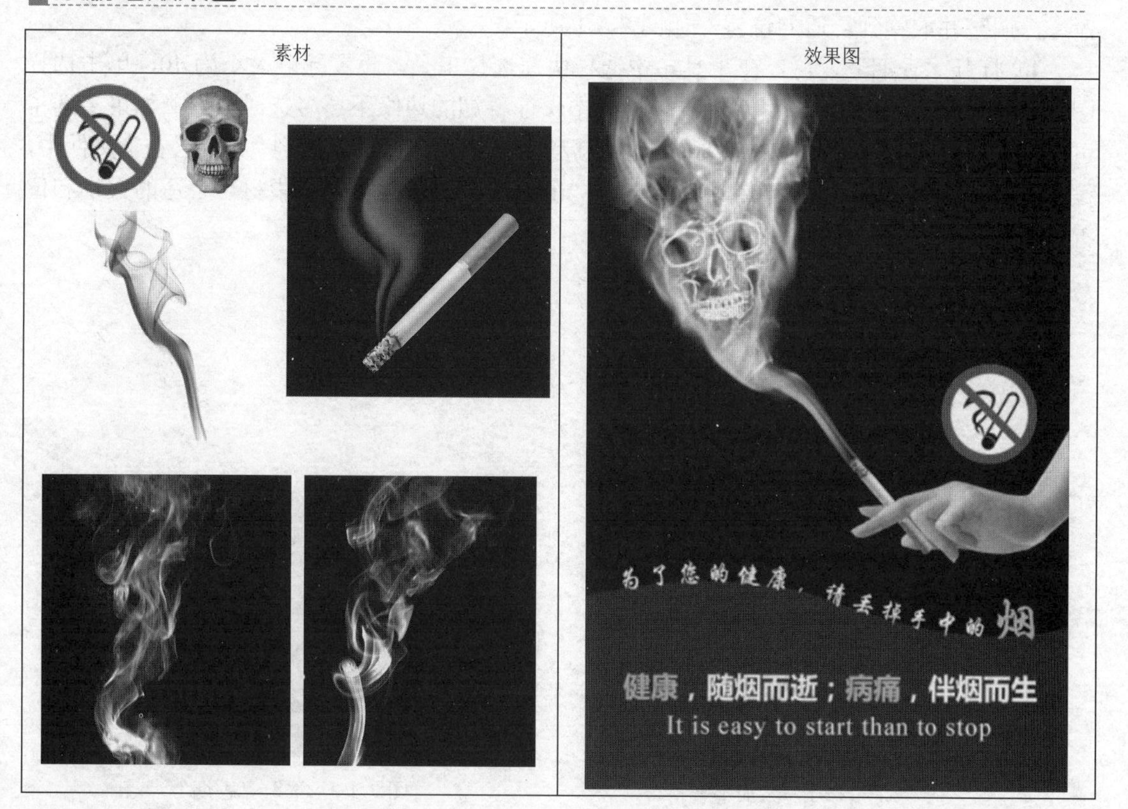

岗位核心素养的技能技术需求

综合运用文字工具和蒙版工具，主要通过灵活运用快速选择工具、画笔工具、蒙版工具、橡皮擦工具、涂抹工具、滤镜（照亮边缘）混合模式（滤色）、钢笔工具、路径文字等工具突出表现主题。

制作禁烟公益广告

任务实施

1）启动 Adobe Photoshop CS6 软件，执行“文件”→“新建”命令，在弹出的“新建”对话框的“名称”文本框中输入“禁烟公益”，调整“宽度”为 50cm，“高度”为 70cm，“分辨率”为 72 像素/英寸，“颜色模式”为 RGB 颜色模式，其他参数保持默认。

提 示

本任务制作的海报实际分辨率应为 300 像素/英寸，为了减少文件容量，提高软件的运行速度，笔者特意将其分辨率降低为 72 像素/英寸。

2）设置前景色为黑色，按 Alt+Delete 快捷键，填充背景为黑色。

3）按 Ctrl+O 快捷键，弹出“打开”对话框，选择“手”素材，使用移动工具将素材添加到文件中，按 Ctrl+T 快捷键进入自由变换状态，右击弹出快捷菜单，选择“垂直翻转”命令，调整并放置到合适的位置，如图 7-4-1 所示。

4）打开“香烟”素材，在工具箱中选择快速选择工具，设置笔触大小为 40，单击选择图片内的香烟，如图 7-4-2 所示。选择过程中保证香烟的边缘不要多选或少选，如果多选了可以用工具“从选区减去”进行修改。运用移动工具将香烟素材添加到“禁烟公益”文件中，按 Ctrl+T 快捷键进入自由变换状态，按住 Shift+Alt 键，用鼠标调整素材至合适的大小和位置，如图 7-4-3 所示。

图 7-4-1　添加手素材

图 7-4-2　选取“香烟”

5）单击图层面板中的“添加图层蒙版”按钮，为烟图层添加蒙版，结合画笔工具，完成烟的部分隐藏制作，得到如图 7-4-4 所示的效果。

6）打开“骷髅头”素材，运用移动工具将素材添加到文件中，按 Ctrl+T 快捷键，调整大小并放置到合适的位置。

7）执行“图像”→“调整”→“去色”命令（或按快捷键 Ctrl+Shift+U），为骷髅头去色，如图 7-4-5 所示。

图 7-4-3　添加烟素材

图 7-4-4　隐藏部分烟

图 7-4-5　骷髅头去色

8）对骷髅头素材执行“滤镜”→“滤镜库”→“风格化”→“照亮边缘”命令，参数设置参考图 7-4-6，得到的效果参考图 7-4-7。

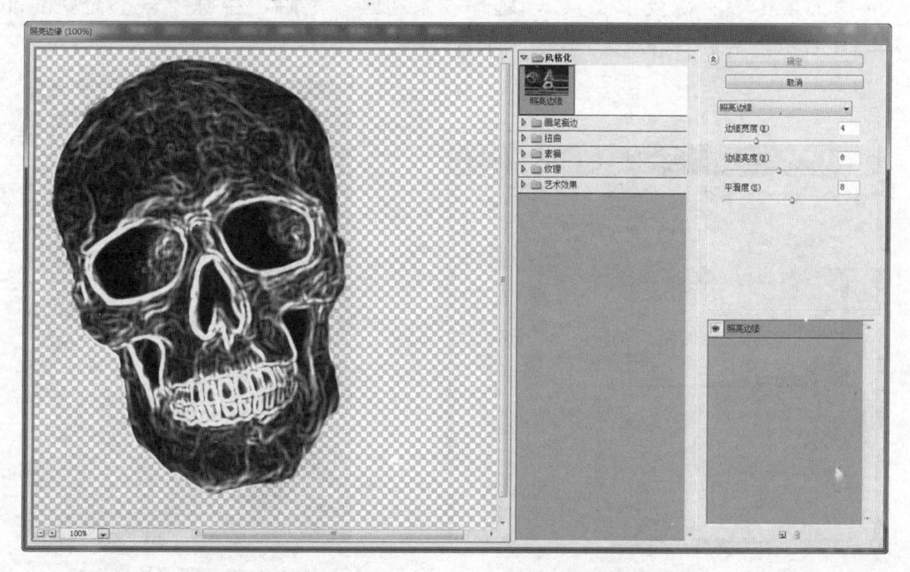

图 7-4-6　照亮边缘

9）打开“烟雾 1”素材，运用移动工具将素材添加到文件中，执行“图像”→“调整”→“反相”命令（快捷键 Ctrl+I），按 Ctrl+T 快捷键进入自由变换状态，调整大小并放置到合适的位置，如图 7-4-8 所示，并将该图层命名为“烟雾 1”。

图 7-4-7 骷髅头照亮边缘效果

图 7-4-8 烟雾效果（1）

10）打开“烟雾 2”素材，运用移动工具将素材添加到文件中，按 Ctrl+T 快捷键进入自由变换状态，用鼠标拖动调整大小。更改图层混合模式为“滤色”，执行“图像”→“调整”→“去色”命令（快捷键 Ctrl+Shift+U），为素材去色；执行“图像”→“调整”→“色阶”命令（快捷键 Ctrl+L），调整色阶，参数设置如图 7-4-9 所示，去掉黑色背景，加强白色烟雾亮度。

11）选择工具箱中“橡皮擦工具”，选择“柔边圆”笔触，擦除一些不需要的部分，效果如图 7-4-10 所示，并将该图层命名为“烟雾 2”。

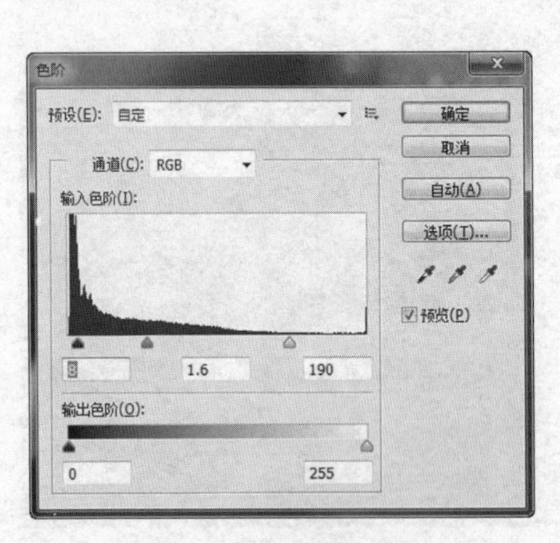

图 7-4-9 色阶参数（1）

图 7-4-10 烟雾效果（2）

12）打开“烟雾 3”素材，运用相同的操作，完成对烟雾 3 的处理，参数和效果如图 7-4-11 和图 7-4-12 所示。

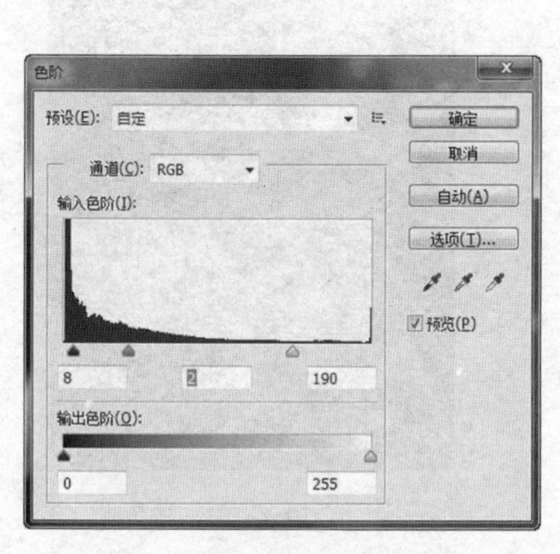

图 7-4-11　色阶参数（2）

图 7-4-12　烟雾效果（3）

13）分别选择“烟雾 2”和“烟雾 3”两个图层，按 Ctrl+T 快捷键，并右击，在弹出的快捷菜单中选择“变形”命令，调整使网格适合骷髅的图形，使烟雾更好地附着在骷髅上，如图 7-4-13 所示。

14）选择工具箱中“橡皮擦工具”，设置不透明度为 30%，对骷髅头中间较亮的烟雾进行处理，效果如图 7-4-14 所示。

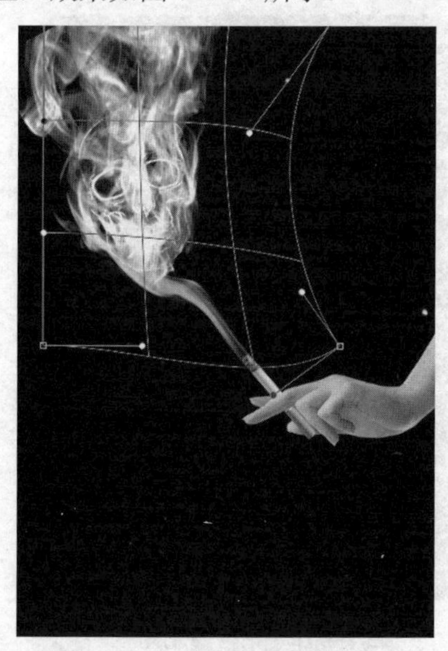

图 7-4-13　调整烟雾效果

图 7-4-14　处理较亮烟雾效果

15）选择“骷髅”图层，观察到骷髅周围有些硬边，选择橡皮擦工具，设置不透明度和流量都为 100%，使用软角刷去除硬边。选择“骷髅”图层，执行“图像”→“调整”→“色阶”命令，调整参数如图 7-4-15 所示，增加头骨的特征，效果如图 7-4-16 所示。

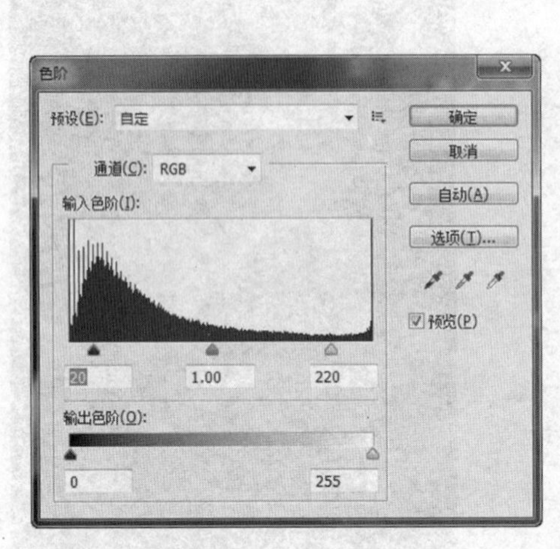

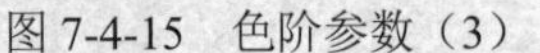
图 7-4-15 色阶参数（3）

图 7-4-16 调整骷髅头骨

16）运用“橡皮擦工具”和“涂抹工具”对烟雾进行进一步的处理，使烟雾效果更自然，效果如图 7-4-17 所示。

17）新建图层，选择工具箱中的“钢笔工具”，绘制如图 7-4-18 所示的路径，按 Ctrl+Enter 键载入选区。执行“编辑”→“填充”命令（快捷键 Shift+F5），在弹出的对话框中选择“内容”区域“使用”下拉菜单中的“颜色”选项，如图 7-4-19 所示。在“拾色器”对话框中选择深红色“600a0a”，单击“确定”按钮进行填充，效果如图 7-4-20 所示。

图 7-4-17 最终烟雾效果

图 7-4-18 钢笔绘制路径

18）切换到路径面板，单击选择绘制的路径，回到图层面板，选择工具箱中的“横排文字工具”，将鼠标指针放到路径上，当指针变成曲线时，单击路径输入文字，设置字体为“华文行楷”，同时设置字号、字间距和字体颜色等，如图 7-4-21 所示，得到如图 7-4-22 所示的效果。

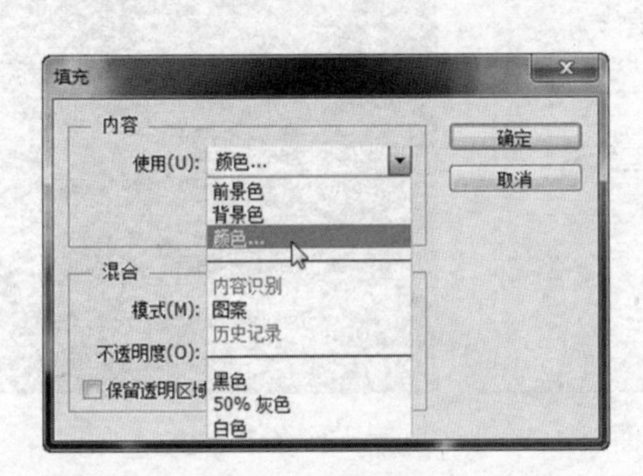

图 7-4-19　填充颜色（1）

图 7-4-20　填充颜色（2）

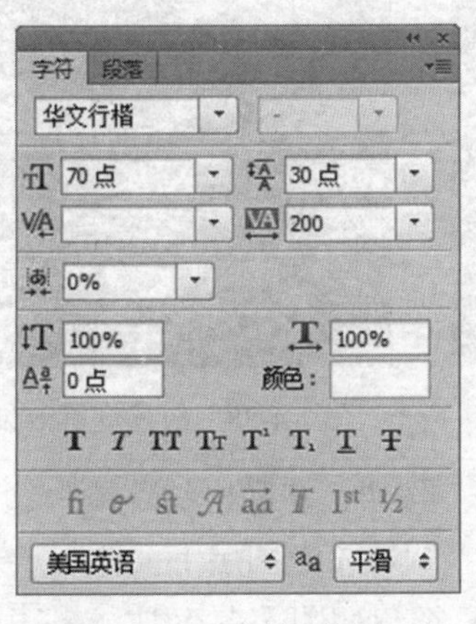

图 7-4-21　字符面板（1）

图 7-4-22　路径文字

19）选择工具箱中的“横排文字工具”，输入文字，设置文字字体为微软雅黑，同时设置字号、字体颜色等，如图 7-4-23 和图 7-4-24 所示，效果如图 7-4-25 所示。

20）在背景图层上新建一个图层，按 D 键，设置前/背景色为默认的黑/白色，执行“滤镜”→“渲染”→“云彩”命令，得到如图 7-4-26 所示的效果。

21）单击图层面板中的“添加图层蒙版”按钮，为该图层添加蒙版，并按 Alt+Delete 快捷键为蒙版填充黑色，效果如图 7-4-27 所示。

22）按 X 键，切换前/背景色为白/黑色，选择柔边画笔工具，在烟雾骷髅头部分进行涂抹，将该部分底部散发的烟雾显示出来，并在图层面板中设置其不透明度为 50%，得到如图 7-4-28 所示的效果。

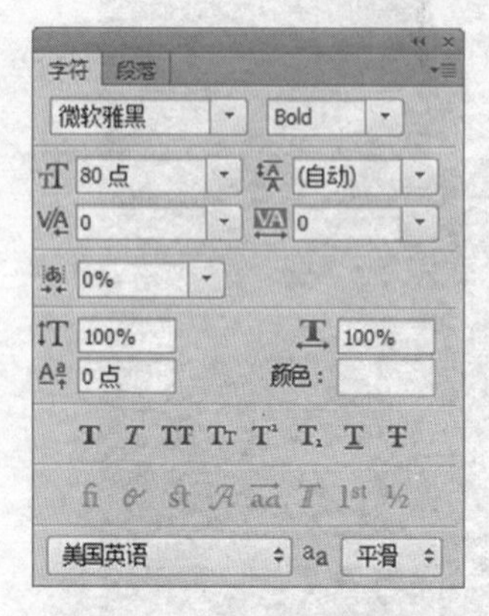

图 7-4-23　字符面板（2）

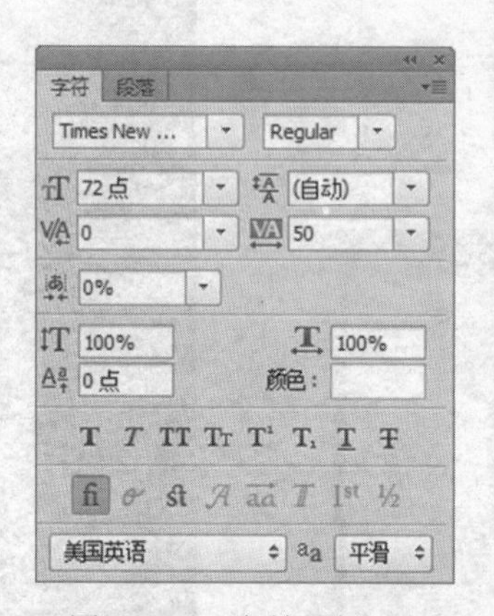

图 7-4-24　字符面板（3）

图 7-4-25　文字效果

图 7-4-26　云彩效果

图 7-4-27　添加黑色蒙版效果

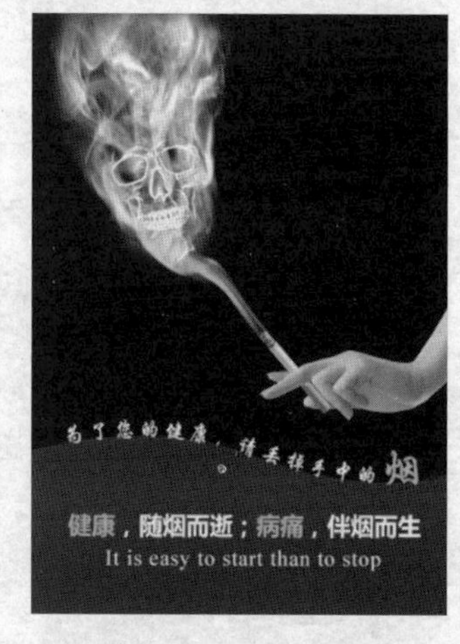

图 7-4-28　散发烟雾效果

23）在图层面板中，单击“创建新的填充或调整图层”按钮，在弹出的菜单中选择“渐变填充”命令，在“烟雾 3”图层上面添加一个“渐变填充”图层，设置参数如图 7-4-29 所示。更改图层混合模式为“颜色”、“不透明度”为 35%，图层面板如图 7-4-30 所示。单击图层面板中的“添加图层蒙版”按钮，为该图层添加蒙版，选择柔边画笔工具，设置前/背景色为默认的黑/白色，在手和香烟部分进行涂抹，将手和香烟部分还原，图层面板如图 7-4-31 所示。涂抹前后效果分别如图 7-4-32 和图 7-4-33 所示。

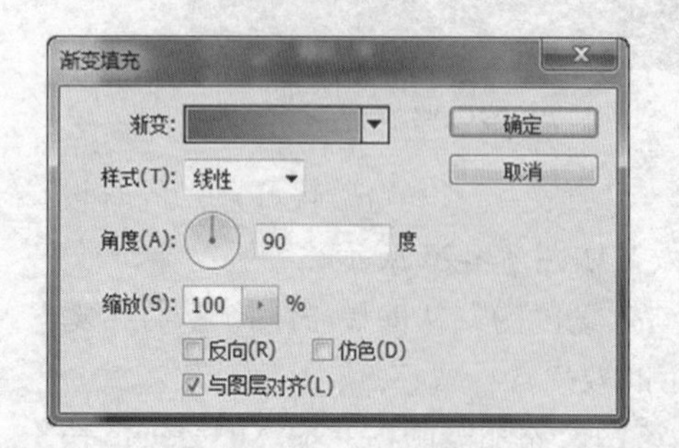

图 7-4-29　渐变填充

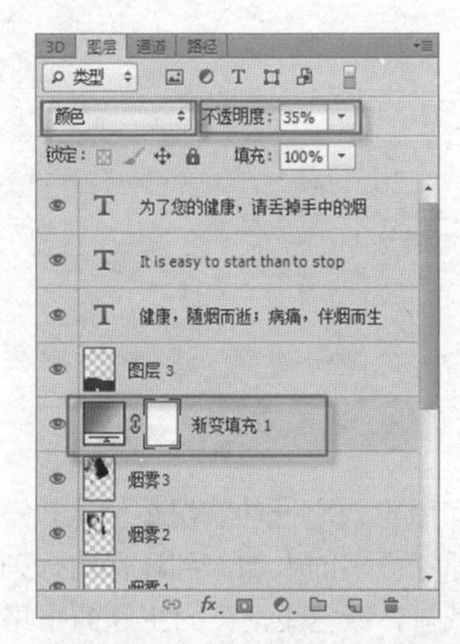

图 7-4-30　图层面板（1）

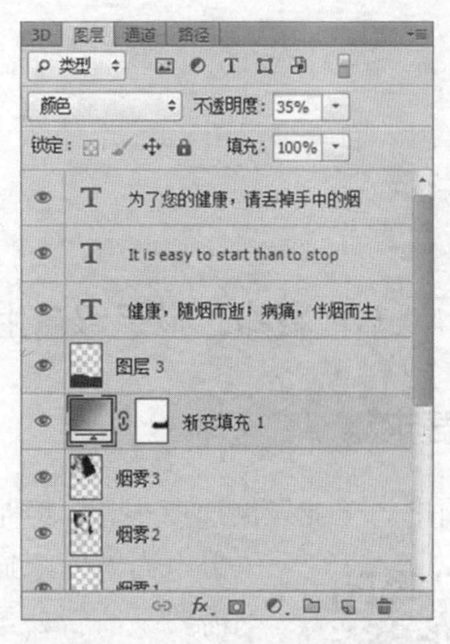

图 7-4-31　图层面板（2）

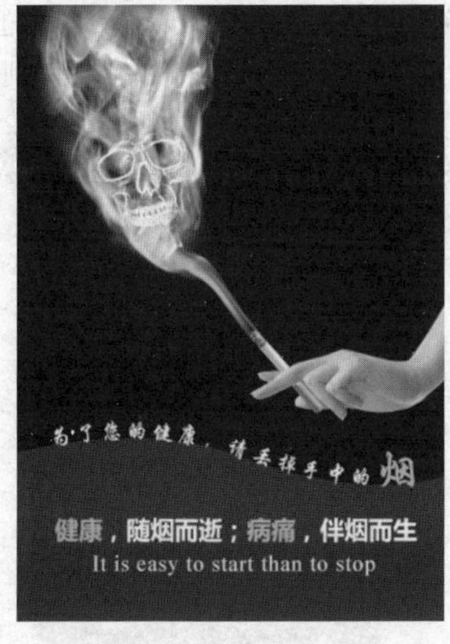

图 7-4-32　渐变填充效果

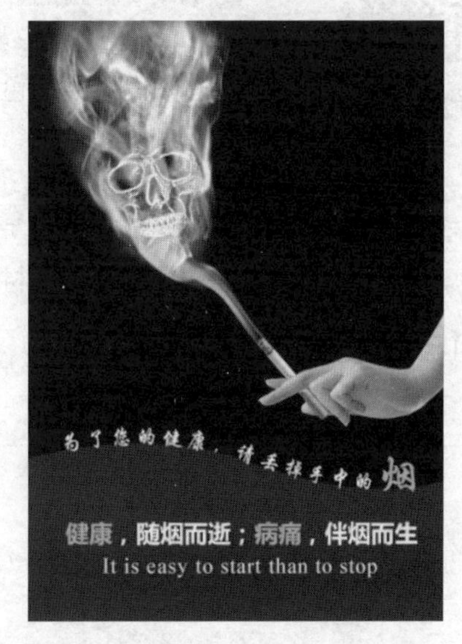

图 7-4-33　蒙版擦除后效果

24）添加禁烟标志，对整体效果做最后的调整修改，得到最终效果图。

任务小结

1）在设计该广告时要突出主题，准确把握受众心理，巧妙设计广告语言，创意视觉表现，利用强烈的视觉效果，让禁烟公益广告达到警示宣传的目的。

2）本任务运用了多种工具和方法对禁烟公益广告进行了创意设计。难点在于骷髅头与烟雾的融合处理，利用去色、色阶、反相等命令制作白色烟雾，利用 Ctrl+T 快捷键、橡皮擦工具、涂抹工具对烟雾进行细致处理，使其与骷髅头相融合，制作出“烟”散发出包含死亡信息的骷髅头的烟雾效果。

项 目 测 评

测评 7.1 节能减排，畅想绿色生活

设计要求

我国电力工业发展速度很快，但是电力供应不足和用电效率低的状况依然比较严峻。某市电力部门想通过海报宣传，呼吁更多的人加入到环保的行列中，现需要某广告公司设计以“节能减排，绿色生活”为主题的指路牌灯箱宣传海报。画面以绿色为基调，绿色代表自然、环保、和平、宁静、生命、希望。人、蝴蝶、鸽子和谐共存，人们呵护着这片美好的绿色。灯泡形状倡导绿色照明，用行动支持绿色照明，节能环保，创建属于我们自己的绿色、健康、环保、节能的生活。综合运用剪贴蒙版和图层蒙版，通过画笔工具、钢笔工具、描边路径、渐变填充、图层样式、文字工具、ALT+↑快捷键等工具突出显示主题。设计海报要求：成品尺寸为 80cm×120cm，分辨率为 100 像素/英寸，颜色模式为 RGB 颜色模式，材质为灯箱片。

制作节能减排环保广告

素材与效果图

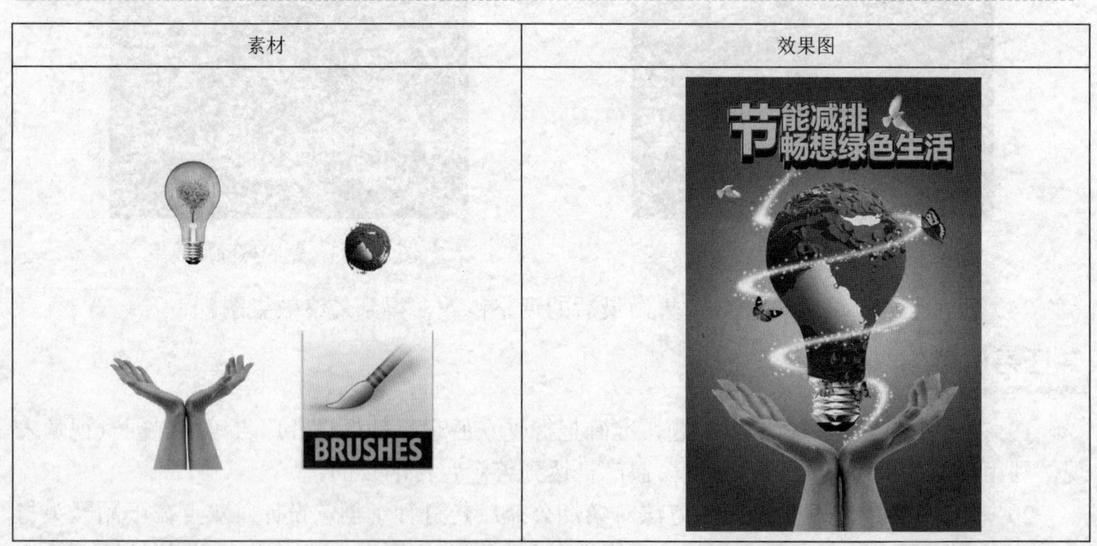

测评 7.2 珍爱生命，远离酒驾

设计要求

酒后驾驶导致的事故越来越多，酒精正在成为越来越凶残的“马路杀手”。某交警大队

计划开展“请勿酒后驾驶”宣传活动，想要设计有关“请勿酒后驾驶”的公益海报，并在各个道路的名牌灯箱张贴宣传，用以警示广大市民自觉遵守道路交通安全法律法规，拒绝酒驾，安全出行，对自己，对家人，对他人的生命安全负责。作为广告公司设计人员，要根据交警大队的要求，设计出一份“珍爱生命，远离酒驾”的公益宣传海报。设计主要采用酒、轮胎、鲜血为中心素材，红色为视觉冲突点，附上一张张触目惊心的酒驾事故图片。警示人们喝酒不开车，开车不喝酒，为他人也为自己的安全负责。综合运用图层蒙版和画笔工具，利用自定义画笔创建逼真的事故现场，起到警醒作用。设计海报要求：尺寸为 100cm×200cm，分辨率为 72 像素/英寸，颜色模式为 CMKY 颜色模式。

制作严禁酒驾广告

素材与效果图

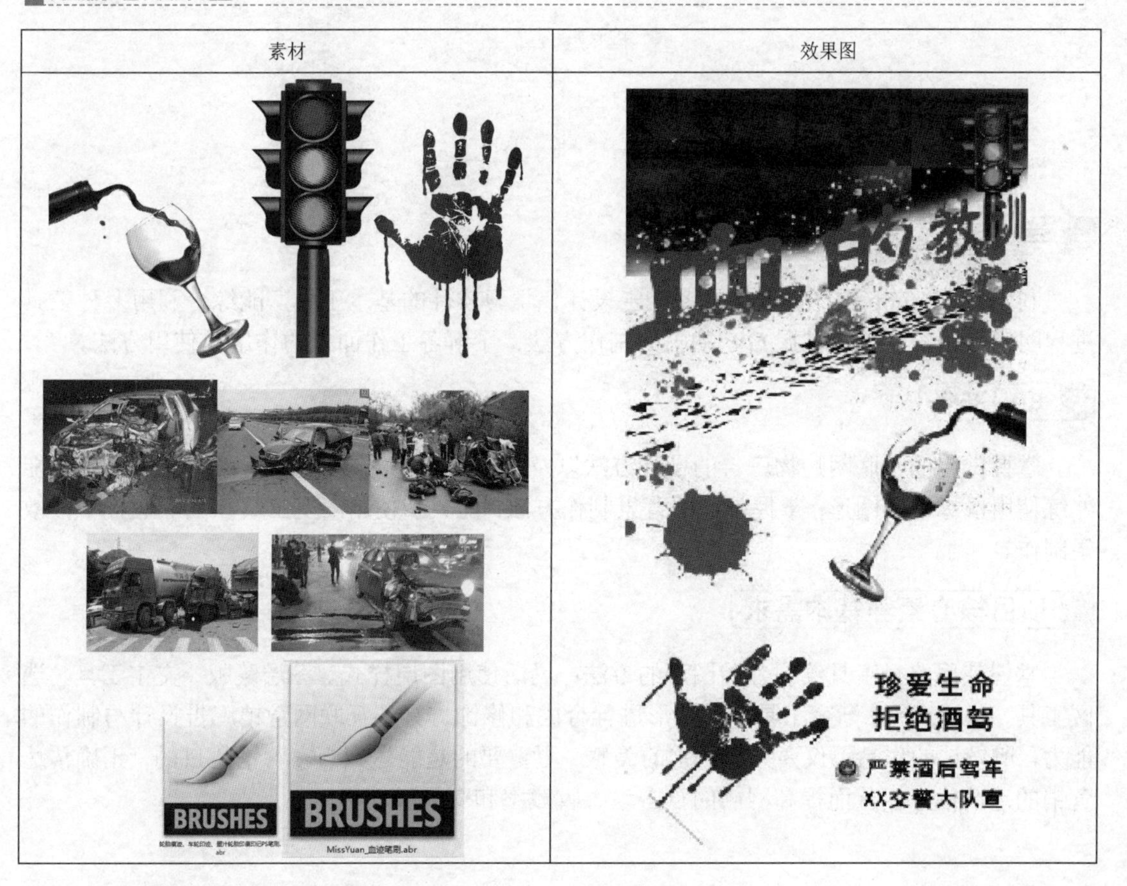

项目 8

互联网+购物宣传设计

学习目标

利用 Photoshop 软件进行钻展图广告设计，学习软件的基本工具，能综合利用多种工具进行网店横幅的制作；掌握 GIF 动画的制作方法；了解各工作面板的作用及使用方法。

知识准备

掌握常用的互联网购物广告的设计方法以及常用的互联网购物字体选择和文字排版；能熟练使用鼠标绘制图形；掌握常用的背景制作方法；能灵活使用渐变工具和图层进行字体效果制作。

项目核心素养基本需求

掌握使用路径工具绘制各种图形的方法；灵活使用图层样式、图层蒙版、文字工具、选区工具、3D 工具、渐变工具等对图形进行合成和修饰、具备互联网营销广告设计与制作的能力，所设计的作品不仅要具备一定的美感，更重要的是能达到商家营销的目的，正确传达营销的活动信息，从而提高网店的点击率、收藏率和交易成功率。

任务 8.1　制作网店首页横幅

岗位需求描述

网店横幅又叫店招，是网店的一个门面。网店横幅的设计关系着网店给顾客留下的第一印象，一个好的横幅设计能给店面加分，提升网店档次，吸引顾客，提高网店销量。在网络销售中，要能根据季节、节庆等活动对横幅进行设计。

设计理念思路

春天是希望的季节，万物复苏，令人充满希望，对于网商来说，新的季节意味着新的商机，很多促销、打折活动都会在这个时候推出。为了配合季节特点，网店的横幅都会进行更新设计。本任务就是根据春天的特点，以绿色为主体，使用立体字突出主题，再配以红色的高跟鞋，形成鲜明的色彩对比，给顾客留下美好的印象从而产生购物欲望。

素材与效果图

岗位核心素养的技能技术需求

作为网店美工，制作网店横幅时，首先要有娴熟的图片处理技能，包括钢笔抠图、图层运用、版面设计等技能技巧。横幅的制作重点是传达营销信息，在作品设计中，网店的营销信息和活动方案一定要清晰醒目，能吸引客户眼球，因此文字的排版与字体的设计尤其重要。

制作网店首页横幅

任务实施

1）新建图片文件，命名为“约惠春天”，调整“宽度”为1024像素，“高度”为442像素，“分辨率”为72像素/英寸，“颜色模式”为RGB颜色模式，如图8-1-1所示。

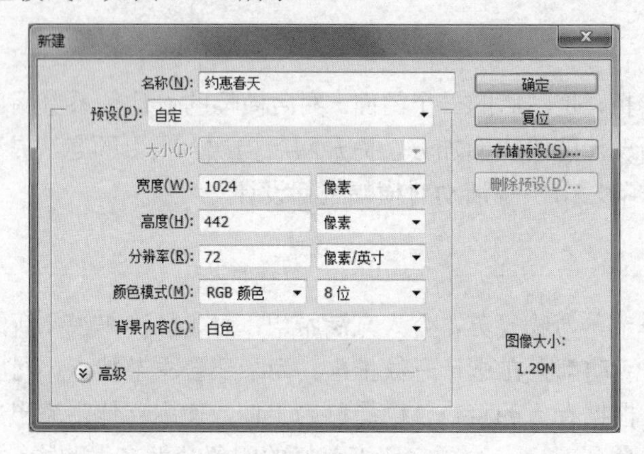

图 8-1-1　新建图片文件

2）导入“背景”素材，效果如图8-1-2所示。

图 8-1-2　导入背景图片

3）导入“绿叶”素材，效果如图8-1-3所示。

图 8-1-3　导入树叶素材

4）使用文字工具输入文字，并适当调整文字大小，效果如图 8-1-4 所示。

图 8-1-4　输入文字内容

5）导入“小花”素材，适当复制并改变大小，效果如图 8-1-5 所示。

图 8-1-5　添加花朵装饰

6）选中所有“花”的图层和文字图层，按 Ctrl+E 快捷键，合并图层，再按 Ctrl+T 快捷键，使图形倾斜，效果如图 8-1-6 所示。

图 8-1-6　倾斜文字

7）按 Ctrl+J 快捷键，备份文件并隐藏上层的文字图层。

8）选择下层文字图层，执行“3D”→“从所选图层新建 3D 凸起”命令，效果如图 8-1-7 所示。

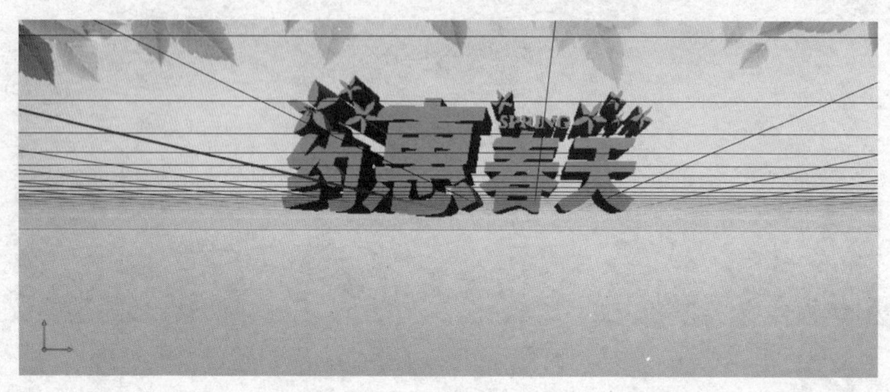

图 8-1-7　运用 3D 效果

图 8-1-8　3D 效果参数

9）3D 功能的参数设置如图 8-1-8 所示。

10）显示上层的标题文字图层，按住 Ctrl 键，单击图层，对图层进行颜色修改，如图 8-1-9 所示。

在 3D 模式下，单击“移动工具”按钮即可显示其“3D 对象变换”属性栏，再选择变换工具按钮组即可对三维对象和摄像机机位进行控制，或进行类似 3D 对象的移动、旋转和缩放的变化操作。

图 8-1-9　文字立体效果

11）在立体文字图层下新建图层，并使用画笔工具，在文字下方绘制文字投影效果，如图 8-1-10 所示。

12）使用文字工具，输入其他文字，效果如图 8-1-11 所示。

图 8-1-10　添加文字投影

图 8-1-11　输入活动宣传语

13）导入其他素材并装饰，效果如图 8-1-12 所示，完成横幅的最终效果。

图 8-1-12　导入商品素材

任务小结

本任务通过“约惠春天”网店横幅的制作，使读者掌握常规横幅的设计方法和技巧，如标题性的文字可使用立体字效果显示；给文字增加图层样式效果，可以轻松提高作品的层次感。

任务 8.2　设计剃须刀销售主图

岗位需求描述

淘宝商品销售主图是对所销售商品的一种最直接的视觉展示方式，它是针对店铺活动或商品销售制作的图片或海报。主图是将产品展现给买家的第一张图片，同时也是在搜索时能直接展示出来的图片。

设计理念思路

剃须刀属于男性生活用品，设计时应结合商品的特点及使用人群的特点，采用蓝色系背景。在背景处理上，采用两层不同方式的渐变色彩形成二维立体效果。另外，商品的销售要点是“全身水洗”，根据这一特点，采用水花四溅作为衬托，突出卖点。在销售主图的设计中，字体的应用及字体效果尤为重要，这里采用渐变工具和图层样式设计字体效果，方便快捷，并且能突出卖点及活动内容。

素材与效果图

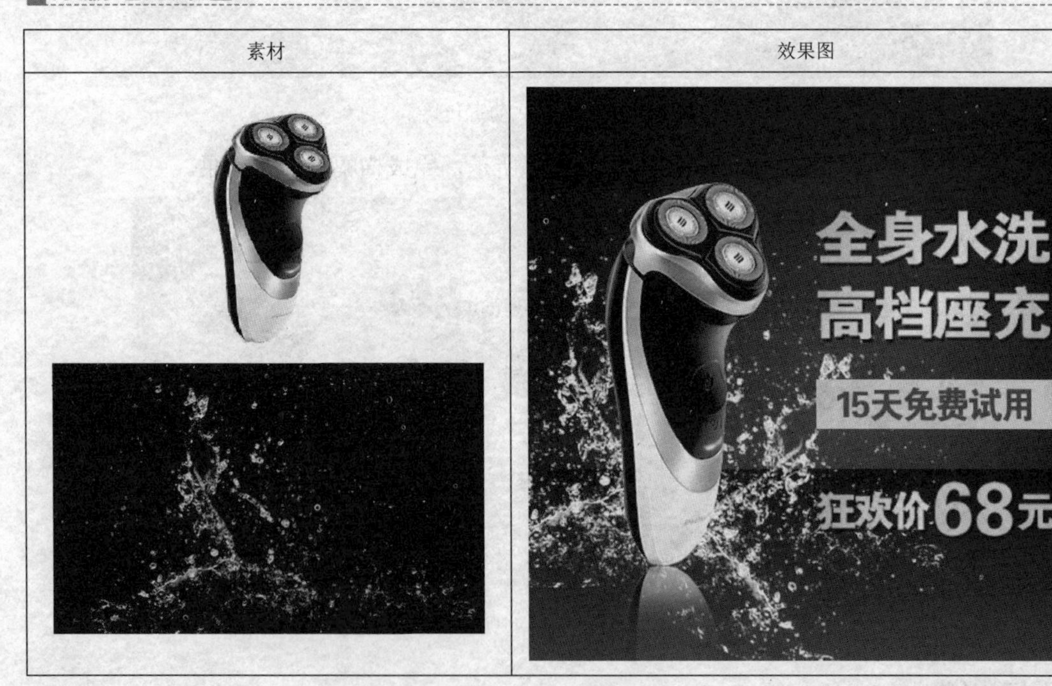

岗位核心素养的技能技术需求

在制作销售主图时，要灵活运用好图层样式、图层混合模式及文字排版等技能。另外，制作主图时，图片要清晰、简约，要能够突出产品的特点，主图上最好不要加一些乱七八糟的文字，这种做法会降低消费者的购买欲。可以在主图上加上店标、店名作为水印，只要与图片搭配得当，一般不会影响美观，甚至还能有效吸引客户的眼球。一张宝贝的主图，尽量只加一个水印，处理水印时，也要注意不能挡住宝贝的展示。

任务实施

1）新建文件，参数设置如图 8-2-1 所示。

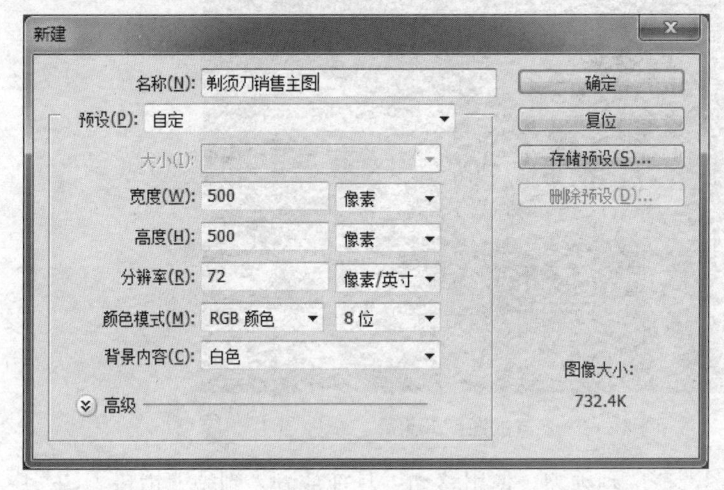

图 8-2-1　新建文件

设计剃须刀销售主图

2）单击“渐变工具”按钮，打开渐变编辑器，设置渐变色的左边颜色为“R:5, G:70, B:255”，右边颜色为“R:1, G:1, B:1”，使用径向渐变填充背景，制作光照墙面的效果，渐变工具属性栏和效果如图 8-2-2 和图 8-2-3 所示。

图 8-2-2　渐变工具属性栏（1）

图 8-2-3　渐变背景效果

3）新建图层 1，使用矩形选区工具，在图层 1 的下方选择一矩形区域，使用与背景相同的渐变色，选择线性渐变模式，反向做出渐变效果，完成后按 Ctrl+D 快捷键取消选区。

渐变工具属性栏和效果如图 8-2-4 和图 8-2-5 所示。

图 8-2-4 渐变工具属性栏（2）

图 8-2-5 下方的渐变效果

4）打开剃须刀商品素材图，抠选剃须刀，使用移动工具拖放到“剃须刀销售主图”中，形成图层 2，效果如图 8-2-6 所示，图层面板如图 8-2-7 所示。

图 8-2-6 导入剃须刀商品图

图 8-2-7 图层面板

5）制作剃须刀在地面的反光效果，选中剃须刀图层即“图层 2”，按 Ctrl+J 快捷键，复制剃须刀图层，得到“图层 2 副本”，再按 Ctrl+T 快捷键变换图层，右击，选择“垂直翻转”命令，使“图层 2 副本”垂直翻转，调整位置，效果及位置如图 8-2-8 所示。

提 示

按 Ctrl+T 快捷键变换图形时，可以直接调整变换的中心点到图片的正下方，这样就不用后期调整位置了。

6）给“图层 2 副本”添加图层蒙版，如图 8-2-9 所示。

图 8-2-8　剃须刀倒影效果

图 8-2-9　添加图层蒙版

7）在蒙版中，选择柔角黑色画笔，设置画笔大小为 83，在蒙版中涂抹，使之呈现出反光的效果，如图 8-2-10 所示。

提 示

使用画笔时可以根据实际情况进行画笔大小的调节，但是画笔不能太小，太小的画笔会使效果显得粗糙。

8）打开水花素材，使用移动工具将水花拖动到“剃须刀销售主图”上，形成图层 3，并将图层 3 置于图层 2 下方，效果如图 8-2-11 所示。

图 8-2-10　完成倒影效果制作

图 8-2-11　导入水花素材

9）改变水花图层的图层混合模式为“滤色”，效果如图 8-2-12 所示。

10）为了使水花更丰富，可以复制“图层 3”并适当调整大小和位置，效果如图 8-2-13 所示。

图 8-2-12　改变图层混合模式

图 8-2-13　复制多层水花

11）使用文字选区工具，在图片的右边输入文字内容“全身水洗”“高档座充”，如图 8-2-14 所示。

12）新建图层 4，选择渐变工具，打开渐变编辑器，设置渐变颜色，三个渐变编辑滑块颜色分别为“R:252, G:213, B:76”“R:249, G:249, B:177”“R:252, G:213, B:76”，再双击图层 4，打开“图层样式”对话框，设置图层投影，参数如图 8-2-15 和图 8-2-16 所示。

图 8-2-14　输入文字工具

图 8-2-15　渐变编辑器

13）完成后效果如图 8-2-17 所示。

14）使用相同的方法，制作其他文字，浏览最终效果。

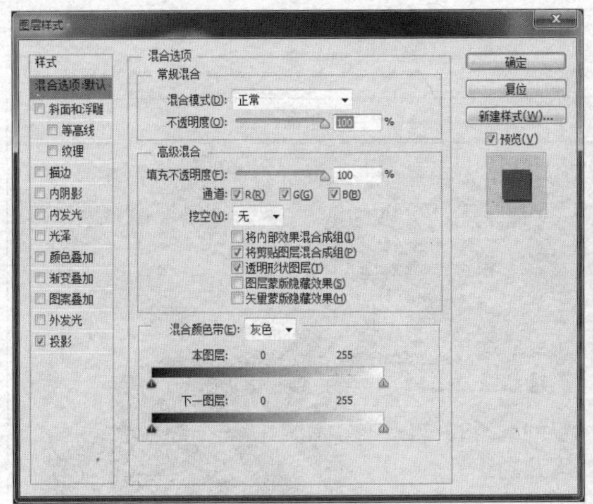

图 8-2-16　文字投影参数

图 8-2-17　完成文字渐变色填充

任务小结

本任务以剃须刀作为商品，开展电商销售主图的制作学习，针对商品的“全身水洗”这一卖点，设计了水花四溅的效果，这种效果是销售主图中的常用手法，常常运用于化妆品、水果等商品上，一定要掌握好水花图层与背景图层的混合方式。

任务 8.3　设计吸尘器钻展图

岗位需求描述

钻石展位（简称“钻展”）是淘宝网图片类广告位竞价投放的平台，是为淘宝卖家提供的一种营销工具。钻石展位依靠图片创意吸引买家点击，获取巨大流量。钻石展位是按照流量竞价售卖的广告位。计费单位为 CPM（每千次浏览单价），按照出价从高到低进行展现。放在钻展位的广告图，称为钻展图，钻展有很多位置，各有各的尺寸，所以制作时要根据实际需求进行设计。

设计理念思路

本任务是一款小家电的钻展图广告设计，针对吸尘器的特点，采用橙色作为主色调，在钻展图的下方绘制图形，作为活动标语。在吸尘器的上方使用绘制图形，用于突出商品价格，吸引顾客眼球。

素材与效果图

素材	效果图

岗位核心素养的技能技术需求

掌握运用钢笔工具对宝贝进行抠图的方法；学会运用钢笔工具绘制版面图形；能结合图层样式的使用实现图形的阴影制作。

任务实施

1）新建文件，命名为“吸尘器钻展图”，图片的宽度和高度都为 650 像素，分辨率为 72 像素/英寸，颜色模式为 RGB 颜色模式，如图 8-3-1 所示。

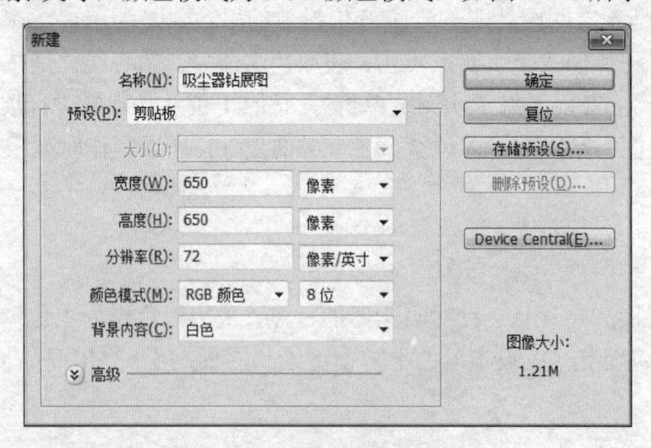

图 8-3-1　新建文件（钻展图）

制作吸尘器钻展图

2）在工具栏中单击“渐变工具”按钮，将前景色设置为粉橙色（R:253, G:203, B:116），背景色设置为更淡的粉橙色（R:255, G:248, B:232）。

3）打开渐变编辑器，在编辑器中选中“前景色到背景色的渐变”预设效果（默认状态是从前景色到背景色的渐变），如图 8-3-2 所示。

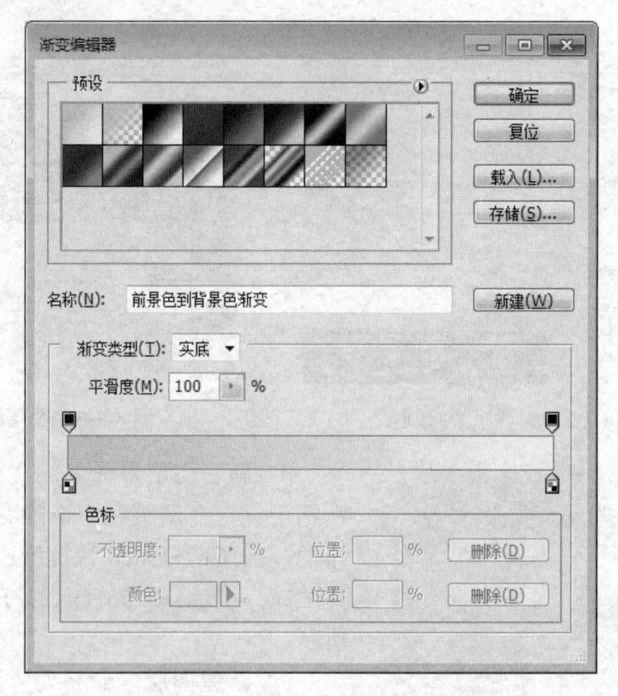

图 8-3-2　“渐变编辑器”对话框

4）在属性栏中选择“径向渐变”，并勾选“反向”复选框，设置参数如图 8-3-3 所示。

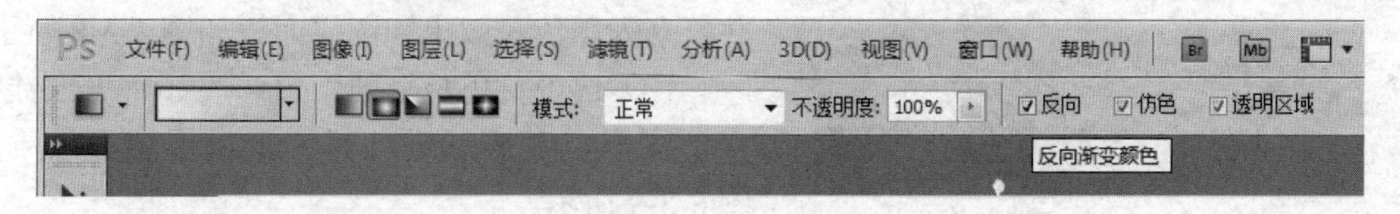

图 8-3-3　渐变工具属性栏

5）以图片中心为渐变起点，向图片边缘拉动渐变工具，完成背景效果，如图 8-3-4 所示。

6）新建图层，命名为“红色矩形”。使用矩形选区工具，在新图层右下角拉开适当大小的矩形，并填充为红色（R:188, G:46, B:34）。

7）新建图层，并将图层命名为“黄色矩形”。使用矩形选区工具，在新图层左下角拉开适当大小的矩形，并填充为黄色（R:255, G:233, B:0），效果和图层面板如图 8-3-5 和图 8-3-6 所示。

图 8-3-4　渐变背景制作

图 8-3-5　红黄矩形绘制

图 8-3-6　图层面板

图 8-3-7　绘制橙色三角形

8）新建图层，命名为“橙色三角形”。使用钢笔工具，在新黄色矩形的右边绘制大小合适的路径，按 Ctrl+Enter 快捷键，将路径转为选区，并填充为橙色（R:255, G:121, B:0），效果如图 8-3-7 所示。

9）新建图层，命名为“黑色三角形”。使用钢笔工具，在新橙色三角形旁边绘制大小合适的路径，按 Ctrl+Enter 快捷键，将路径转为选区，并填充为黑色，效果和图层面板如图 8-3-8 所示。

10）选中黄色矩形的图层，按 Ctrl+T 快捷键变换图形，对矩形进行斜切，最后图形效果如图 8-3-9 所示。

图 8-3-8　绘制黑色小三角形

图 8-3-9　对黄色矩形的变形

11）选中橙色三角形，双击图层，打开“图层样式”对话框，给图层增加投影效果，参数和效果如图 8-3-10 和图 8-3-11 所示。

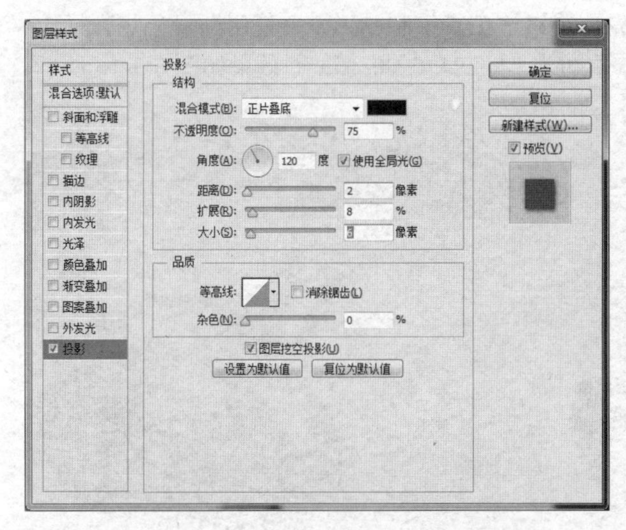

图 8-3-10　图层样式的参数设置　　　　图 8-3-11　给图形添加投影后的效果

12）打开“吸尘器”素材图，使用魔棒工具，设置工具属性如图 8-3-12 所示。

图 8-3-12　魔术棒属性栏参数

13）选中素材中的白色区域，如图 8-3-13 所示。

14）按 Ctrl+Shift+I 快捷键，反选，放大图片，可以看到弯管部分选择得不是很完整，选择多边形套索工具，使用增加选区的模式，将弯管部分选择完整，大至轮廓如图 8-3-14 所示。

图 8-3-13　选中图片的空白部分　　　　图 8-3-14　多边形套索补充选区

15）按 Ctrl+J 快捷键复制图层，得到独立的吸尘器图层，使用移动工具将吸尘器的图片拖到钻展图片上，效果如图 8-3-15 所示。

16）新建图层，命名为“标签 1”，先使用钢笔工具绘制图形，并使用渐变色进行横向、线性填充，左边为“R:236, G:106, B:20”，右边为“R:224, G:90, B:5”，效果如图 8-3-16 所示。

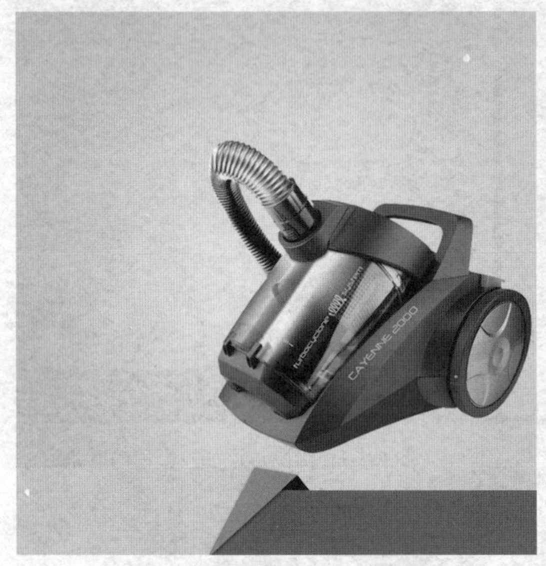

图 8-3-15 商品与背景的合成

图 8-3-16 绘制不规则图形（1）

17）在图层“标签 1”下新建图层“标签 2”，使用钢笔工具绘制三角形，使用渐变工具从上往下线性填充，上面为“R:203, G:85, B:11”，下面为“R:223, G:102, B:23”，效果如图 8-3-17 所示。

18）使用相同方法新建图层“标签 3”，效果如图 8-3-18 所示。

图 8-3-17 绘制不规则图形（2）

图 8-3-18 绘制不规则图形（3）

注意 3 个图层的色彩深浅不一，这样才能体现它们之间的层次感。

19）在图层的最上方新建图层，使用钢笔工具，绘制出如图 8-3-19 所示的路径。

20）按 Ctrl+Enter 快捷键将路径转换为选区，并填充黄色，效果如图 8-3-20 所示。

图 8-3-19　钢笔工具绘制路径

图 8-3-20　将路径填充为黄色

21）最后，输入吸尘器钻展图相关的广告文字，对文字进行排版、变形，并给文字图层添加投影效果，最终完成吸尘器钻展图，效果如图 8-3-21 所示。

图 8-3-21　输入相关活动文字

提 示

淘宝广告中没有固定的字体，通常宋体和楷体用得比较多，黑体类横平竖直的字体也用得比较多，同时也比较好变形，如方正大黑、汉仪大黑、文鼎汉仪这些都是常用的字体。

任务小结

本任务运用了文字、钢笔、变换等工具，结合图层样式对吸尘器的销售广告进行创意设计，突出商品的优惠价格及商家“官方品质、全场包邮”等活动方案，提高点击率。

任务 8.4　设计 618 店庆广告

岗位需求描述

在互联网购物的商店或网站，都会有自己的店庆活动，在店庆活动时，根据活动方案，各种商品都会有大型的促销活动。本任务就是根据某商城的 618 店庆活动设计的一款数码产品的销售广告，在店庆活动的广告设计中，讲究喜庆、热烈、激情，所以应尽量使用暖色调，当然也可以根据产品的特点选择与之风格相符的色彩进行搭配。

设计理念思路

本任务所设计的是该商城 618 的数码类产品店庆活动广告，广告将在网站首页轮播。在设计时，应根据店庆的活动背景，采用紫色、粉色、橙色等作为主色调，产品素材在摆放时讲究方位、前后，为了增加图片的层次感，给所有数码产品使用图层，增加阴影效果；最后，将活动文字及宣传语进行排版。

素材与效果图

岗位核心素养的技能技术需求

掌握用钢笔工具抠图的方法及文字的排版技巧；掌握图层透明度、图层样式、文字工具、渐变工具的使用方法。

任务实施

1）新建文件，参数设置如图 8-4-1 所示。

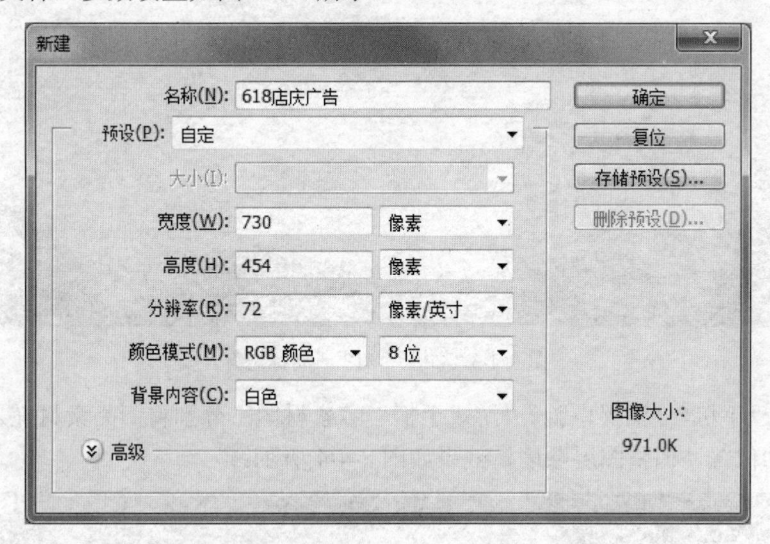

图 8-4-1　新建文件（618 店庆广告）

2）导入“618 广告背景”素材，效果如图 8-4-2 所示。

图 8-4-2　导入 618 背景图片

3）打开“618 图标”素材，使用移动工具拖入广告，效果如图 8-4-3 所示。

图 8-4-3　加上“618 活动标志”

4）打开“手机”“手提电脑”“游戏手柄”等素材图，分别将商品素材拖入图片中，并摆放到适当的位置，调整图层顺序，效果如图 8-4-4 所示。

图 8-4-4　添加其他商品

5）选中所有商品图层，按 Ctrl+E 快捷键合并为一个图层，按住 Ctrl 键，单击合并后的图层，调出图层选区，设置羽化为 20 像素。在其下方新建图层，填充黑色，再按 Ctrl+T 快捷键，适当改变阴影形状，将图层不透明度调整为 70%，效果如图 8-4-5 所示。

图 8-4-5　制作所有商品阴影

6）使用文字工具，在广告左侧分别输入店庆活动的宣传语，效果如图 8-4-6 所示。

图 8-4-6　输入店庆活动文字

7）打开“装饰素材”文件，并将装饰素材放到广告合适的位置，给图层添加投影，效果如图 8-4-7 所示。

图 8-4-7 添加装饰素材

任务小结

本任务运用了文字、钢笔等工具，结合图层样式进行 618 的销售广告的设计，突出 618 的活动方案，以超低价格吸引顾客消费，以暖色系的橙色和红色等色彩，烘托 618 的节庆气息。

项 目 测 评

测评 8.1 制作摄影产品的销售主图

设计要求

商品销售主图的设计对营销推广有很大的影响，好的主图可以提升点击率，增加浏览量，给网店带来人气和成交量。

某摄影器材有限公司为了宣传 PENT 最新产品，要求设计一份网站产品主图，大小为 850 像素×652 像素，要突出产品新的性能特点及卖点，达到吸引买家眼球的目的。设计时结合 PENT 900 商品超高清、专业性强、稳定性好等卖点，先使用抠图技术，将相机从背景图中细致抠出；再使用图片变形技术，设计多幅图片的变形效果，丰富画面，同时增加层次感；最后使用文字工具及渐变工具，设计字体效果，突出主题。

素材与效果图

素材	效果图

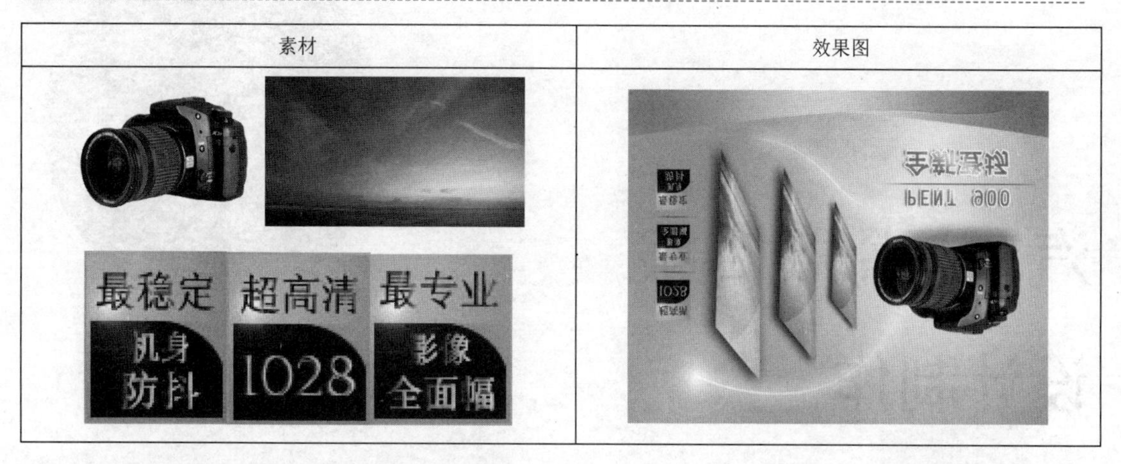

测评 8.2　制作“格格冷风机”网店促销图

设计要求

现以“格格冷风机”网店促销为主题制作网店促销图。大小为 650 像素×650 像素。要求画面搭配和谐，突出促销字眼。设计时结合格格冷风机的产品特点，使用红色文字，与产品的颜色相呼应；使用飘散的翠绿色叶子，突出冷风机制冷时的清新和舒适感；使用星形形状和矩形形状，添加全国包邮和全网限售等字样，吸引眼球，提升点击率。

素材与效果图

素材	效果图

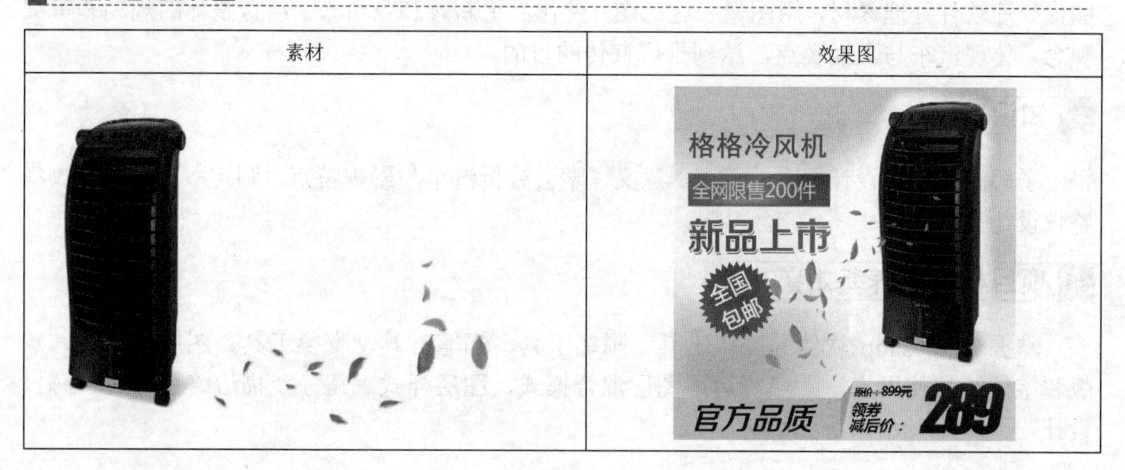

汽车与影视海报设计制作

学习目标

利用 Photoshop 软件进行汽车与影视海报设计，了解海报的一般制作过程。能利用图形图像处理软件处理素材，用图像表达意图，使作品更新颖和吸引人。结合整体的规划和审美观念，体现汽车与影视卖点，达到推广宣传的目的。

知识准备

了解海报广告设计概念、特点、意义，学会分析汽车与影视特点，制定版面设计，收集整理设计素材。

项目核心素养基本需求

掌握 Photoshop 软件的魔棒工具、画笔工具、钢笔工具、变换工具、图层、滤镜、蒙版和字体等的使用方法；熟练运用图层混合模式、图层样式、路径及描边路径等进行海报设计。

任务9.1　制作新车发售海报

岗位需求描述

目前，家庭购买汽车的需求不断增长，汽车行业间竞争加大。爵利汽车刚推出，公司需要印制海报进行宣传。既宣传汽车品牌特性，又宣传公司一系列的优惠政策，吸引顾客，增加销量。现设计其中的一幅海报，要求成品尺寸为5437像素×3758像素，分辨率为300像素/英寸，颜色模式为CMYK颜色模式，材质为室内PP背胶写真贴纸。

设计理念思路

在古代，爵是一种官位，海报围绕新车的品牌（爵利），融合汽车与士兵，突显爵、士兵、男人等要素。在海报下方，运用突出字迹标出“爵利尊享礼遇”，使消费者购买时产生物超所值的感觉。

素材与效果图

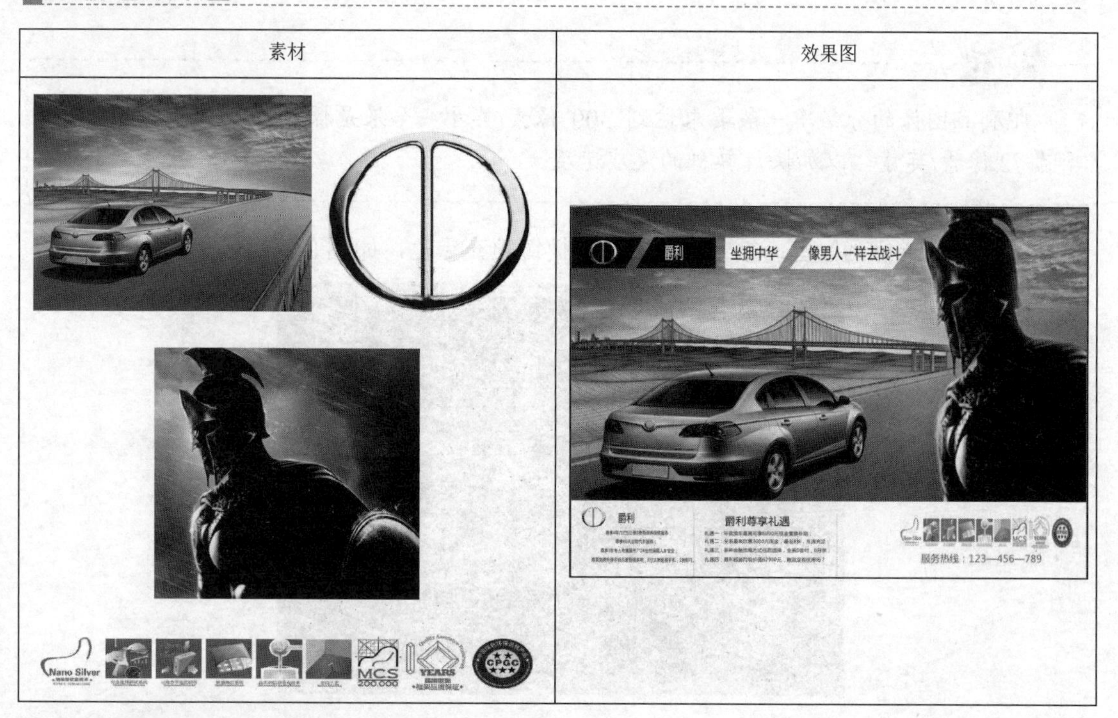

岗位核心素养的技能技术需求

掌握图层模式与图层蒙版的综合应用方法，主要使用自由变换工具、直线工具、文字工具进行文字排版。文字通过大小、颜色等设置突出主题。

任务实施

1）启动 Adobe Photoshop CS6 软件，按 Ctrl+N 快捷键，在弹出的“新建”对话框的“名称”文本框中输入“新车发售”，调整“宽度”为 5437 像素，“高度”为 3758 像素，“分辨率”为 300 像素/英寸，“颜色模式”为 CMYK 颜色模式，其他参数保持默认，如图 9-1-1 所示。单击“确定”按钮，创建新文件。

制作新车发售海报

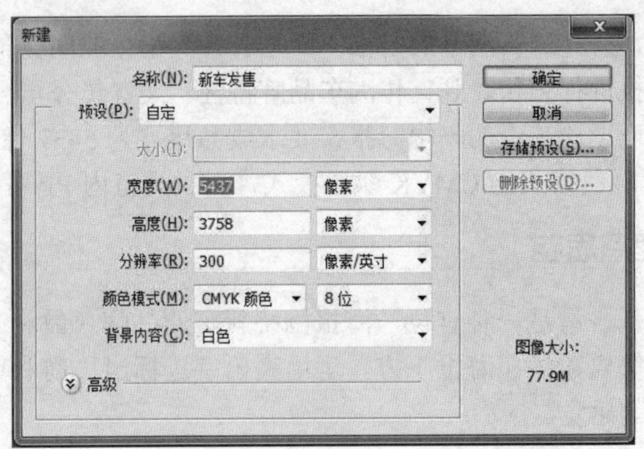

图 9-1-1　新建文档

提　示

印刷品图像的分辨率一般要求达到 300 像素/英寸，如果是操作练习，可以设置分辨率为 72 像素/英寸，以加快计算机的反应速度。

2）设置前景色为黑色，按 Alt+Delete 快捷键填充黑色，如图 9-1-2 所示。

图 9-1-2　填充前景色

提　示

按 Alt+Delete 快捷键可以为选区或者图层直接填充前景色。

3）按 Ctrl+O 快捷键，弹出“打开”对话框，选择“汽车”素材，单击“打开”按钮。按 Ctrl+A 快捷键得到选区，运用“移动工具”，将“汽车”素材添加到“新车发售”文件中，如图 9-1-3 所示。同时，按 Ctrl+T 快捷键，进入自由变换状态，鼠标指针放置到右上角点，按住鼠标左键并拖动，调整大小，放置到合适的位置。

4）运用同样的操作方法，打开“士兵”素材，选择“移动工具”将士兵放置到合适的位置。按 Ctrl+T 快捷键，调整到合适的大小，如图 9-1-4 所示。

图 9-1-3　汽车图像调整

图 9-1-4　调整士兵图片

5）选择士兵图层，单击“添加矢量蒙版”按钮。按 D 键，设置前景色/背景色为默认的黑/白颜色；选择“画笔工具”（快捷键 B），在工具选项栏中选择“柔边圆”画笔笔触，在图层蒙版上涂抹，涂抹时，可通过按[和]键调整画笔的大小，通过按 X 键切换前景色、背景色。蒙版如图 9-1-5 所示，效果如图 9-1-6 所示。

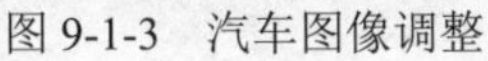

图 9-1-5　图层蒙版

图 9-1-6　蒙版效果

6）在图层面板中，单击“创建新图层”按钮（快捷键 Shift+Ctrl+N），创建一个新的图层；选择“矩形选框工具”（快捷键 M），绘制“宽度”为 5437 像素，“高度”为 774 像素的矩形选区，填充选区颜色为白色，按 Ctrl+D 快捷键，取消选区，效果如图 9-1-7 所示。同样的方法绘制矩形选区，填充选区颜色为白色，取消选区，调整到合适的位置，如图 9-1-8 所示。

图 9-1-7　绘制矩形

图 9-1-8　绘制小矩形

7）选择小的白色矩形框图层，按 M 键，绘制 100 像素×600 像素的矩形选区，右击选区，选择“变换选区”命令，如图 9-1-9 所示。设置“旋转”为 30 度。按 Delete 键，效果如图 9-1-10 所示。

图 9-1-9　变换选区

图 9-1-10　变换选区效果

8）参照前面的操作方法，将矩形框分成 4 部分，并将左侧两部分填充为黑色。效果如图 9-1-11 所示。

9）添加“汽车标志”素材，按 Ctrl+T 快捷键，进入自由变换状态，调整合适的大小和位置，按 Enter 键确定。选择“横排文字工具”，设置合适的颜色和大小，输入文字，如图 9-1-12 所示。

图 9-1-11　修改形状

图 9-1-12　添加汽车标志和文字

10）选择“直线工具”，绘制两条直线，设置合适的大小和位置。效果如图 9-1-13 所示。

11）添加“结构图”素材，按 Ctrl+T 快捷键，进入自由变换状态，调整合适的大小和位置，按 Enter 键确定，如图 9-1-14 所示。选择“横排文字工具”，设置合适的颜色和大小，输入文字。

图 9-1-13　绘制直线

图 9-1-14　底部文字

12）最终效果如图 9-1-15 所示。

图 9-1-15　新车发售最终效果

任务小结

本任务运用了矩形、直线、钢笔、自由变换等工具和功能，结合蒙版对爵利汽车进行了创意设计，视觉效果强烈，起到了推广宣传的作用。

任务 9.2　制作轮胎户外广告

岗位需求描述

11.11 电商节即将来临，线上线下轮胎产品大促销，米吉斯公司要求宣传部门设计一份轮胎户外海报，直观地呈现轮胎品质，让“超耐磨、抗扎刺、高承载”的概念深入人心。海报尺寸为 1919 像素×653 像素，分辨率为 300 像素/英寸。

设计理念思路

石山背景，散泥地面，突显恶劣路况。米吉斯轮胎居中显示，突出主题。右边标明米吉斯品牌，并透出蓝天白云，表达越野的轻快心情。下方显示米吉斯轮胎品质，让概念深入人心，达到轮胎户外的宣传目的。

素材与效果图

素材	效果图

岗位核心素养的技能技术需求

利用剪切蒙版、图层样式等方法制作创意文字，突显环境的恶劣，对比反映轮胎的优质性能。通过创意构图，使图形、色彩和文字达到新颖、合理和统一。

任务实施

1）启动 Adobe Photoshop CS6 软件，执行“文件”→“新建”命令，在弹出的“新建”对话框的“名称”文本框中输入“轮胎户外广告”，调整“宽度”为 1919 像素，“高度”为 653 像素，“分辨率”为 72 像素/英寸，“颜色模式”为 RGB 颜色模式，其他参数保持默认，如图 9-2-1 所示。单击“确定”按钮，创建新文件。

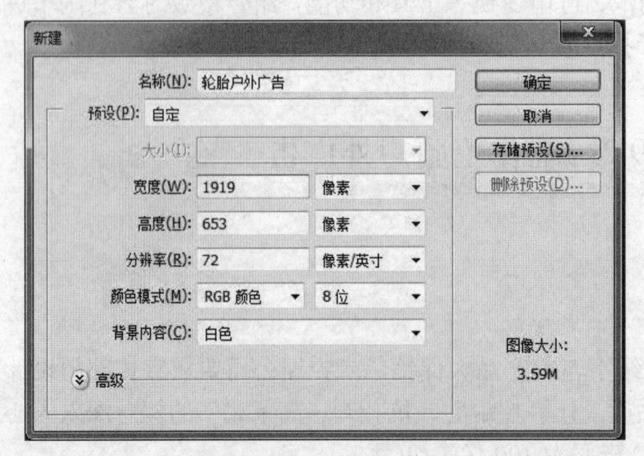

图 9-2-1　新建文档

制作轮胎户外广告

提 示

本任务制作的海报实际分辨率应为 300 像素/英寸，为了减少文件容量，提高软件的运行速度，笔者特意将其分辨率降低为 72 像素/英寸。

2）打开“轮胎背景”素材，运用“移动工具”将素材添加到文件中，调整并放置在合适的位置，如图 9-2-2 所示。

图 9-2-2 添加轮胎背景素材

3）在图层面板中，单击“创建新图层”按钮（快捷键 Shift+Ctrl+N），创建一个新的图层。选择“椭圆选框工具”，绘制“宽度”为 250 像素、“高度”为 500 像素的椭圆选区，右击选区，选择“变换选区”命令，将“旋转”改为 60 度。

4）按 D 键，设置默认的前景色和背景色；选择“渐变填充工具”（快捷键 G），在“渐变编辑器”中选择“前景色到透明渐变”，填充选区，如图 9-2-3 所示。按 Ctrl+D 快捷键取消选区，将图层“不透明度”设置为 30%。

图 9-2-3 填充选区

5）打开“轮胎”素材和“土”素材，运用“移动工具”将素材添加到文件中，调整并放置在合适的位置，如图 9-2-4 和图 9-2-5 所示。

图 9-2-4 添加轮胎素材

图 9-2-5　添加土素材

6）在图层面板中，单击“创建新图层”按钮（快捷键 Shift+Ctrl+N），创建一个新的图层；设置前景色为黄色（#ceb856），选择“画笔工具”，绘制光晕。单击图层面板中的“添加图层蒙版”按钮，为光晕层添加蒙版，结合“画笔工具”完成光晕照在轮胎上的效果，如图 9-2-6 所示。

图 9-2-6　光晕层蒙版效果

7）在图层面板中，单击“创建新图层”按钮（快捷键 Shift+Ctrl+N），创建一个新的图层；设置“前景色”为白色，选择“画笔工具”，绘制如图 9-2-7 所示的光点效果。

图 9-2-7　绘制光点

8）设置“前景色”为棕色（#52401d），选择“横排文字工具”（快捷键 T），字体设置为“黑体”，大小为 150 点。输入文字“米吉斯轮胎”，调整合适的位置。

9）打开“云彩”素材，运用“移动工具”将素材添加到文件中，按 Ctrl+T 快捷键，调整并放置在合适的位置；执行“图层”→“创建剪贴蒙版”命令（快捷键 Alt+Ctrl+G），为图层添加蒙版，效果如图 9-2-8 所示。

10）设置前景色为棕色（#52401d），选择“横排文字工具”（快捷键 T），字体设置为“黑体”，大小为 60 点。输入文字“激情时刻 无畏磕碰”。双击图层，在打开的“图层样式”对话框中选择“描边”选项，具体参数设置如图 9-2-9 所示。

图 9-2-8　添加剪贴蒙版

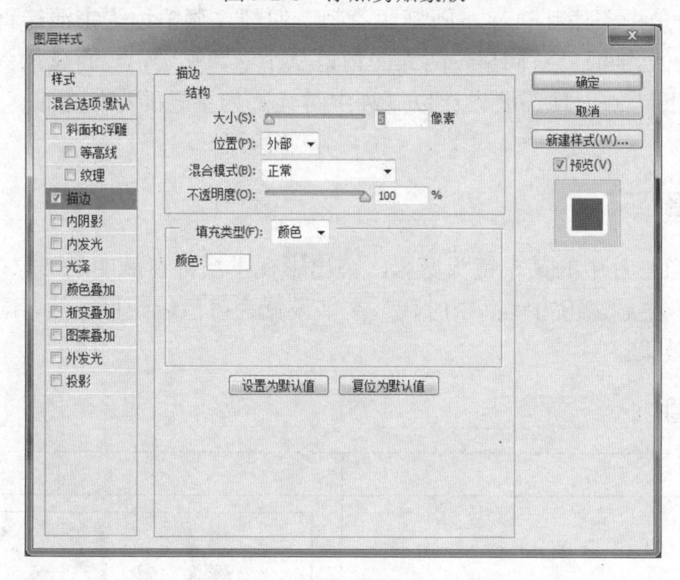

图 9-2-9　“图层样式”对话框

11）在图层面板中，单击“创建新图层”按钮（快捷键 Shift+Ctrl+N），创建一个新的图层；选择“矩形选框工具”，绘制“宽度”为 550 像素、“高度”为 70 像素的选区，填充橙色（#f49800）。

12）设置前景色为白色，选择“横排文字工具”（快捷键为 T），字体设置为“黑体”，大小为 40 点。输入文字“超耐磨　抗扎刺　高承载”。最终效果如图 9-2-10 所示。

图 9-2-10　轮胎广告最终效果

任务小结

学会通过客户的表述分析客户心理，了解客户的需求，制作出符合客户要求的广告，最终达到商业化的设计目的。

任务 9.3　制作高中时代电影海报

岗位需求描述

《高中时代》是由关伟邦执导，施书伟监制，何静、燕留远等主演的青春爱情影片。电影中的何静、燕留远饰演一对同桌，两人的情谊从小学、初中，一直延续到高中。本片定于 2018 年 4 月 25 日上映。现需要设计以《高中时代》为主题的宣传海报。海报尺寸为 5953 像素×8315 像素。

设计理念思路

海报素材选自影片中的某个镜头剪影，突出影视主演青春靓丽的形象，吸引影迷眼球，呼应“高中时代”主题。下方“高中时代”文字设置为蓝色，一目了然。配上导演和首映时间，达到宣传的效果。

素材与效果图

岗位核心素养的技能技术需求

运用图层进行海报构图，知道设计海报规则，体现设计内容，结合文字工具、钢笔工具和图层样式，对海报的字体进行排版。

任务实施

1）启动 Adobe Photoshop CS6 软件，执行“文件”→“新建”命令，在弹出的“新建”对话框的“名称”文本框中输入“高中时代”，调整“宽度”为 5953 像素，“高度”为 8315 像素，“分辨率”为 72 像素/英寸，“颜色模式”为 RGB 颜色模式，其他参数保持默认，如图 9-3-1 所示。单击“确定”按钮，创建新文件。

RGB 颜色模式中 R 代表红色、G 代表绿色、B 代表蓝色。在 24 位图像中，每一种颜色都有 256 种亮度值，因此，RGB 颜色模式可以表现出 1670 万种颜色（256 × 256 × 256）。

2）打开“人”素材，运用“移动工具”将素材添加到文件中，按 Ctrl+T 快捷键进行调整并放置在合适的位置，效果如图 9-3-2 所示。

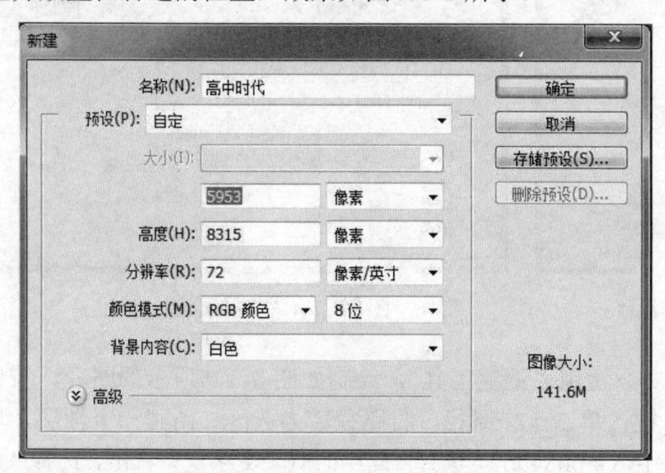

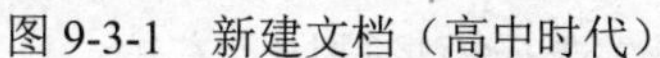

图 9-3-1　新建文档（高中时代）

图 9-3-2　添加人素材

3）选择“人”选区，运用“渐变工具”，在“渐变编辑器”中选择“红、绿渐变”，如图 9-3-3 所示，从上到下，给人添加渐变颜色。

4）单击“创建新组”按钮，修改组名为“文字组”。在文字组内新建一个图层，选择“横排文字工具”，设置字体为“华文琥珀”，大小为 300 点，字体颜色为蓝色（# 0084d6），输入文字“高中时代”，选取“时代”两字，设置下沉-80%。参数设置如图 9-3-4 所示。按 Ctrl+T 快捷键，适当调整文字的位置，效果如图 9-3-5 所示。

5）双击文字层，在“图层样式”对话框中设置“斜面和浮雕”“描边”两种效果，描边色为深蓝色（#071649）。具体参数设置如图 9-3-6 和图 9-3-7 所示，效果如图 9-3-8 所示。

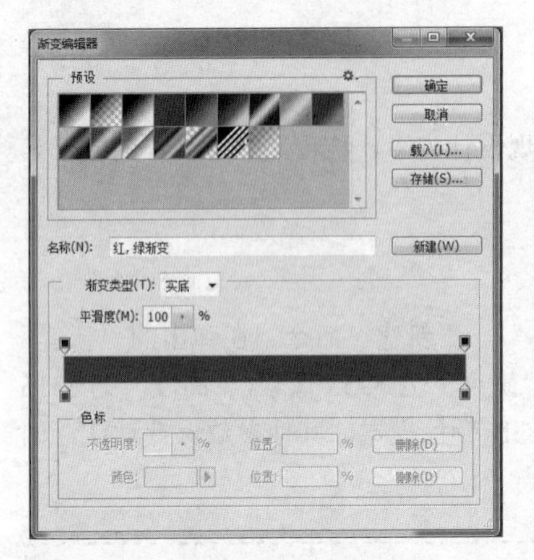

图 9-3-3 渐变编辑器

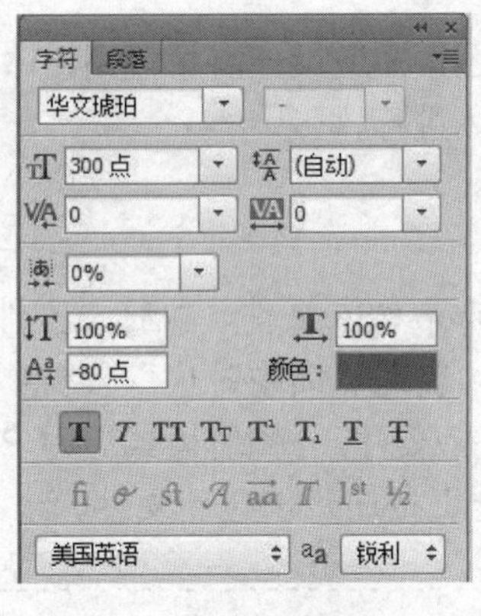

图 9-3-4 设置文字

图 9-3-5 文字效果（1）

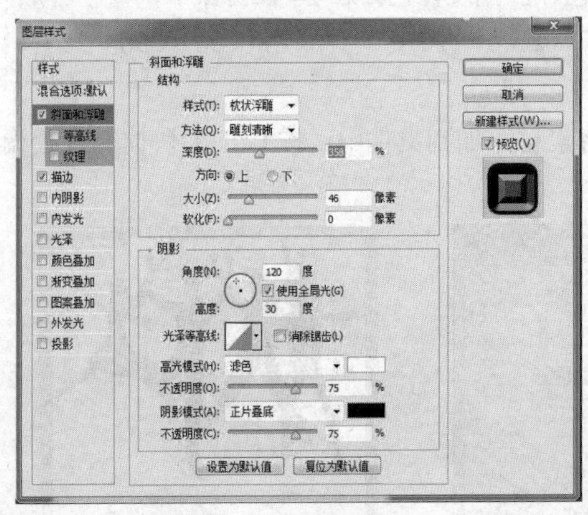

图 9-3-6 为文字层添加斜面和浮雕

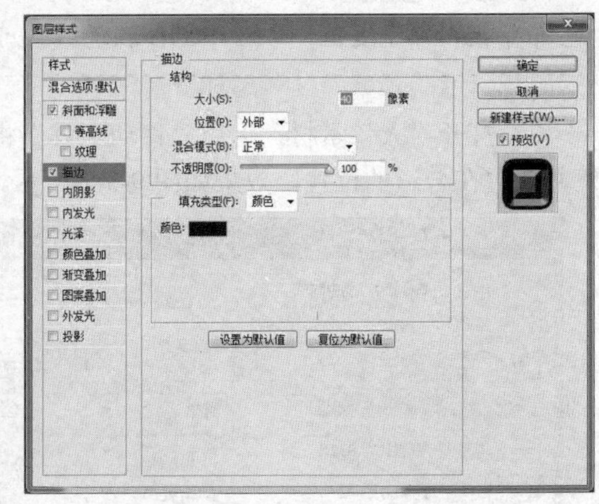

图 9-3-7 为文字层添加描边

图 9-3-8 文字效果（2）

6）运用“钢笔工具”，绘制如图 9-3-9 所示的路径，按住 Ctrl 键，单击工作路径，将路径转为选区。新建一个图层，填充蓝色（# 0084d6）。选择“高中时代”文字层，右击，选择“拷贝图层样式”命令。选择矩形框层，右击，选择“粘贴图层样式”命令。运用同样的方法绘制另一个矩形框并进行设置，效果如图 9-3-10 所示。

图 9-3-9 路径

图 9-3-10 矩形框效果

7）运用“横排文字工具”，输入“同哭 同笑 同青春”和“关伟邦 导演作品”，调整大小和位置，效果如图 9-3-11 所示。

8）打开“媒体信息”素材，运用“移动工具”将素材添加到文件中，按 Ctrl+T 快捷键，调整并放置在合适的位置，效果如图 9-3-12 所示。

图 9-3-11　添加其他文字

图 9-3-12　添加其他素材

9）运用“钢笔工具”，绘制如图 9-3-13 所示的路径，按住 Ctrl 键，单击工作路径，将路径转为选区，新建一个图层，填充红色（# f74141），效果如图 9-3-14 所示。

图 9-3-13　绘制路径

图 9-3-14　填充颜色

10）运用“横排文字工具” T，设置字体为黑体，字体颜色为白色。输入文字“4.25 上映”，适当调整文字大小和位置。浏览最终效果。

任务小结

本任务根据影视特点，选用符合主题的素材、文字，精心设计、排版，对《高中时代》影视首映海报进行了创意设计，突出影视风格。

任务 9.4　制作汽车优惠券

岗位需求描述

代金券是优惠券中的一种，是商家的一种优惠方式，代金券可以在购物中抵扣等值的现金使用。区别于普通平面广告，优惠券是一种新型广告形式。它抓住消费者的购物心理，以降价形式宣传产品，吸引顾客购买。

设计理念思路

本任务设计中突出爵利品牌，并以畅销款汽车为噱头吸引顾客的眼球。代金券设计以蓝色为主，给人一种舒适、绿色、环保的感受。以显眼的代金券金额抓住顾客的消费心理，一目了然，达到宣传的目的。

素材与效果图

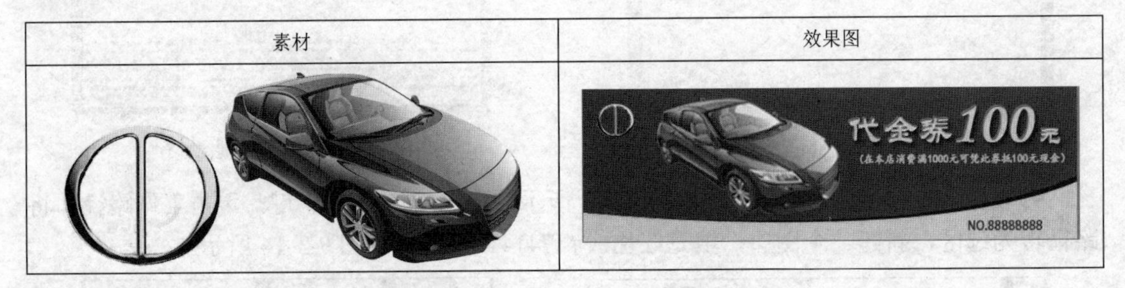

岗位核心素养的技能技术需求

掌握颜色对比、明暗变化等表现手法，会使用渐变填充、钢笔工具和图层样式设计优惠券。

任务实施

1）启动 Adobe Photoshop CS6 软件，执行“文件”→“新建”命令，在弹出的“新建”对话框的“名称”文本框中输入“汽车优惠券”，调整“宽度”为 180mm，“高度”为 54mm，“分辨率”为 72 像素/英寸，“颜色模式”为 RGB 颜色模式，其他参数保持默认，如图 9-4-1 所示。单击“确定”按钮，创建新文件。

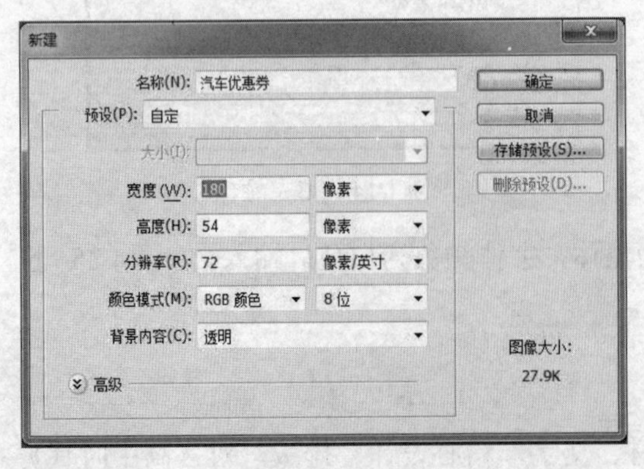

图 9-4-1　新建文档（汽车优惠券）

常用优惠券尺寸一：90mm×50mm

这种优惠券为一张名片大小，利于存放，消费者可将其置于钱包内，随时取用。

常用优惠券尺寸二：180mm×54mm

这种优惠券为两张名片大小，商家可在券面印刷企业 LOGO、口号、促销广告，吸引消费者前来。

此外，还可以定制 180mm×108mm、162mm×90mm 两种规格的优惠券，这两种规格尺寸相对较大，一般多用于大型活动。

2）将前景色设置为黄色（# f9e165），新建图层，填充前景色，效果如图 9-4-2 所示。

图 9-4-2　填充前景色

3）运用“钢笔工具”绘制路径，按 Ctrl 或 Alt 键调整路径，效果如图 9-4-3 所示。将路径转为选区，填充黑色，效果如图 9-4-4 所示。

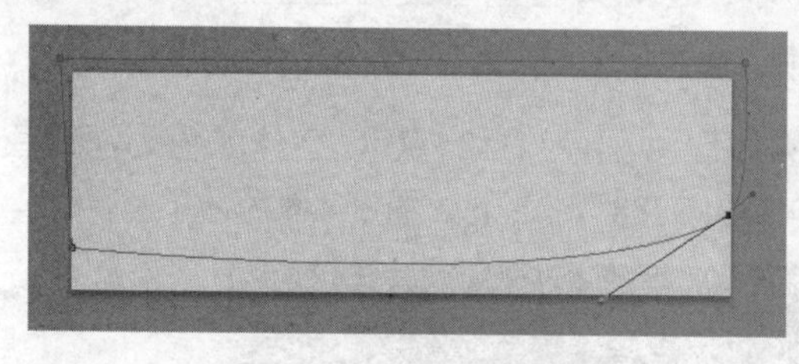

图 9-4-3　绘制路径（1）

图 9-4-4　填充黑色

4）运用“钢笔工具”绘制路径，按 Ctrl 或 Alt 键调整路径，效果如图 9-4-5 所示。将前景色设置为浅蓝色（# 026785），背景色设置为深蓝色（# 124a57）。将路径转换为选区，选择“渐变工具”，填充由前景色到背景色的径向渐变。效果如图 9-4-6 所示。

图 9-4-5　绘制路径（2）

图 9-4-6　渐变填充

5）打开“汽车”素材，运用“魔棒工具”，选择白色背景，按 Ctrl+Shift+I 快捷键反向选择。运用“移动工具”将素材添加到“汽车优惠券”文件中，按 Ctrl+T 快捷键，进入自由变换状态，调整大小并放置在合适的位置，效果如图 9-4-7 所示。

图 9-4-7 添加汽车素材

6）打开“LOGO”素材，运用“魔棒工具”，选择白色背景，按 Ctrl+Shift+I 快捷键反向选择。运用“移动工具”将素材添加到“汽车优惠券”文件中，按 Ctrl+T 快捷键，调整并放置在合适的位置，效果如图 9-4-8 所示。

图 9-4-8 添加 LOGO

7）选择“横排文字工具”，设置字体为“黑体”，大小为“12 点”，字体颜色为深蓝色（# 124a57），设置为“仿粗体”，输入文字“NO.88888888”，效果如图 9-4-9 所示。

图 9-4-9 输入文字

8）选择“横排文字工具”，设置字体为“华文隶书”，大小为“36 点”，字体颜色为浅黄色（# efe584），设置为“仿粗体”，输入文字“代金券”。双击图层，设置“投影”“外发光”“斜面和浮雕”图层样式，参数设置如图 9-4-10～图 9-4-12 所示。文字整体效果如图 9-4-13 所示。

9）选择“横排文字工具”，设置字体为“华文隶书”，大小为“60 点”，字体颜色为浅黄色（# efe584），设置为“仿粗体”，输入文字“100”。选择“代金券”文字层，右击，选择“拷贝图层样式”命令；选择“100”文字层，右击，选择“粘贴图层样式”命令。同理，输入文字“元”，选中该层，选择“粘贴图层样式”命令，效果如图 9-4-14 所示。

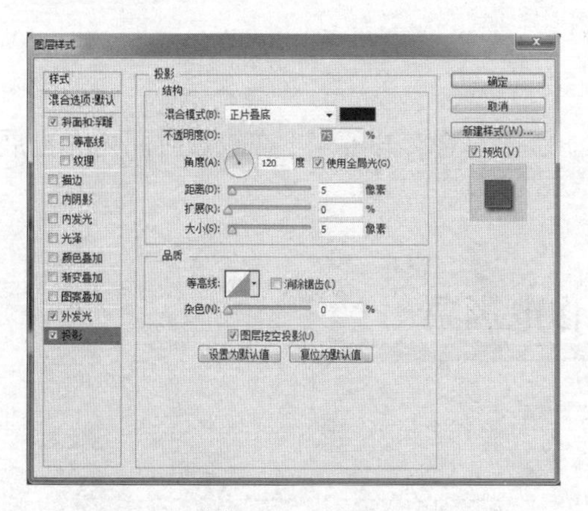

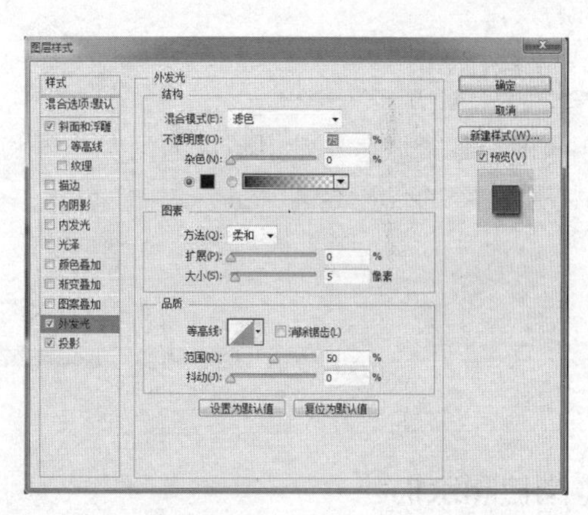

图 9-4-10　投影　　　　图 9-4-11　外发光

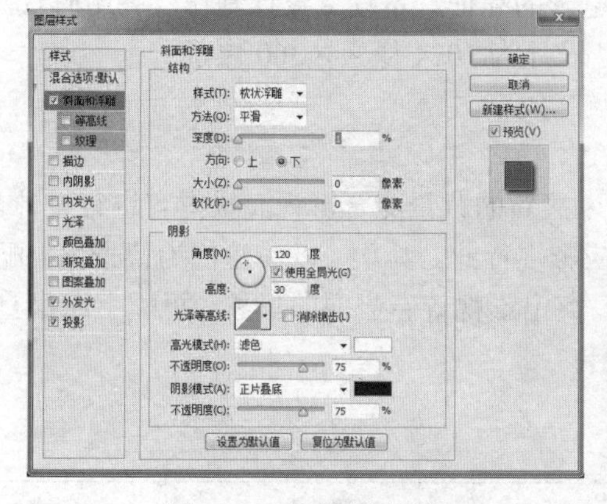

图 9-4-12　斜面和浮雕　　　　图 9-4-13　文字效果

图 9-4-14　粘贴图层样式

10）选择“横排文字工具”，设置字体为“楷体”，大小为“11 点”，字体颜色为浅黄色（# efe584），设置为“仿粗体”，输入文字“（在本店消费满 1000 元可凭此券抵 100 元现金）”。最终效果如图 9-4-15 所示。

图 9-4-15　汽车优惠券最终效果

任务小结

本任务紧抓客户希望减价的消费心理和需求，做出符合客户要求、在较短时间内充分展示广告内容的代金券。

任务 9.5 制作电影票

岗位需求描述

电影票与电影院相伴相生，是进入影院观看电影的凭证。本任务设计制作《高中时代》电影票，与任务 9.3 影视海报相呼应。电影票尺寸设计为 1024 像素×360 像素。

设计理念思路

本任务设计《高中时代》电影票，设计思路是以清新的背景配合影视海报内容进行设计。首先需要设计好电影票的形式，以胶卷等素材呼应影视行业。其次，以淡蓝色为背景色，配上多种色彩、不同大小的小矩形，形成清新风格，突出影视青春靓丽的形象。再配上海报宣传的主角素材，突出影视主题。

素材与效果图

素材	效果图

岗位核心素养的技能技术需求

素材的选取，用矩形选框工具设计出胶卷样式突出主题，利用钢笔工具、文字工具和图层样式进行图文混排。

任务实施

1）启动 Adobe Photoshop CS6 软件，执行“文件”→“新建”命令，在弹出的“新建”对话框的“名称”文本框中输入“电影票”，调整“宽度”为 1024 像素，“高度”为 360 像素，“分辨率”为 72 像素/英寸，“颜色模式”为 RGB 颜色模式，其他参数保持默认，如图 9-5-1 所示。单击“确定”按钮，创建新文件。

2）新建图层，将前景色设置为白色，背景色设置为淡蓝色（# 9a9edb），选择“渐变工具”填充从前景色到背景色的径向渐变，效果如图9-5-2所示。

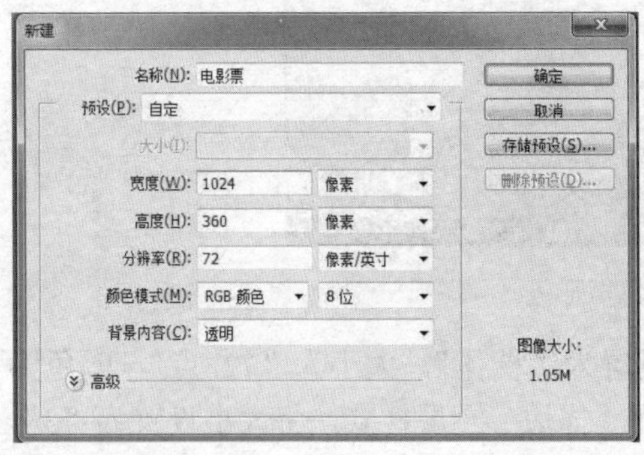

图9-5-1　新建文档　　图9-5-2　渐变填充

3）新建图层，选择“矩形选框工具”，绘制矩形选区，填充黑色；再绘制许多小矩形，按Delete键，效果如图9-5-3所示。复制一层，运用“移动工具”放在下方，效果如图9-5-4所示。

图9-5-3　绘制矩形　　图9-5-4　复制矩形

4）运用“钢笔工具”绘制路径，按Ctrl或Alt键调整路径，效果如图9-5-5所示。将前景色设置为黑色，选择“画笔工具”，笔形设置为“硬边圆”，画笔大小设置为3，间距设置为238%。新建图层，设置描边路径，效果如图9-5-6所示。

图9-5-5　绘制路径　　图9-5-6　描边路径

5）新建图层，选择“矩形选框工具”，绘制矩形选区，填充白色。运用“矩形选框工具”选中矩形，选择“定义画笔预设”，在“画笔名称”对话框中单击“确定”按钮。

6）运用“画笔工具”，选择自定义的画笔，设置不同大小和颜色，绘制出多种矩形，效果如图9-5-7所示。

7）选择“横排文字工具”，字体设置为“黑体”，大小为“36点”，颜色为“黑色”，输

图 9-5-7　绘制彩色矩形

入文字“电影票”。选择“横排文字工具”，字体设置为“楷体”，大小为“72 点”，颜色为“黑色”，输入文字“副”。双击“副”字图层，设置“描边”图层样式，将大小设置为“3”，颜色设置为“白色”。同理制作“票”字，效果如图 9-5-8 所示。

图 9-5-8　文字效果

8）打开“影视”素材，运用“魔棒工具”，选择白色背景，按 Ctrl+Shift+I 快捷键反向选择。运用“移动工具”将素材添加到“电影票”文件中，按 Ctrl+T 快捷键自由变换，右击选择“水平翻转”命令，调整大小并放置在合适的位置，效果如图 9-5-9 所示。

图 9-5-9　添加影视素材

9）打开“人”素材，运用“魔棒工具”，选择白色背景，按 Ctrl+Shift+I 快捷键反向选择。运用“移动工具”将素材添加到“电影票”文件中，按 Ctrl+T 快捷键，调整大小并放置在合适的位置，效果如图 9-5-10 所示。

图 9-5-10　添加人素材

10）选择“横排文字工具”，设置字体为“黑体”，大小为“36 点”，字体颜色为黑色。输入文字“新鼎 3D 影院”。双击图层，设置“投影”“外发光”“斜面和浮雕”图层样式，参数设置如图 9-5-11～图 9-5-13 所示。文字整体效果如图 9-5-14 所示。

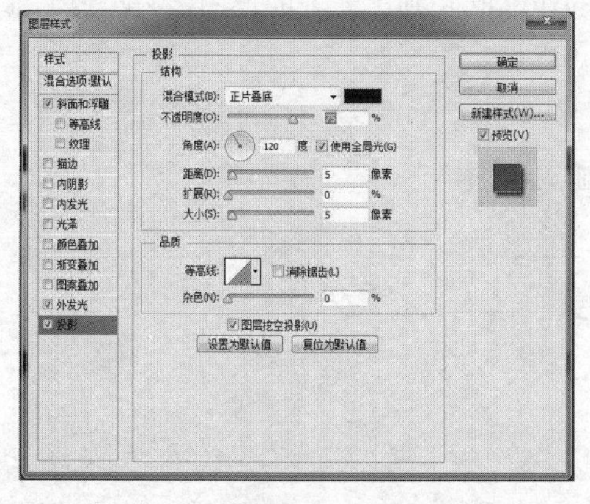

图 9-5-11　投影

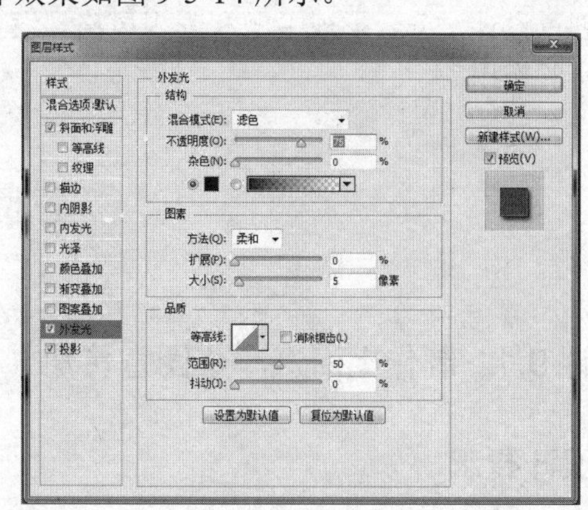

图 9-5-12　外发光

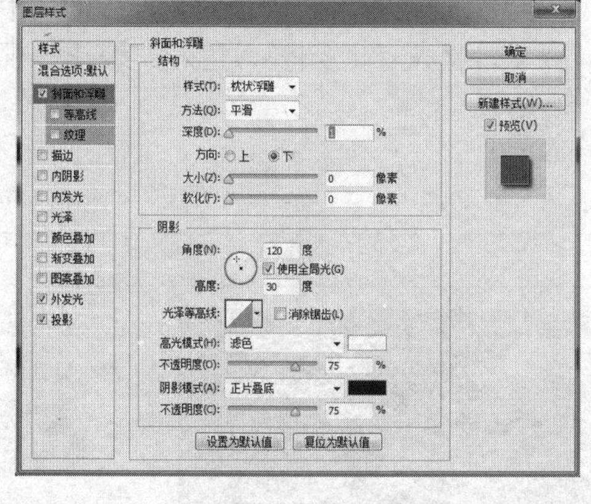

图 9-5-13　斜面和浮雕

图 9-5-14　文字效果

11）选择“横排文字工具”，设置字体为“楷体”，大小为“18 点”，字体颜色为红色，输入文字“凭票入场：进场时请出示门票。有效期：2018 年 4 月 25 日”。调整位置，最终效果如图 9-5-15 所示。

图 9-5-15　电影票最终效果

任务小结

本任务运用了矩形选框工具、文字工具、钢笔工笔等，结合图层样式、路径描边等进行了创意设计，符合影视主题和影视风格，设计出的作品既起到了凭证的作用，又起到了推广宣传的作用。

项 目 测 评

测评 9.1 制作上海汽车集团宣传册

设计要求

宣传册是公司用以支撑形象的先头军，内容系统，具有针对性强、价格低廉、印刷精美、使用灵活、应用广泛等特点，深受企业、民众的喜爱。上海汽车集团决定为新推出的“个人汽车贷款服务”，设计一个具有针对性的宣传册。要求注意文字、图像、色彩、编排等视觉要素，设计尺寸为 3366 像素×2480 像素。

素材与效果图

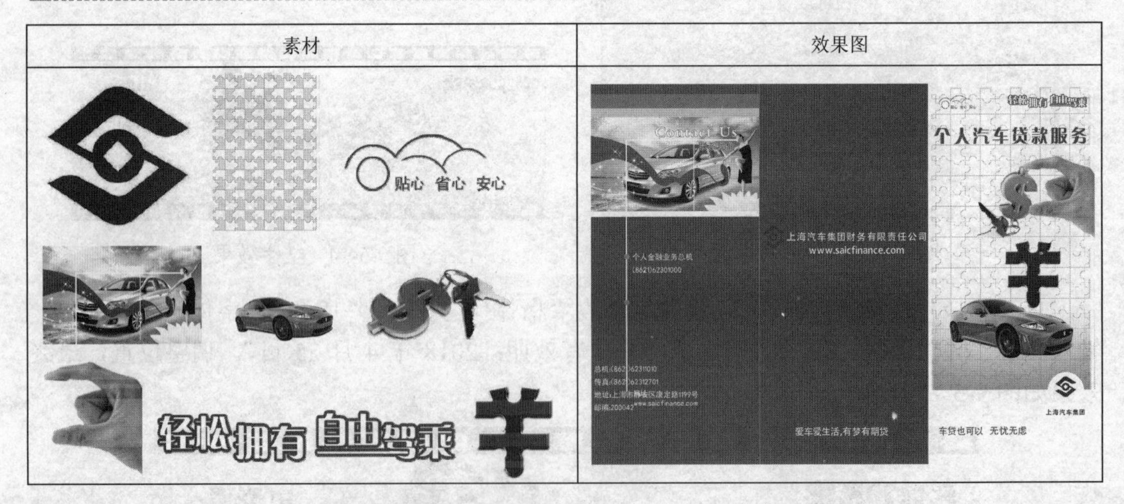

测评 9.2 制作《动物的疯狂》影视宣传海报

设计要求

《动物的疯狂》是由关伟邦执导，施书伟监制的一部 3D 动画影片，讲述了在动物世界里，各种动物相处过程中诙谐、幽默的故事。该片定于 2018 年 7 月 5 日上映。现需要以《动物的疯狂》为主题设计宣传海报。海报尺寸为 629 像素×994 像素。海报素材是影片中的主角，要突出动物们幽默的形象，吸引影迷眼球。标题“动物的疯狂”文字设置为立体效果，清晰醒目。

素材与效果图

项目 10

卡通插画与印刷品封面设计

学习目标

动漫展会项目的分析；策划思路的整理；展会中出现的卡通插画与印刷品封面的设计。

知识准备

本项目是针对 2016 杭州 • 中国国际动漫节进行的设计，主要包括：①项目分析；②项目构思；③项目主题定位；④项目主视觉定位；⑤项目分项设计。针对参展商出席展会需要的物品，所有设计分为 3 个部分：①视觉设计；②卡通作品宣传插画；③参展印刷品封面设计。

项目核心素养基本需求

掌握 Photoshop 软件中钢笔工具、文字工具、蒙版工具、渐变填充等工具的熟练应用；具备动漫宣传设计思路的能力，有较强的抽象想象基础，能够从观众角度出发，满足适应现实的设计要求。

任务 10.1　制作展会 LOGO 字体

岗位需求描述

本次活动定位为动漫节展会，举办地在中国杭州，并以“孙悟空”为 LOGO 主题。为突出卡通形象的展示，分别从主题色的应用、字体的变形等入手制作。最终设计出符合本次活动宣传的 LOGO，最终成品将作为动漫节的制定 LOGO。成品尺寸为 1000 像素×680 像素，分辨率为 72 像素/英寸。

设计理念思路

此次活动定位为中国国际动漫节，以“传承·经典·创新·未来”为主题，作品最终发布在宣传品上（印刷品、视频等）。

1）使用中国传统经典卡通人物“孙悟空”为蓝本，极具中国特色。

2）色彩上以橙色、黄色为主调，配以变形的英文字体契合“孙悟空”的头箍，且兼有国际特色。

素材与效果图

岗位核心素养的技能技术需求

在展会 LOGO 的整体设计上，使用文字工具、自由变换工具、填充等来设计制作。了解 LOGO 的设计基本原则和方法。

任务实施

1）启动 Adobe Photoshop CS6 软件，按 Ctrl+N 快捷键，打开“新建”对话框，然后参照图 10-1-1 设置新文档的参数，单击“确定”按钮新建文档。

制作展会 LOGO 字体

2）选中背景图层，参照图 10-1-2 设置颜色参数，单击“确定”按钮，然后按 Alt+Delete 快捷键填充前景色。

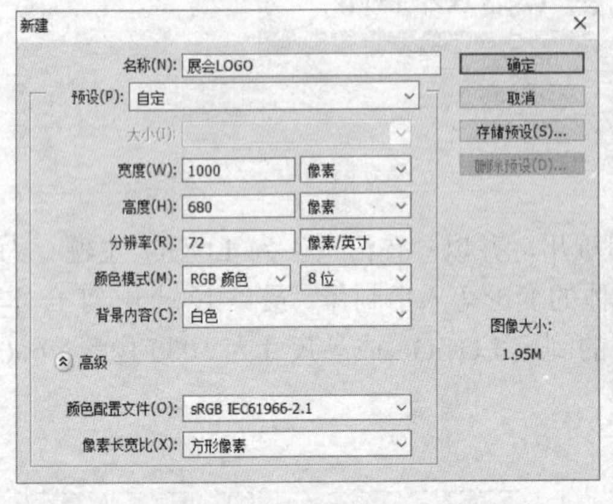

图 10-1-1 “新建”对话框

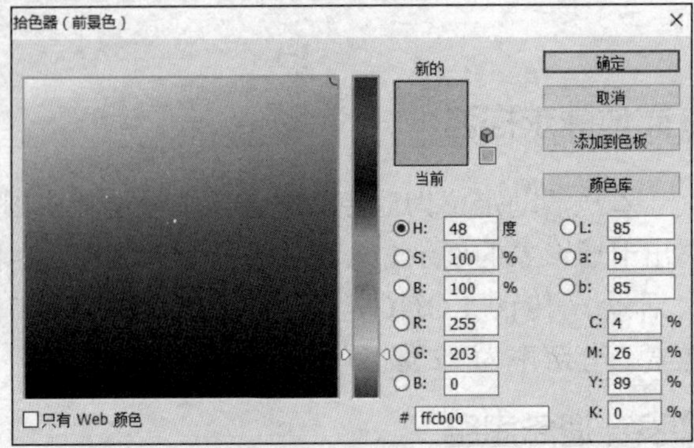

图 10-1-2 设置前景色

3）新建图层，使用多边形套索工具，绘制如图 10-1-3 所示区域，填充颜色“R:255, G:219, B:1”。

4）新建图层，使用多边形套索工具，绘制如图 10-1-4 所示区域，填充颜色“R:255, G:200, B:1”后保存。

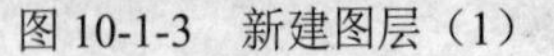

图 10-1-3 新建图层（1）

图 10-1-4 新建图层（2）

提 示

观察几个色块的形状，可以发现其实都是相同的 L 形状，因此可采用复制、旋转等手段加快绘制速度。

5）打开“吉祥物”素材，并将其复制到“展会 LOGO”中，如图 10-1-5 所示。

提 示

在复制操作时，可选中图层通过右键快捷菜单，直接复制到“展会 LOGO”中；也可以用移动工具拖至“展会 LOGO”。

图 10-1-5　放置吉祥物

6）利用自由变换工具（快捷键 Ctrl+T），调整吉祥物所在的图层，调整至合适大小，如图 10-1-6 所示。

图 10-1-6　调整吉祥物

7）利用文字横排工具，打上英文字样“cicaf”，设置如图 10-1-7 所示。

图 10-1-7　英文字样设置

8）利用文字横排工具，打上中文字样“中国・杭州・白马湖”，设置如图 10-1-8 所示。

图 10-1-8　中文字样设置

9）选择形状自定义工具中的“雨滴”形状，设置如图 10-1-9 所示。

图 10-1-9　形状自定义工具设置

10）新建图层，使用形状自定义工具绘制雨滴，填充颜色“R:255, G:163, B:16”并用自由变换调整，如图 10-1-10 所示。

11）新建图层，放置在文字“cicaf”图层下方，绘制雨滴，填充颜色“R:232, G:58, B:49”并用橡皮擦工具和自由变换调整，同时将文字“cicaf”图层中的第一个字母“c”的颜色修改为“R:232, G:58, B:49”，效果如图 10-1-11 所示。

图 10-1-10　绘制雨滴（1）

12）新建图层，放置在文字“cicaf”图层上方，绘制雨滴，填充颜色“R: 232, G:58, B:49”并用橡皮擦工具和自由变换调整，盖住字母“i”上方的点，效果如图 10-1-12 所示。

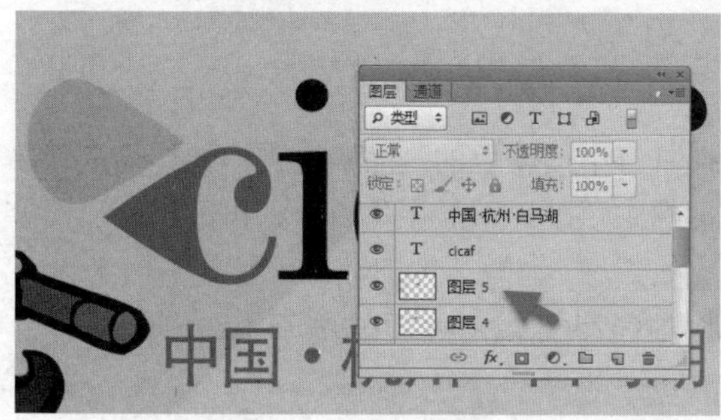

图 10-1-11　绘制雨滴（2）

图 10-1-12　绘制雨滴（3）

13）创建文字图层，放置在最上层，设置如图 10-1-13 所示，结果保存为展会“LOGO.psd”格式。

图 10-1-13　保存文档

任务小结

1）LOGO 设计的整体要求。应该在设计中体现寓意，能使人迅速牢记特点，在内容上应更加贴近大家熟知的主题，这样容易使人产生联想，在色调上也要注重多使用鲜艳的暖色调，所以LOGO力求鲜明，特点突出，符合意境，容易联想。

2）本任务的技术要点如下。

① “自定义形状”主要有路径、像素、形状等填充方式，本任务中主要使用像素填充。“自定义形状”包含多种形状特性，是一般设计元素很好的取材数据库。

② “多边形套索”工具是绘制多边形选区的最佳工具，绘制本任务时要注意边与边之间的平衡关系。

③ 本任务中的难点在于图层之间的遮挡关系，利用遮挡可以产生意想不到的链接效果。

任务 10.2 制作动漫节宣传吉祥物

岗位需求描述

本作品延续“杭州动漫节”这一主题，选择具有中国特色的“熊猫”吉祥物作为创作主题，作品体现卡通风格中的简洁要素，且配以黑白主色调，彰显主体特征，再配以带“田字格”的字体，体现中国卡通特色。

设计的吉祥物“毛毛”，成品尺寸为500像素×625像素，分辨率为72像素/英寸。

设计理念思路

本任务延续了此次活动主题：中国动漫。

1）本任务设计卡通动物形象“毛毛”，要充分利用钢笔工具对其特征进行展示。

2）颜色上采用传统的黑白色，并用粉色和绿色点缀，这是设计简单吉祥物的基本原则，可以广泛应用到设计中。

3）文字采用传统文鼎习字体，田字底纹具有浓厚的中国特色。

素材与效果图

岗位核心素养的技能技术需求

吉祥物是动漫中的核心环节，在本任务中，使用钢笔工具、自由变换工具、填充等来设计制作。选择合适的喷绘材料，安排合适的文字排版，使画面简洁生动。在设计前还应了解吉祥物的设计基本原则和方法。

任务实施

制作动漫节宣传吉祥物

1）启动 Adobe Photoshop CS6 软件，按 Ctrl+N 快捷键，打开“新建”对话框，参照图 10-2-1 设置新文档的参数，单击“确定”按钮新建文档；设置前景色 RGB 参数（R:255, G:216, B:1），单击“确定”按钮，然后按组合键 Alt+Delete 填充前景色。

2）新建图层 1，选用椭圆选区工具，绘制椭圆选区，并填充黑色，如图 10-2-2 所示。

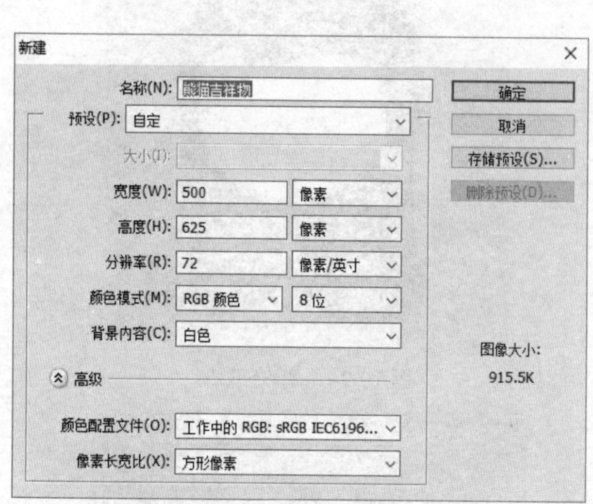

图 10-2-1　“新建”对话框（熊猫）

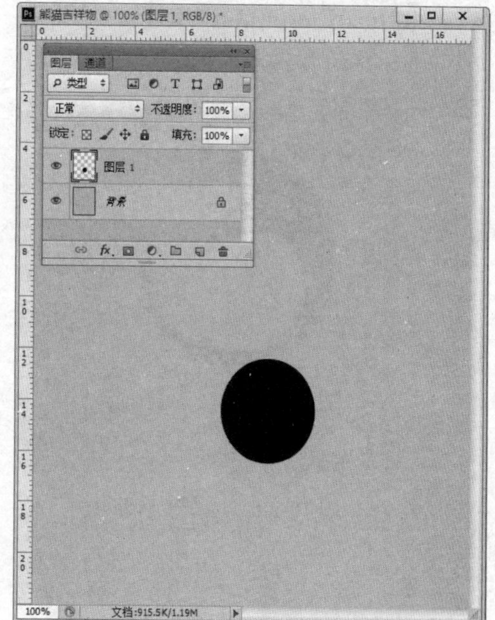

图 10-2-2　绘制椭圆

3）使用钢笔工具，绘制熊猫肚皮工作路径，如图 10-2-3 所示。

4）新建图层 2，将路径作为选区载入，填充白色，如图 10-2-4 所示。

5）在路径面板新建工作路径，并命名为“双脚”，使用钢笔工具绘制熊猫的双脚，如图 10-2-5 所示。

6）新建图层 3，将“双脚”路径作为选区载入，填充黑色，如图 10-2-6 所示。

7）在路径面板新建工作路径，并命名为“脚面”，使用钢笔工具绘制熊猫的脚面路径，如图 10-2-7 所示。

8）选中图层 3，设置前景色为白色，用路径画笔（笔画笔触柔角为 3 像素）描边，模拟压力，如图 10-2-8 所示。

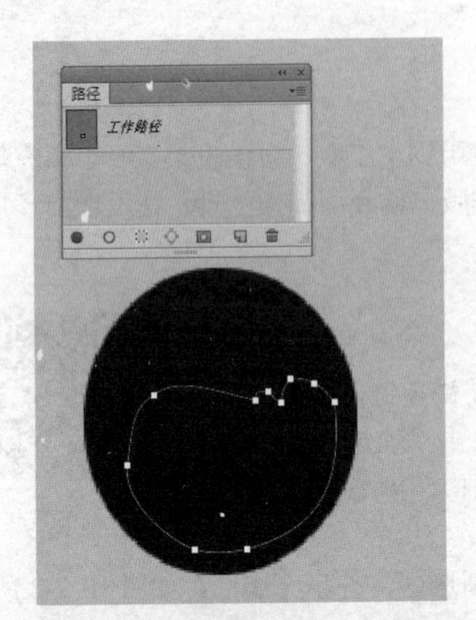

图 10-2-3　使用钢笔工具建立工作路径

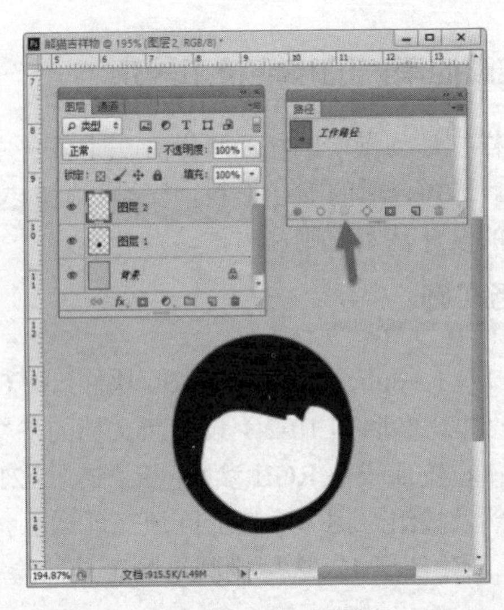

图 10-2-4　填充选区

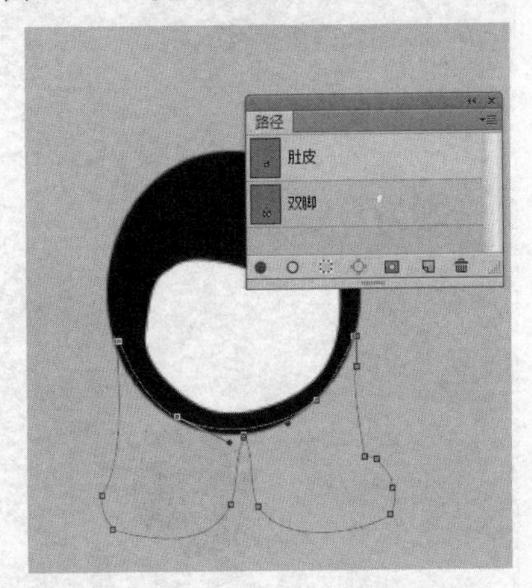

图 10-2-5　绘制双脚路径

图 10-2-6　填充双脚

图 10-2-7　绘制双脚

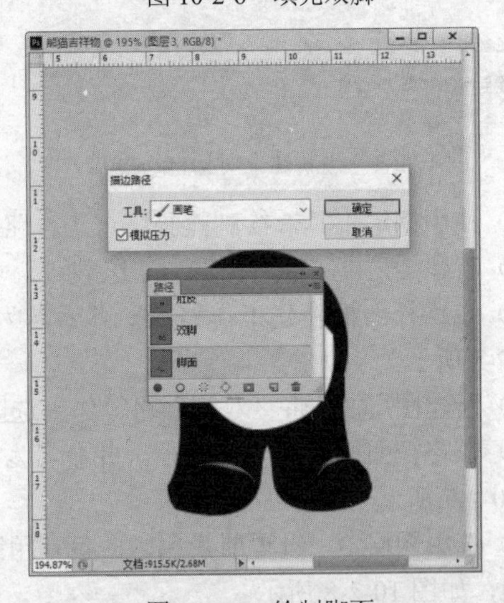

图 10-2-8　绘制脚面

9）新建图层，选用椭圆选区工具，绘制熊猫脸部选区，填充白色，并描边，如图 10-2-9 所示。

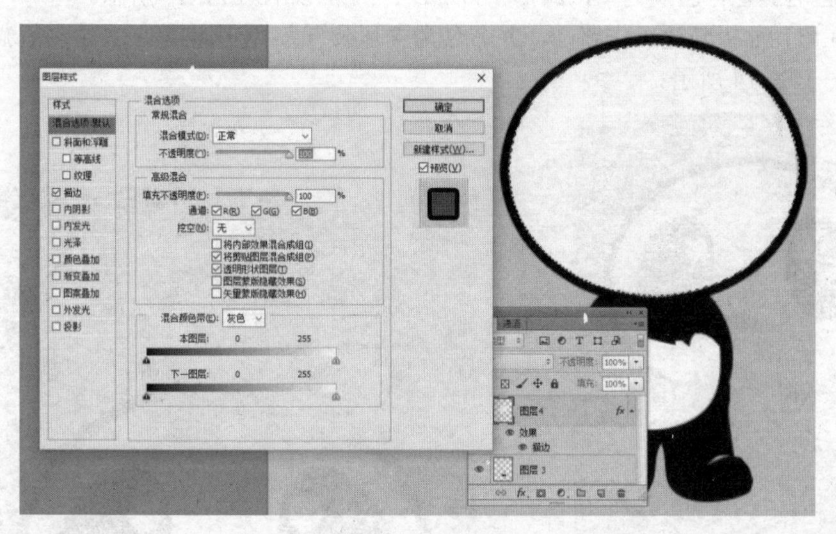

图 10-2-9　绘制脸

10）在路径面板新建工作路径，并命名为“眼睛”，使用钢笔工具绘制熊猫的眼睛路径，如图 10-2-10 所示。

11）新建图层 5，将路径作为选区载入，填充黑色，并用画笔工具点上白色眼珠（笔触为 18 像素），如图 10-2-11 所示。

12）复制图层 5，命名为图层 6，水平翻转图层，移动到合适位置，使得双眼对称，如图 10-2-12 所示。

图 10-2-10　绘制眼睛（1）

图 10-2-11　绘制眼睛（2）

图 10-2-12　绘制眼睛（3）

提　示

在绘制对称图案时，可复制图层，然后水平翻转图层，快速得到另一边的图案。

13）新建图层 7，选用椭圆选区工具，绘制熊猫的鼻子、嘴巴、脸颊选区，并填充颜色（鼻子、嘴巴为黑色，脸颊为“R:247, G:172, B:192”），如图 10-2-13 所示。

14）在路径面板新建工作路径，并命名为“耳朵 1”，使用钢笔工具绘制熊猫的外耳郭路径，如图 10-2-14 所示。

图 10-2-13　绘制鼻子等

图 10-2-14　绘制外耳郭路径

15）在路径面板新建工作路径，并命名为“耳朵 2”，使用钢笔工具绘制熊猫的内耳郭路径，如图 10-2-15 所示。

16）新建图层 8，先将“耳朵 1”路径作为选区载入，填充黑色，然后将“耳朵 2”路径作为选区载入，填充粉色（R: 247, G:172, B:192）。复制图层 8，命名为图层 9，水平翻转并移动到合适位置，使两只耳朵对称。将图层 8、图层 9 移动至图层 4 后，产生遮挡效果，如图 10-2-16 所示。

图 10-2-15　绘制内耳郭路径

图 10-2-16　绘制耳朵

17）在路径面板新建工作路径，并命名为“双手”，使用钢笔工具绘制熊猫双手路径，如图 10-2-17 所示。

18）新建图层 10，将“双手”路径作为选区载入，填充黑色，如图 10-2-18 所示。

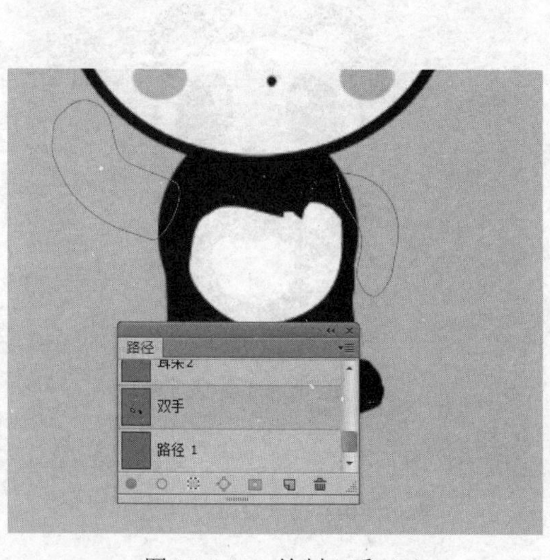
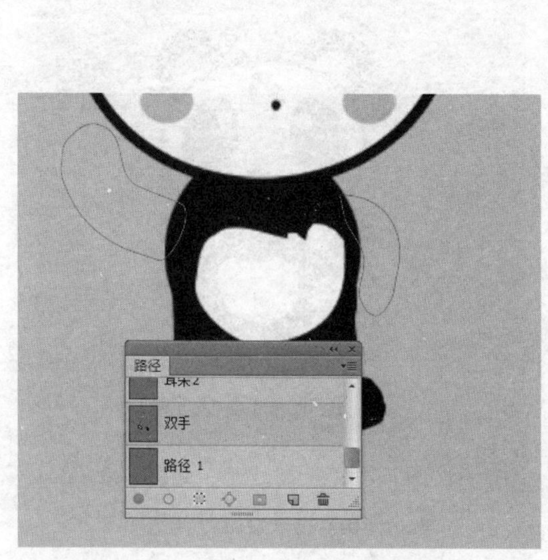

图 10-2-17　绘制双手（1）

图 10-2-18　绘制双手（2）

19）在路径面板新建工作路径，并命名为“标记”，使用钢笔工具绘制熊猫双手路径，如图 10-2-19 所示。

20）新建图层 11，将“标记”路径作为选区载入，填充绿色（R:32, G:108, B:46），如图 10-2-20 所示。

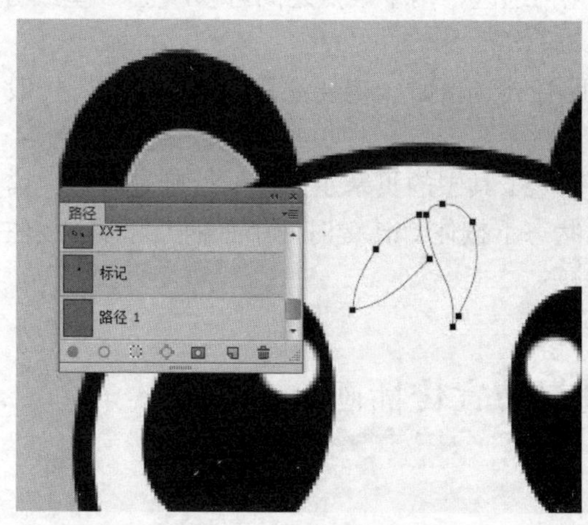

图 10-2-19　绘制标记（1）

图 10-2-20　绘制标记（2）

21）打开“展会 LOGO”，将其拖至“熊猫吉祥物”最上层左上角，并应用自由变换将其缩放至合适大小，如图 10-2-21 所示。

22）使用横排文字工具，添加合适的字体（如文鼎字体）注解，如图 10-2-22 所示，保存“熊猫吉祥物”。

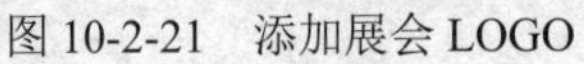
图 10-2-21　添加展会 LOGO

图 10-2-22　添加文字

任务小结

1）吉祥物设计的整体要求。要在设计中突出主体的特征，使人产生认同感，比如在形态上可采用憨态可掬型、甜美型等容易让人喜爱的卡通形象。

2）本任务的技术要点如下。

① “钢笔工具”可以绘制任意路径，并转化为选区，两个锚点之间可以产生 C 型或 S 型的曲线，当曲面复杂时可以添加多个锚点。

② 路径和选区之间是可以相互转化的，在路径转选区时一定要注意像素的选择，一般选择 0 像素以确保基本不变化。

③ 本任务中的难点在于钢笔工具的应用，钢笔工具中的贝塞尔曲线的绘制是难点，锚点的两个左右手柄切换调节是关键。在钢笔工具状态下按住 Ctrl 键时两个手柄一起动，按住 Alt 键时单边手柄动，注意随时切换。

任务 10.3　制作动漫节宣传插画

岗位需求描述

本作品延续“杭州动漫节”这一主题，继续选择“熊猫”吉祥物为主题，着重绘制和搭配插画风格的背景，体现童话色彩，整个作品元素之间层次分明，色调欢快明朗，配以带“田字格”的字体，体现中国特色。设计的熊猫插画，成品尺寸为 1000 像素×680 像素，分辨率为 72 像素/英寸。

设计理念思路

本任务延续了此次活动主题：中国动漫。

1）为本次任务设计 3 组画面：一个以休闲形象熊猫为主体，另外两个以功夫熊猫突出活动名称和活动主题，配以中国传统动漫元素。

2）设计围绕主视觉的元素展开，主要体现卡通形象。

素材与效果图

	第三组：

岗位核心素养的技能技术需求

插画是目前常见的动漫设计形式，主要应用于书籍杂志中。本任务中重点使用画笔工具、文字工具、自由变换工具等进行设计制作。制作前应了解插画的设计要求和相关规范。

任务实施

1）启动 Adobe Photoshop CS6 软件，按 Ctrl+N 快捷键，打开“新建”对话框，参照图 10-3-1 设置新文档的参数，单击“确定”按钮新建文档。

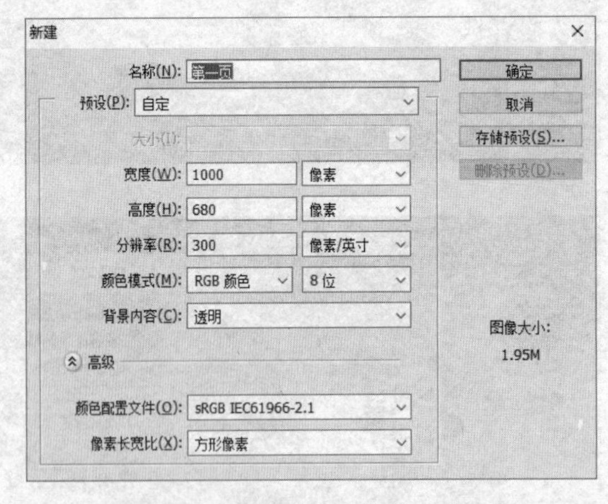

图 10-3-1　新建文档（能猫・插画）

制作动漫节宣传插画

2）打开“背景”素材，移动至新建图层，适当调整大小，并把图层命名为“背景”图层，如图 10-3-2 所示。

3）在背景图层之上新建图层，并命名为“草地”图层，设置前景色为“R:48, G:87, B:13”，背景色为“R:176, G:220, B:41”，填充前景色，如图 10-3-3 所示。

4）选中“草地”图层，选择“滤镜”→“渲染”→“纤维”命令，设置如图 10-3-4 所示。

5）选择“滤镜”→“风格化”→“风”命令，参数设置如图 10-3-5 所示，执行完后可以按 Ctrl+F 快捷键加强一次效果。

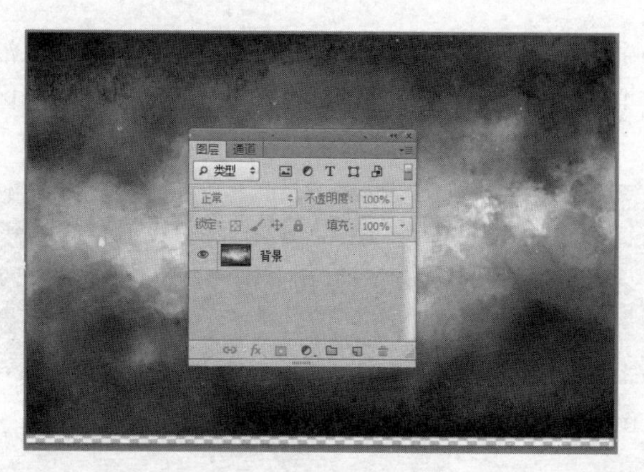

图 10-3-2　插入背景

图 10-3-3　填充前景色

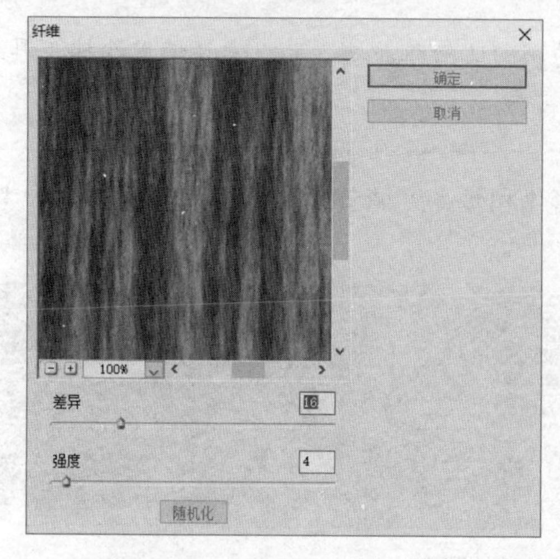

图 10-3-4　“纤维”滤镜设置

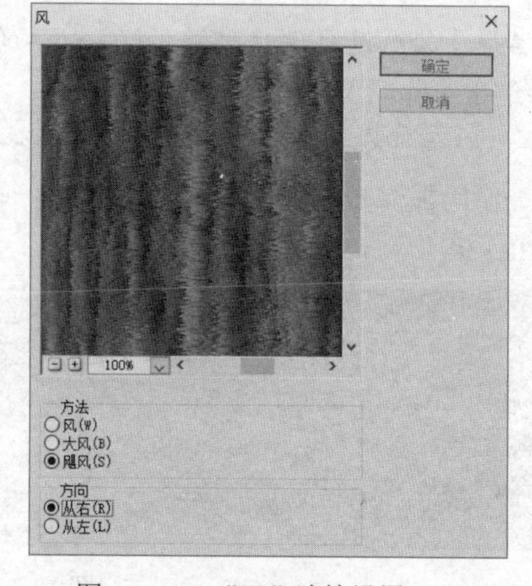

图 10-3-5　“风”滤镜设置（1）

6）按 Ctrl+T 快捷键进行自由变换，顺时针旋转 90 度，选择“滤镜”→“风格化”→“风”命令，参数设置如图 10-3-6 所示，按 Ctrl+T 快捷键进行自由变换，顺时针旋转 90 度，适当放大图层，使之铺满，如图 10-3-7 所示。

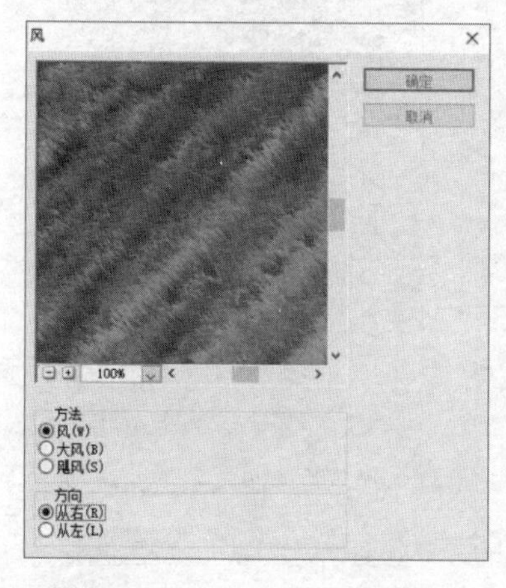

图 10-3-6　“风”滤镜设置（2）

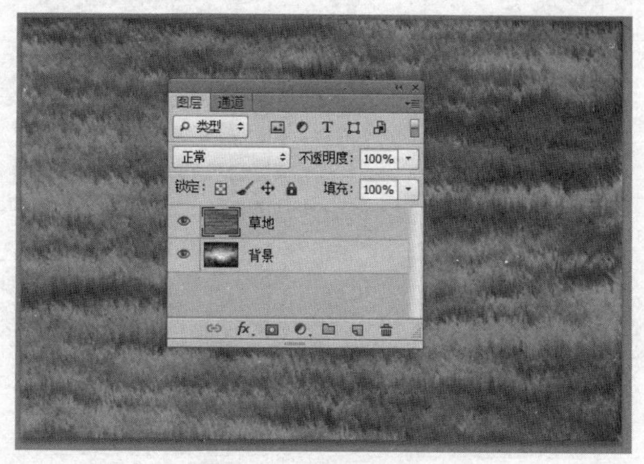

图 10-3-7　铺满图层

7）使用选区工具绘制草地选区（推荐使用套索工具），注意选区的加减和草地上沿的草的效果，可自由发挥，参考效果如图 10-3-8 所示。按 Ctrl+Shift+I 快捷键反向选择选区，删除上半部分后取消选区。

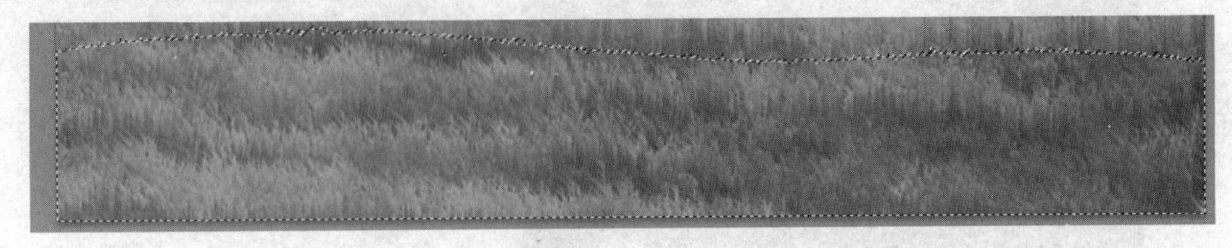

图 10-3-8　草地选区

提　示

草地上沿的选区比较难做，尤其是草的朝向比较难把握，可以尝试使用涂抹工具进行替代绘制。

8）使用加深减淡工具（注意笔触大小变化和曝光度调节），制作草地的阴影，参考效果如图 10-3-9 所示。

图 10-3-9　草地阴影

9）选择画笔工具，调节笔触，绘制油漆喷点效果，设置如图 10-3-10 所示。

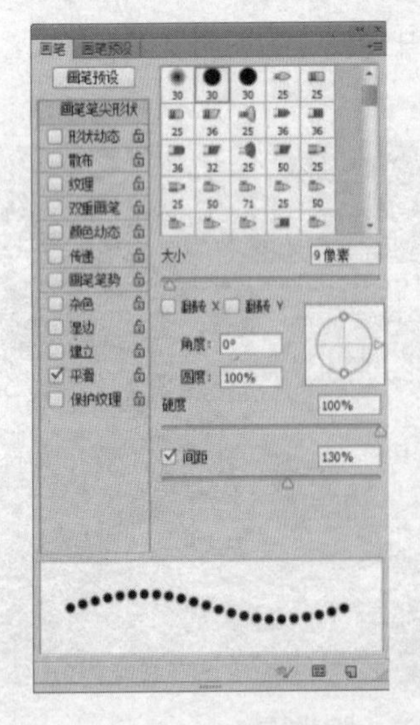

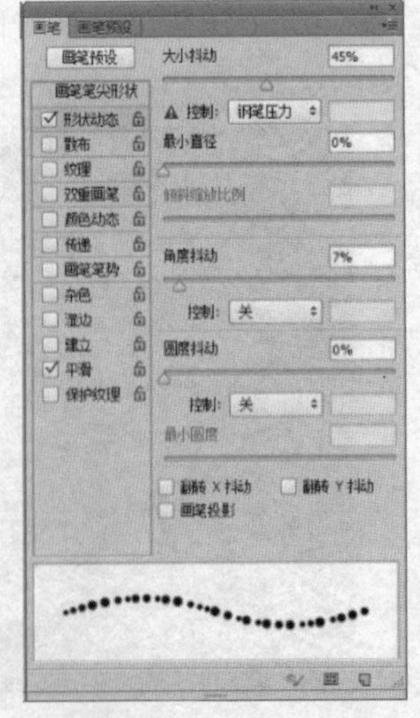

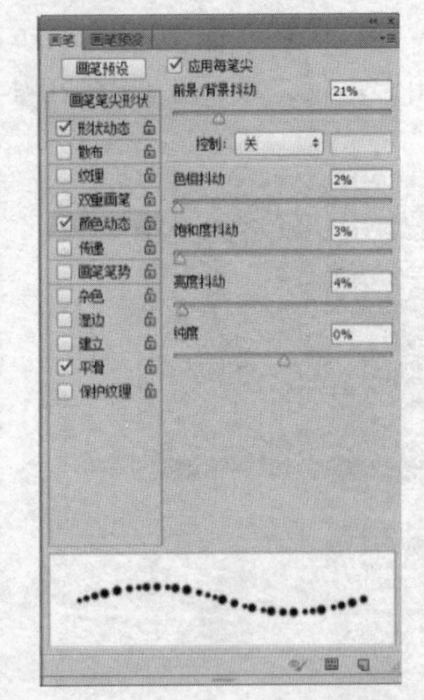

图 10-3-10　笔触设置

10）在“草地”图层上方新建“油漆喷点”图层，注意前景色、背景色、笔尖像素、透明度的调节，绘制时注意画面平衡，参考效果如图 10-3-11 所示。

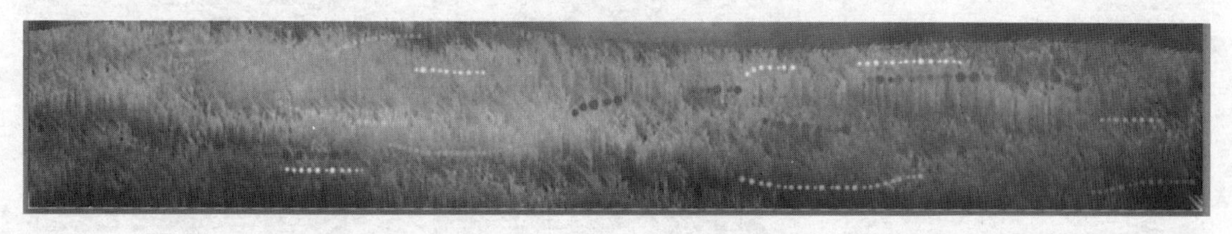

图 10-3-11　绘制油漆喷点

11）选择画笔工具，按 F5 键进入笔画设置面板，设置画笔笔尖形状，设置参数如图 10-3-12 所示。

12）设置画笔形状动态，设置参数如图 10-3-13 所示。

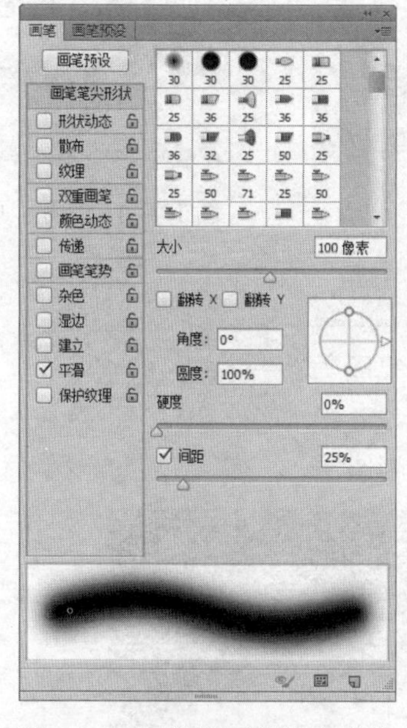

图 10-3-12　设置画笔笔尖形状

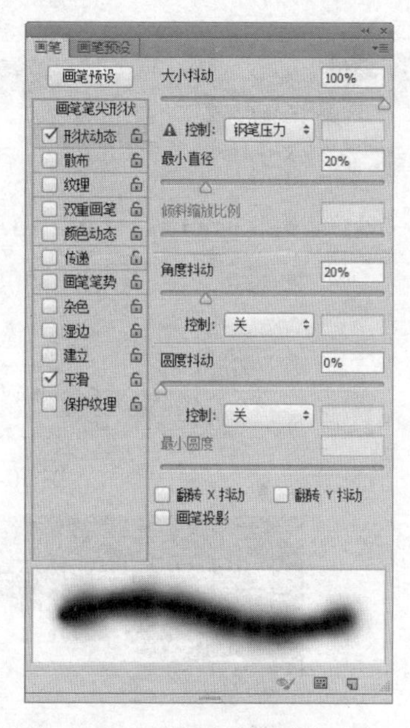

图 10-3-13　设置画笔形状动态

13）设置画笔散布，设置参数如图 10-3-14 所示。

14）设置画笔散布（云彩纹理），设置参数如图 10-3-15 所示。

15）设置画笔传递，设置参数如图 10-3-16 所示。

16）新建画笔预设，命名为“云彩”，如图 10-3-17 所示。

17）在图层面板最上层新建“云彩”图层，并使用刚设置的“云彩”笔触绘制云层，参考效果如图 10-3-18 所示，将图层移至“草地”图层下方。

云层的模拟绘制，可以调节云层画笔的不透明度和笔尖大小，效果更加接近云的效果。

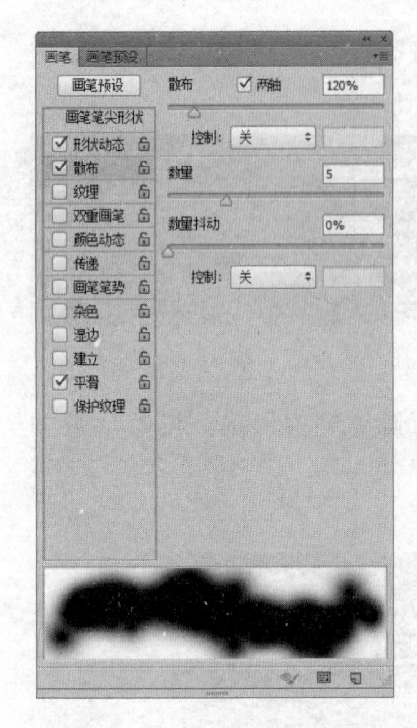

图 10-3-14　设置画笔散布（1）

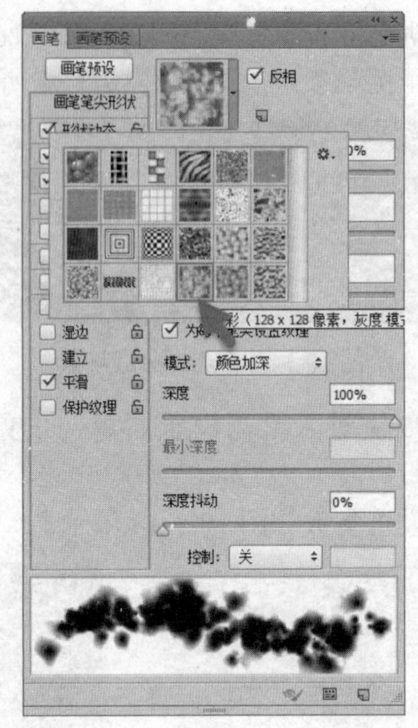

图 10-3-15　设置画笔散布（2）

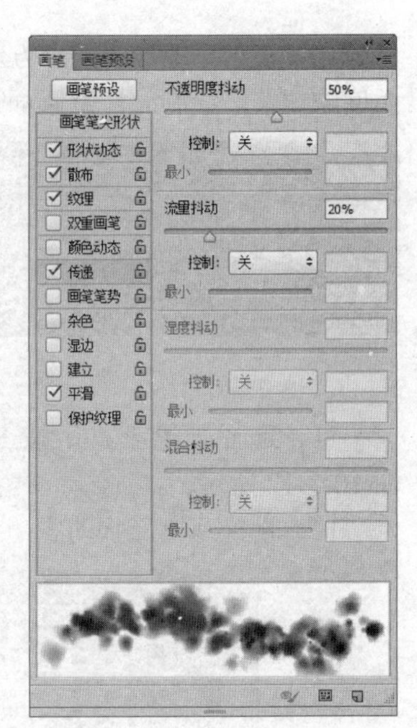

图 10-3-16　设置画笔传递

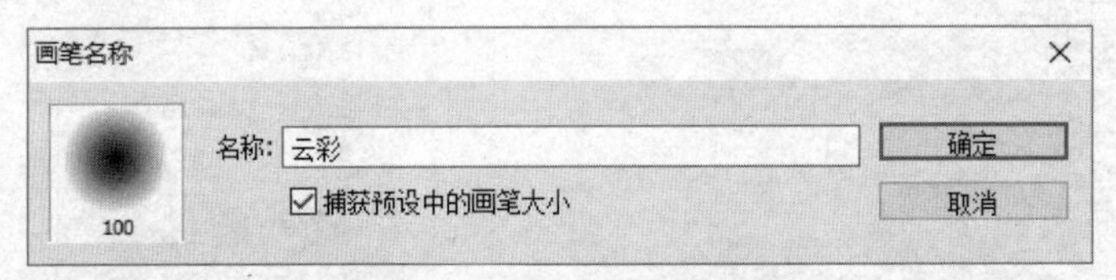

图 10-3-17　新建画笔预设

图 10-3-18　绘制云彩

18）新建“星光”图层，参考“油漆喷点”图层中笔触的设置绘制星光，参考效果如图 10-3-19 所示。

19）打开“房子”素材，移至“第一页”中，将图层命名为“房子”，并将其移至“云彩”图层和“草地”图层之间，如图 10-3-20 所示。

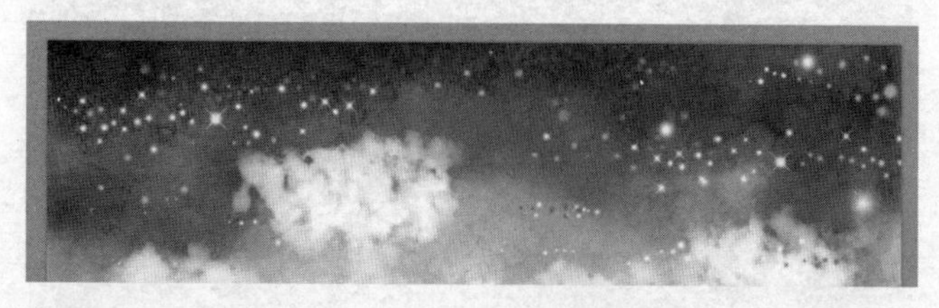

图 10-3-19　绘制星光

图 10-3-20　添加房子

20）打开“花”素材，移至“第一页”中，将图层命名为“花”，并将其移至 “星光”图层之上，如图 10-3-21 所示。

图 10-3-21　添加花

21）打开“枝条”素材，移至“第一页”中，将图层命名为“枝条”，并将其移至“花”图层和“星光”图层之间，如图 10-3-22 所示。

22）打开“树木”素材，移至“第一页”中，将图层命名为“树木”，并将其移至“草地”图层和“房子”图层之间，如图 10-3-23 所示。

图 10-3-22　添加枝条

图 10-3-23　添加树木

23）打开“熊猫 1”素材，移至“第一页”中，将图层命名为“熊猫”，并将其移至“房子”图层和“树木”图层之间，如图 10-3-24 所示。

图 10-3-24　添加熊猫

24）在所有图层之上新建“书页”图层，沿着中线附近绘制一个矩形框，填充黑色，添加矢量蒙版，绘制水平方向的渐变，效果如图 10-3-25 所示。

图 10-3-25　绘制书页效果

25）选择文字工具，新建文字图层，输入“熊猫的秘密”字体（选用文鼎习字体），如图 10-3-26 所示。

图 10-3-26　添加文字“熊猫的秘密”

26）保存“第一页.psd”文件，并输出“第一页.jpg”。

27）参考第一页制作案例的步骤，完成第二页、第三页的制作。

任务小结

1）插画的整体要求。插画丰富了书籍装帧的表现形式，是书籍形式美的重要手段，也可以提升读者的审美修养，同时帮助读者更好地理解书籍内容。本任务案例是儿童插画类型，儿童类图书插画应该有儿童的童趣和童真，表现形式应充满好奇和幻想。

2）本任务的技术要点如下。

① Photoshop 中的滤镜可以对图像进行特殊效果的处理，本任务使用了“纤维”和“风”两个滤镜的结合产生草地的质感，注意设置的参数不同产生的效果也不一样。

② “画笔”工具中笔触的设置有很多种参数，比如本任务中的“云”绘制主要用到了形状动态、散布等设置。笔触参数设置也是本任务中的难点。

任务 10.4　制作动漫节宣传封面

岗位需求描述

本作品延续“杭州动漫节”这一主题，仍然选择具有中国特色的“熊猫”吉祥物为主题，设计制作封面。在开始设计前要先了解封面的概念和封面的包含要素。该设计要求成品尺寸为 510 像素×680 像素，分辨率为 300 像素/英寸。

设计理念思路

本任务延续了此次活动主题：中国动漫。

1）为本次任务设计两组画面：一个是正面主体展示，另一个是侧放书籍展示。

2）设计围绕主视觉的元素展开，主要体现卡通形象。

素材与效果图

侧放：

岗位核心素养的技能技术需求

封面是书籍等的第一感官媒介。本任务中重点使用文字工具、3D 功能、自由变换工具等进行设计制作。了解封面的排版规范和视觉呈现形式。

任务实施

1. 绘制封面

1）启动 Adobe Photoshop CS6 软件，按 Ctrl+N 快捷键，打开“新建”对话框，参照图 10-4-1 设置新文档的参数，单击“确定”按钮新建文档。

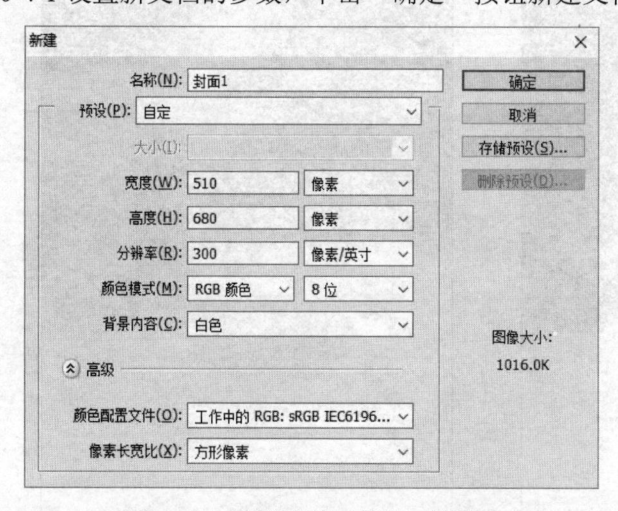

图 10-4-1　新建文档（熊猫・封面）

制作动漫节宣传封面

2）新建图层 1，选择画笔工具，画笔选择柔边圆“R:57, G:188, B:219”，绘制效果如图 10-4-2 所示。

3）新建图层 2，选择画笔工具，画笔选择柔边圆“R:58, G:180, B:209”，绘制效果如

图 10-4-3 所示。

图 10-4-2 绘制底纹第 1 层　　图 10-4-3 绘制底纹第 2 层

4）新建图层 3，选择画笔工具，画笔选择柔边圆“R:0, G:88, B:139”，绘制效果如图 10-4-4 所示。

5）新建图层 4，选择画笔工具，画笔选择柔边圆“R:255, G:255, B:255”，透明度设置为 50%，绘制效果如图 10-4-5 所示。

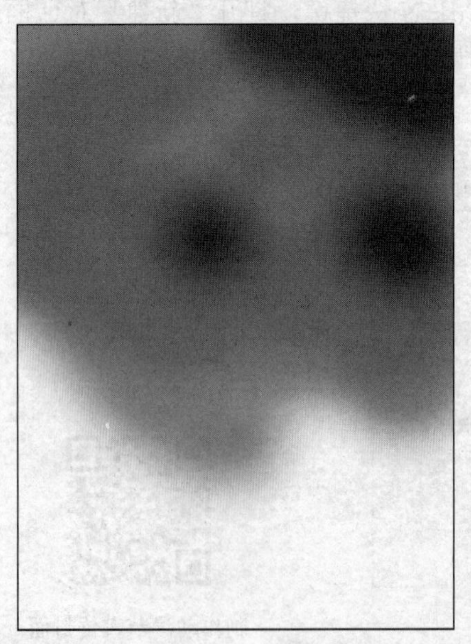

图 10-4-4 绘制底纹第 3 层

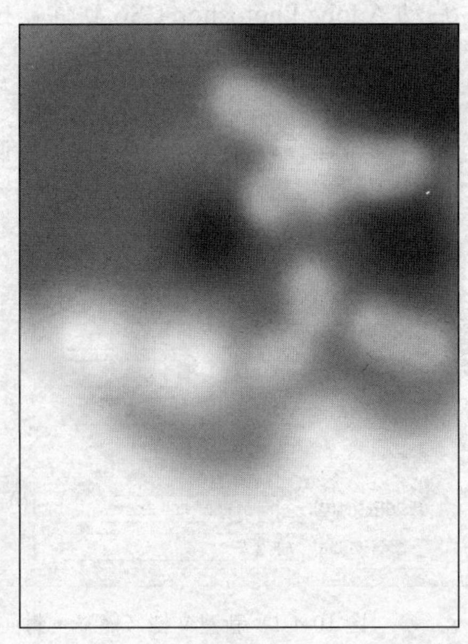

图 10-4-5 绘制底纹第 4 层

6）选中图层 1～4 盖印，按 Shift+Ctrl+Alt+E 快捷键，然后命名新生成图层为“底纹”，删除图层 1～4，图层面板如图 10-4-6 所示。

7）选中“底纹”图层，执行“滤镜”→“模糊”→“高斯模糊”命令，参数设置如图 10-4-7 所示。

提 示

在绘制同类型的背景时，均可将不同色块填充合并，然后使用高斯模糊滤镜使之融合。

8）选中“底纹”图层，执行“滤镜”→“滤镜库”→“喷色描边”命令，参数设置如图 10-4-8 所示。

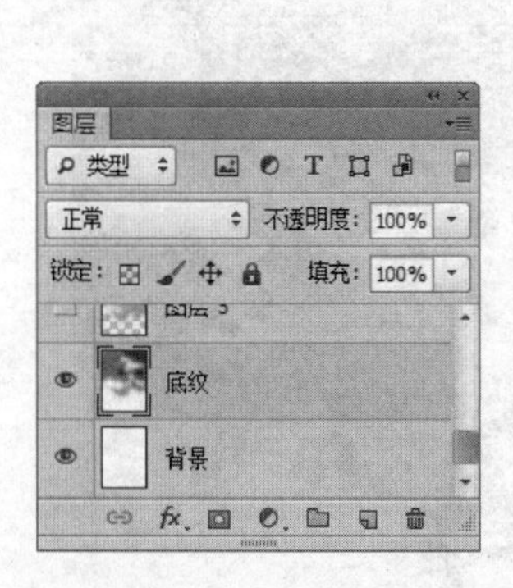

图 10-4-6　生成底纹图层

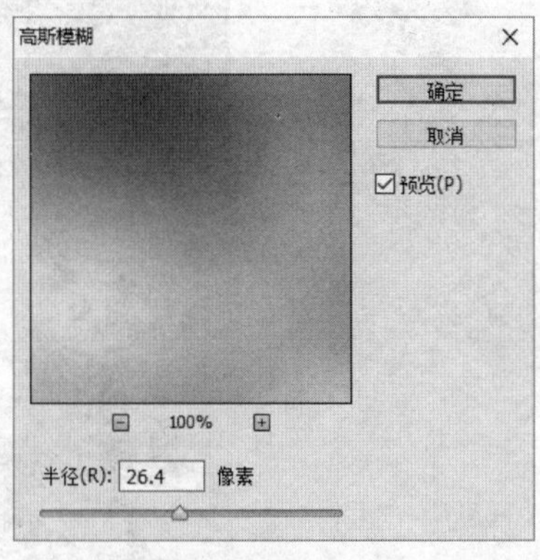

图 10-4-7　高斯模糊

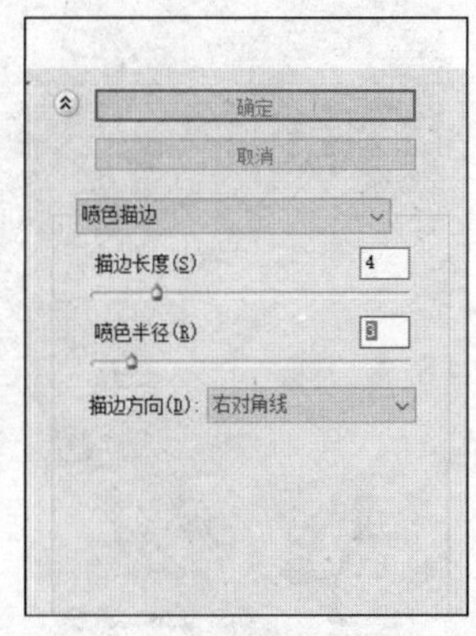

图 10-4-8　喷色描边

9）新建“云彩”图层，选择画笔工具，“云彩”笔触（详见任务 10.3 中绘制云彩步骤），绘制效果如图 10-4-9 所示。

10）新建“草地”图层，参考任务 10.3 中绘制草地的步骤，完成对草地的制作，效果如图 10-4-10 所示。

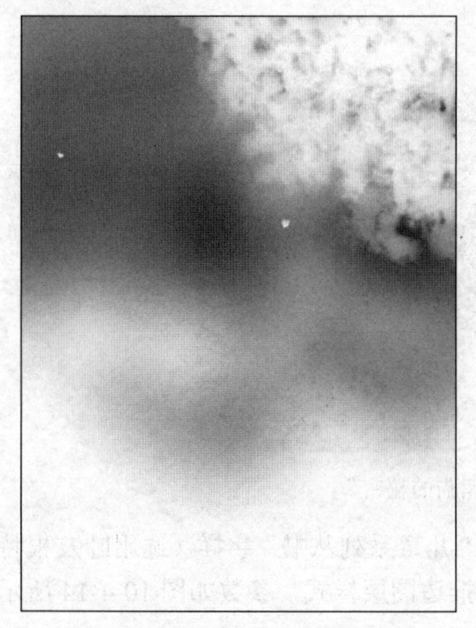

图 10-4-9　绘制云彩

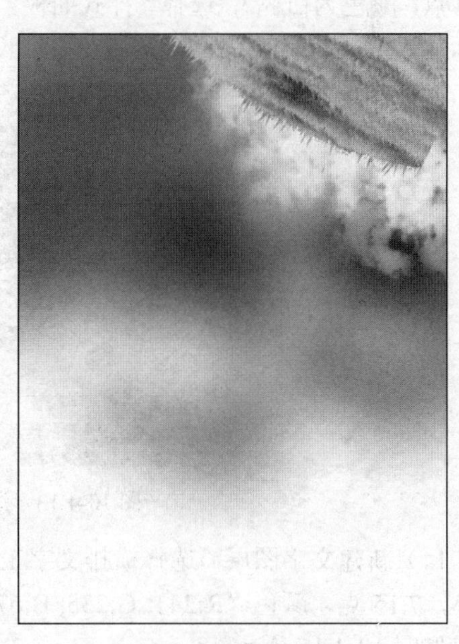

图 10-4-10　绘制草地

11）分别打开“藤条”“树枝”“花”，移动至“封面”中，适当调整位置和大小，如图 10-4-11 所示。

12）打开“熊猫 1”“熊猫 2”“熊猫 3”素材，移动至“封面”中，适当调整位置和大小，如图 10-4-12 所示。

图 10-4-11　调整配饰图层

图 10-4-12　调整熊猫层

13）新建文字图层，选择横排文字工具，输入“熊猫的秘密”字样（选用文鼎习字体，15.9 点，颜色为白色），选择“样式面板”→“文字效果”→“雕刻天空”选项，如图 10-4-13 所示。

图 10-4-13　添加文字“熊猫的秘密”

14）新建文字图层，选择横排文字工具，输入“儿童系列丛书”字样（选用叶友根特楷字体，7.15 点，颜色“R:241, G:235, B:67”），添加描边图层样式，参数如图 10-4-14 所示，效果如图 10-4-15 所示。

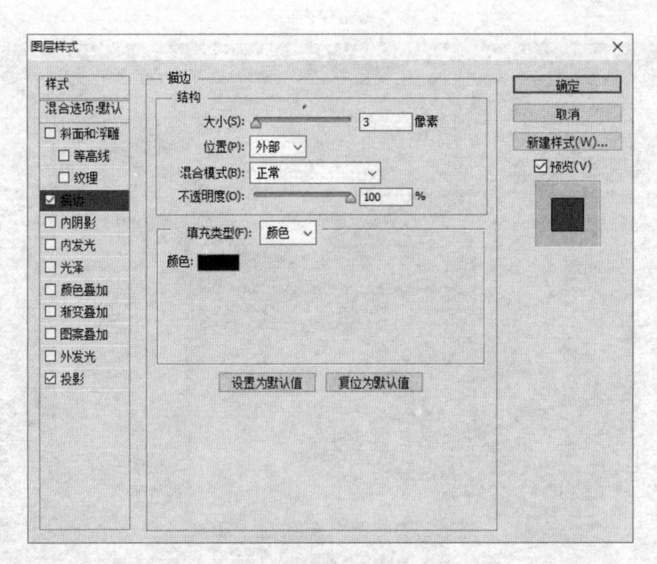

图 10-4-14　添加图层描边样式

15）新建文字图层，选择横排文字工具，输入“××出版社出版”字样（选用叶友根特楷字体，4 点，颜色为“R:75, G:75, B:75”），效果如图 10-4-16 所示。

16）在所有图层之上新建“分页效果”图层，沿着左边线绘制一个矩形框，填充黑色，添加矢量蒙版，绘制水平方向的渐变，效果如图 10-4-17 所示。

图 10-4-15　描边效果

图 10-4-16　添加文字“××出版社出版”

图 10-4-17　绘制书页效果

17）保存“封面.psd”文件，并输出“封面.jpg”。

2. 绘制斜放置书本

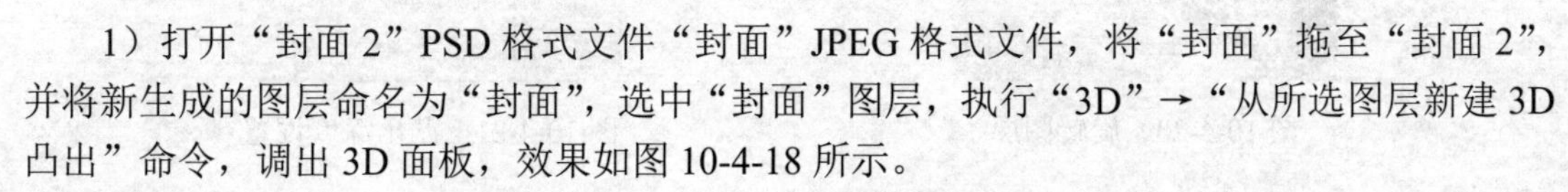

1）打开“封面 2”PSD 格式文件“封面”JPEG 格式文件，将“封面”拖至“封面 2”，并将新生成的图层命名为“封面”，选中“封面”图层，执行“3D”→“从所选图层新建 3D 凸出”命令，调出 3D 面板，效果如图 10-4-18 所示。

图 10-4-18 进入 3D 图层编辑

提 示

3D 功能还提供了很多三维模型的网格预设，比如球、罐等，设计者可以快速绘制地球、可乐瓶、汽水瓶等三维模型。

2）选择 3D 模式中的“旋转 3D 对象”命令（按住鼠标左键拖动），设置如图 10-4-19 所示，效果如图 10-4-20 所示。

3）选择 3D 面板中的“属性”选项，调整凸出深度为 50，设置如图 10-4-21 所示。

图 10-4-19 选择“旋转 3D 对象”命令

图 10-4-20 旋转图层

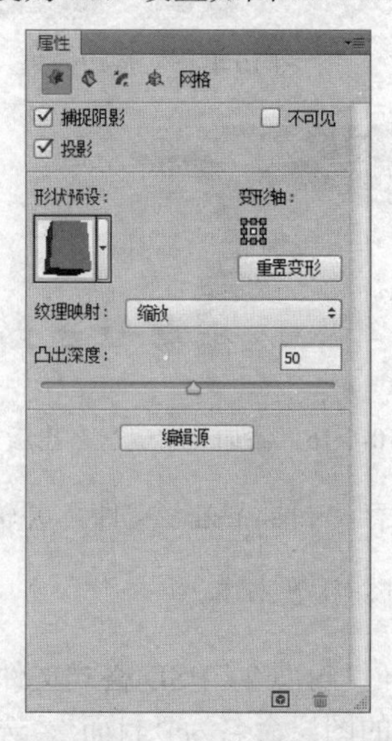

图 10-4-21 凸出深度设置

4）单击 3D 模式中的“缩放 3D 对象”按钮，在 ZX 平面上缩放（默认），效果如图 10-4-22 所示。

5）单击 3D 模式中的“滚动 3D 对象”按钮，在 Z 轴上移动，效果如图 10-4-23 所示。

图 10-4-22　缩放图层

图 10-4-23　滚动图层

6）选择 3D 面板中的“灯光”属性面板，调节光线位置和阴影柔和度，设置如图 10-4-24 所示。

图 10-4-24　设置阴影

7）保存“封面 2.psd”文件，并输出“封面 2.jpg”。

任务小结

1）封面设计的整体要求。封面主标题是封面设计中重要的元素；封面主标题应该传达一些信息，它是读者为什么买这本书的理由；封面主标题表达应直接，使购买者快速了解真正要表达的意思；封面图片或图表应与封面主题一致。

2）本任务的技术要点如下。

①“画笔”工具中笔触参数的设置是完成本任务的重点。

② 3D 工具是 Photoshop CS6 中的新功能，其作用是在 Photoshop 中更好地制作 3D 效果。

3D 功能相对简单，但是也包含材质、灯光、坐标轴、面等基本属性，其应用也是本任务的难点。

任务 10.5　制作动漫节宣传手绘

岗位需求描述

本作品延续“杭州动漫节”这一主题，仍选择具有中国特色的“熊猫”吉祥物为主题，设计制作宣传手绘。

卡通动漫有多种画风和技法，而作为中国传统画风的就是水墨风格。水墨风格在一些插画或动漫 CG 卡通插图中非常常见，创作手法类似于传统纸墨画法，透露着浓浓的中国风。

设计理念思路

本任务延续了此次活动的主题：中国动漫。

1）为本次任务设计一幅画：手绘水墨风格的熊猫。

2）设计围绕主视觉的元素展开，主要体现卡通形象。

素材与效果图

岗位核心素养的技能技术需求

手绘是动漫设计中的重要组成，应用广泛，如书籍插画、游戏 CG、漫画等。本任务中重点使用画笔工具、橡皮擦工具等进行设计制作。在开始设计制作前应了解手绘的准备要求和一般绘画技巧。

任务实施

绘制动漫节宣传手绘

1）请按照手绘板的要求安装好驱动，本任务采用的手绘板是 wacom onectl-671 型号手绘板，如图 10-5-1 所示。

2）用 Photoshop 软件打开“样图”素材，新建“底色”图层，填充白色；新建“轮廓”图层，绘制熊猫轮廓；选择画笔工具并选择“始终对大小使用压力”选项，设置笔尖为“柔边角”，大小为 8 像素，颜色为灰色（R:128, G:128, B:128），如图 10-5-2 所示。

3）使用手绘笔绘制熊猫轮廓，并用橡皮擦不断修整，效果如图 10-5-3 所示。

图 10-5-1　手绘板（参考）

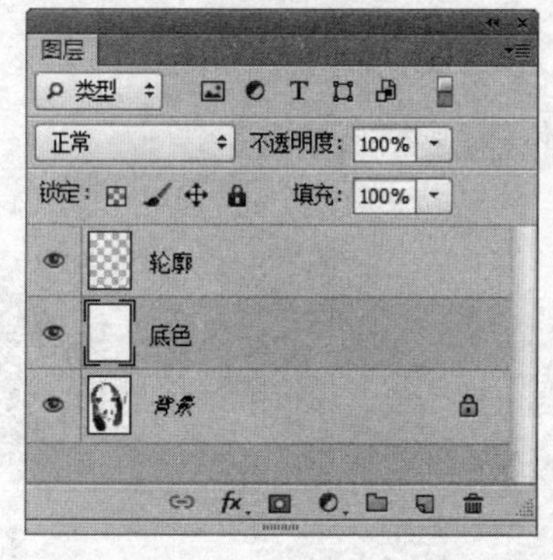

图 10-5-2　图层关系

图 10-5-3　轮廓

4）新建“体色”图层，选择画笔工具并选择“始终对大小使用压力”选项，设置笔尖为“水彩积累”，画笔大小随时调整（快捷键为[、]），颜色为灰色（R:57, G:57, B:93），绘制体色，效果如图 10-5-4 所示。

5）新建“毛发”图层，选择画笔工具并选择“始终对大小使用压力”选项，设置笔尖为“平钝型短硬”，画笔大小随时调整，颜色为灰色（R:57, G:57, B:93），绘制熊猫毛毛，效果如图 10-5-5 所示。

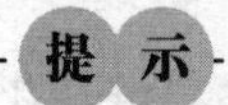

在使用画笔工具绘制时，很容易画出界限或画得过于浓厚，这时候需要不停地用橡皮擦工具去调整，一般习惯将手绘笔的其中一个键设置为橡皮擦工具，方便选择。

6）新建“眼睛”图层，使用画笔工具并选择“始终对大小使用压力”选项，设置笔尖为“柔边角”，颜色为白色，绘制眼睛，效果如图 10-5-6 所示。

图 10-5-4　体色（1）

图 10-5-5　体色（2）

图 10-5-6　眼睛

7）保存“手绘熊猫.psd”文件，并输出“手绘熊猫.jpg”。

任务小结

1）手绘水墨画整体要求。在 Photoshop 中创作中国水墨风格的设计作品，关键是在创作时应当遵循传统中国画的基本创作规程，尤其是笔墨调节的相似度上要格外仔细。

2）本任务的技术要点如下。

Photoshop 中国画绘制技法有很多种，本任务主要是画笔工具的设置、笔尖的挑选，以及橡皮擦工具的不断调整结合使用。本任务的难点是手绘笔的初次使用和掌握，尤其是压感的适应。

项 目 测 评

测评 10.1　制作动漫手提袋

设计要求

手提袋是一种简易的袋子，制作材料有纸张、塑料、无纺布工业纸板等，此类产品通常用于盛放产品。本案例制作广告性手提袋，它通过视觉传达目的，注重广告的推广，通过图形的创意、符号的识别、文字的说明、色彩的刺激，引起消费者的注意，从而产生亲切感，促进产品的销售。本案例要制作的动漫主题手提袋，使用动漫节设计的 LOGO 为主要元素，是电子版设计稿，不需要在 CMYK 模式下设计。设计中需应用的工具包括钢笔工具、辅助线、自定义形状工具、文字工具、橡皮擦等。规格要求平面文件尺寸为 54cm×45cm，分辨率为 300 像素/英寸，颜色模式为 RGB 颜色模式。

素材与效果图

素材	效果图
	平面：
	立体：

测评 10.2　制作熊猫 ICON（UI 设计）

设计要求

ICON 是指类象符号，通过写实或模仿来表征其对象。本实例作品延续“杭州动漫节”这一主题，继续选择中国特色的“熊猫”吉祥物作为创作蓝本绘制图标（ICON），整体以圆形和弧度为设计要素，并配以参考主题色。设计中需应用的工具包括自定义形状工具、参考线、画笔等。规格要求平面文件尺寸为 12cm×8cm，分辨率为 300 像素/英寸，颜色模式为 RGB 颜色模式。

素材与效果图

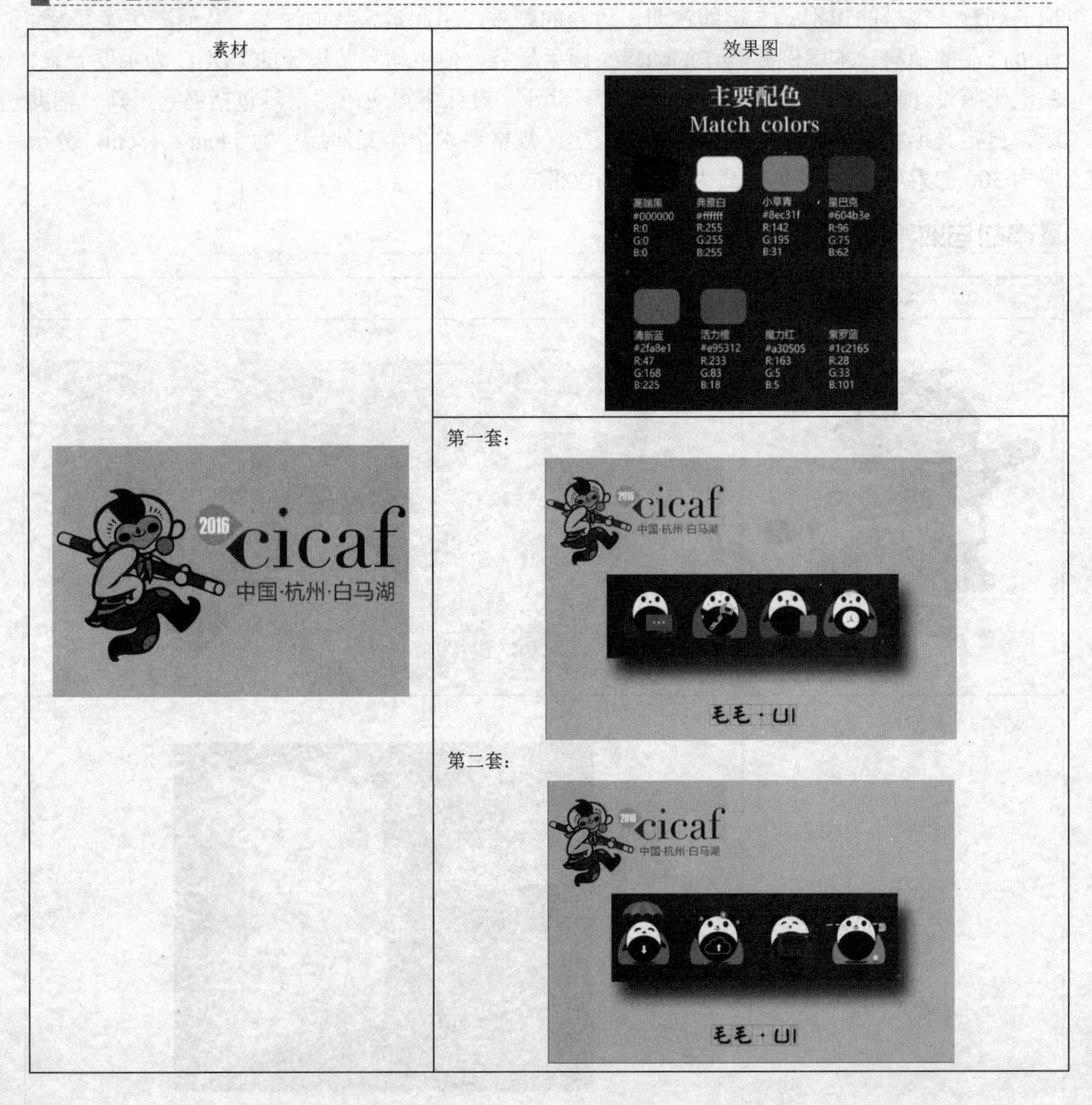

综合应用

学习目标

掌握不同素材的抠图方法。

知识准备

抠图可以理解为用工具把所需的主体从图片或素材中选取出来。抠图的方法非常多，不同的素材用到的抠图方法不一样。只有自己多积累一些经验，才能快速找出最有效的抠图方法。

项目核心素养基本需求

掌握 Photoshop 软件抠图工具的使用，包括魔棒工具、钢笔工具、选框工具等的使用，以及利用蒙版、通道和图层混合模式等配合抠图工具进行抠图操作。本项目通过案例介绍多种抠图方法，能根据不同素材选择相应的抠图工具抠出所需的图片，以达到创作的目的，并完成设计作品。

任务 11.1 设计电影海报

岗位需求描述

本任务是制作一部电影的电影海报。电影海报是电影衍生出来的产物，它是观众对电影的第一印象，是观众了解电影信息的重要途径，它在传递信息的同时又是一种独立存在的艺术形式。设计中会用到的工具与知识包括魔棒工具、曲线工具、钢笔工具、文字工具、滤镜、编辑变换、图像缩放、旋转、图层透明度设置等。

设计理念思路

本任务要求设计电影《好先生》的海报，以放映机、影片主题人物及照片为主元素，色彩清新，再配上红色的影片题目，其中的“好”字用滤镜做处理。整个海报看起来主题鲜明，人物突出。

素材与效果图

素材

岗位核心素养的技能技术需求

掌握利用曲线调整图片色度协助抠图的方法；掌握魔棒工具的使用方法以及利用钢笔工具根据形状需要进行抠图的方法。

任务实施

1）启动 Adobe Photoshop CS6 软件，打开 “人物”素材，复制一个图层副本，按 Ctrl+M 快捷键，在弹出的“曲线”对话框中将图层副本中人物的颜色调深一些，参数设置如图 11-1-1 所示。

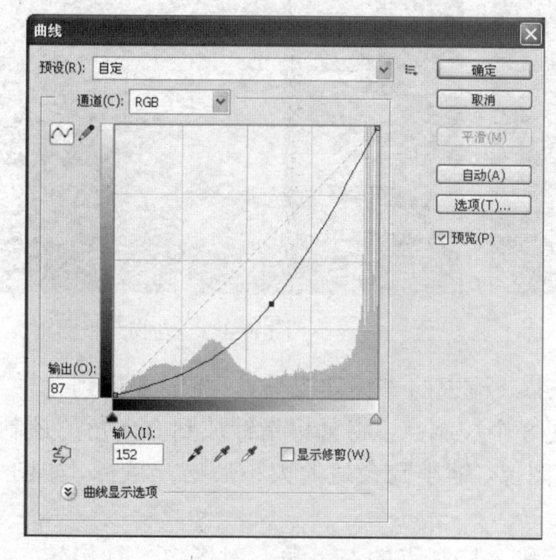

图 11-1-1　曲线设置

设计电影海报

2）在工具箱中选择“魔棒工具”，设置容差值为 25，单击“添加到选区”按钮，如图 11-1-2 所示。单击选取人物以外的区域，如图 11-1-3 所示，反选得到人物选区，如图 11-1-4 所示。在图层面板隐藏图层副本，如图 11-1-5 所示，选中背景图层，复制出人物。

图 11-1-2　设置魔棒容差及参数

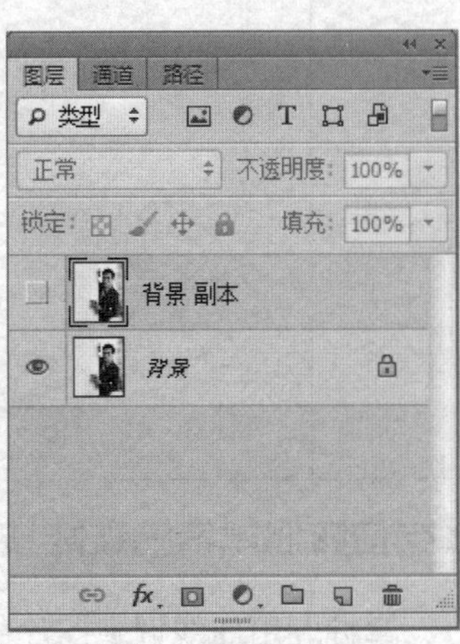

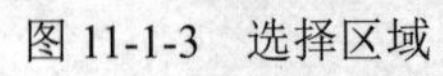

图 11-1-3　选择区域　　图 11-1-4　反选区域　　图 11-1-5　隐藏图层副本

3）打开“背景”素材，将选取的人物粘贴到背景上，如图 11-1-6 所示，将人物水平翻转，并将人物图层移到合适的位置，如图 11-1-7 所示。

图 11-1-6　将人物粘贴到背景上

图 11-1-7　人物水平翻转

4）打开“婚纱场景”素材，选择工具箱中的“移动工具”，将图像拖到背景上，设置显示变换控件，背景上的图像将出现 8 个控制点，将鼠标指针放到右下角的控制点上，按住 Shift 键和鼠标左键，按比例缩小图像，缩小到合适的大小后松开鼠标，如图 11-1-8 所示。

5）按 Ctrl+T 快捷键，将鼠标指针移至控制点的左上角，对图像进行旋转，效果如

图 11-1-9 所示，按 Enter 键确定。

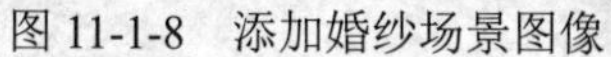

图 11-1-8 添加婚纱场景图像

图 11-1-9 旋转后的婚纱场景

6）在图层面板中，将图层的不透明度调整为 20%，如图 11-1-10 所示，效果如图 11-1-11 所示。

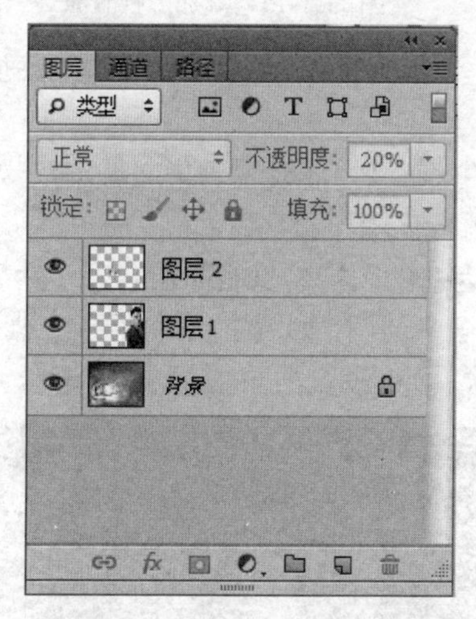

图 11-1-10 图层面板设置

图 11-1-11 设置不透明度后效果

7）选择工具箱中的“钢笔工具”，勾勒出图 11-1-12 所示的形状，并将路径转化为选区，如图 11-1-13 所示。

图 11-1-12 钢笔勾勒的形状

图 11-1-13 路径转化为选区

8）对选区进行反选，按 Delete 键删除原选区以外的内容，并调整图层的不透明度为40%，效果如图 11-1-14 所示。

9）用相同的方法完成“跳舞场景”“婚礼现场”“星空场景”图像的处理，如图 11-1-15 所示，其中，后两张图像的模糊边缘可用 120 像素的柔边圆橡皮擦处理。

图 11-1-14　删除原区域以外的内容并调整透明度

图 11-1-15　添加影视背景

10）选择工具箱中的“横排文字工具”，设置字体为华文楷体，字号为 36 点，添加白色文字“难以忘记，初次见你！”，如图 11-1-16 所示。

11）再次用“横排文字工具”输入红色字“好先生”，将字体设置为华文琥珀，“好”字字号为 160 点，“先生”为 100 点，调整字体间隙，栅格化图层。

12）用“矩形选框工具”把“好”字剪切、粘贴为新的图层。复制图层副本，然后选择“椭圆选框工具”，按住 Shift 键，框选一个比文字稍大一些的圆，如图 11-1-17 所示；执行“旋转扭曲”命令，对“好”字的副本图层进行旋转扭曲，参数设置如图 11-1-18 所示。

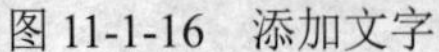

图 11-1-16　添加文字

图 11-1-17　选区框选“好”字

13）将扭曲后的图层按比例方大到合适大小，用柔边圆橡皮擦擦除多余的部分，效果如图 11-1-19 所示。

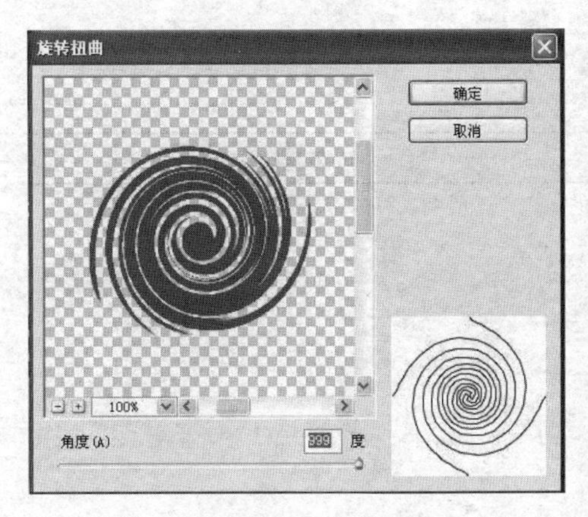

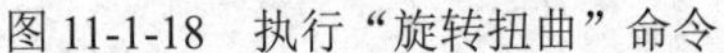

图 11-1-18　执行“旋转扭曲”命令

图 11-1-19　《好先生》效果图

任务小结

1）电影海报设计的整体要求。电影海报一般要求主题明确，想法独到，形象简洁，特征明显，同时，电影海报离不开文字设计，文字要便于读、认、记，选择的文字应当可以向观众明确解释、说明该部影片的特点、内容，有效、准确、清晰地传达出其主要信息。

2）本任务的技术要点如下。

① 设计海报前需要了解海报的具体尺寸，根据尺寸要求新建画布。

② 掌握将人物素材图片、电影场景素材图片进行适当的抠图、选取，并应用到海报中的技能。

③ 灵活地应用滤镜效果处理主文字。

任务 11.2　设计婚纱相册

岗位需求描述

本任务要求将婚纱照制成相册，但原图片的主体人物和背景图像都比较复杂，相册原图也有一些不需要的人物存在。相册的制作需要将婚纱照中的人物主体从背景中抠取出来，同时，将相册原图的原有人物去除，再合并制作成相册效果。所用的工具与知识包括钢笔工具、转换点工具、添加锚点工具、删除锚点工具、画笔工具、椭圆选框工具、路径与选区的转换等。

设计理念思路

本任务完成一款清新淡雅的婚纱相册的制作，利用钢笔工具进行抠图，并用图章工具进行图像处理，最终创作出婚纱相册效果。

素材与效果图

素材	效果图

岗位核心素养的技能技术需求

掌握用钢笔工具进行人物抠图、用图章工具处理相册原人物、合成新相册的方法，完成相册的制作。

设计婚纱相册

任务实施

1）启动 Adobe Photoshop CS6 软件，打开素材“婚纱素材 1”，双击背景图层，如图 11-2-1 所示，弹出“新建图层”对话框，如图 11-2-2 所示，单击“确定”按钮，这个时候就可以在图层 0 中进行修改了。

2）将图像适当地放大，选择工具箱中的“钢笔工具”，从图像的边缘开始抠图，如图 11-2-3 所示。

3）沿着人物的边缘抠取图像，进行简单的抠图之后，可以选中“转换点工具”或“删除添加描点”，对一些不太满意的地方进行修改，如图 11-2-4 所示。

4）用相同的方法抠取两个人物中间的区域，如图 11-2-5 所示。

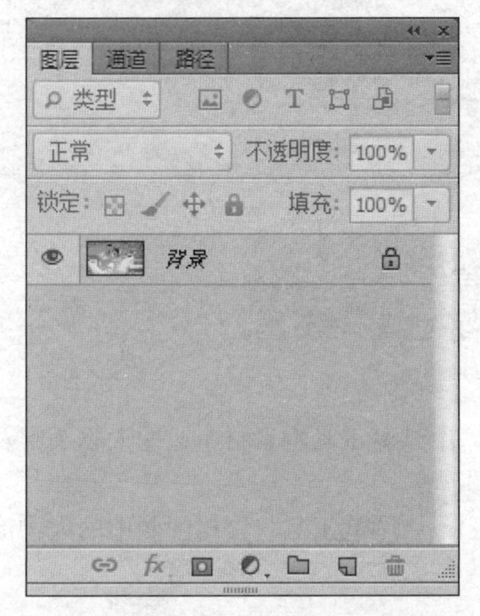

图 11-2-1　背景图层

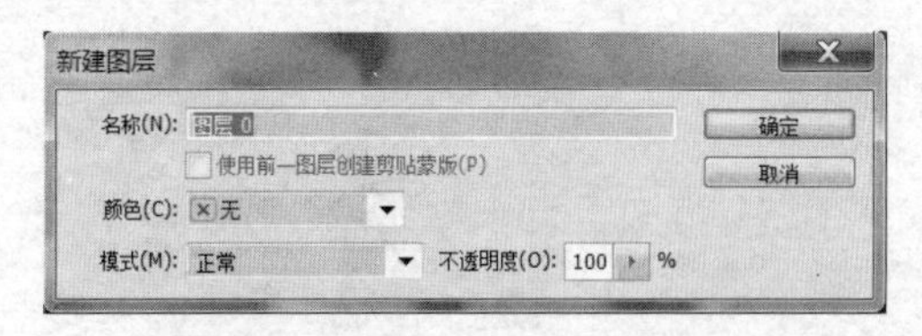

图 11-2-2　“新建图层”对话框

图 11-2-3　从边缘开始抠图

图 11-2-4　抠图路径

图 11-2-5　抠取人物中间区域

5）修改完成之后选择“路径面板”，图 11-2-6 所示。右击“工作路径”建立选区，单击“确定”按钮。这时会看到钢笔抠图外围有一圈移动的小点，这就意味着选区已经建立好了，如图 11-2-7 所示。

图 11-2-6　路径面板

图 11-2-7　建立选区

6）复制选区中的人物。

7）打开“婚纱素材 3”，如图 11-2-8 所示。

图 11-2-8　婚纱素材

8）将前景色设置为白色（R:255, G:255, B:255），用画笔工具将素材左边的人物头部及身体涂掉，如图 11-2-9 所示。

9）将前景色设置为灰白色（R:228, G:233, B:229），用画笔工具将素材圆圈中的人物涂掉，如图 11-2-10 所示。

图 11-2-9　涂掉左边人物

图 11-2-10　去除圆圈人物

10）放大图片，用“仿制图章”工具将荷叶边上的人物修涂掉，如图 11-2-11 所示。

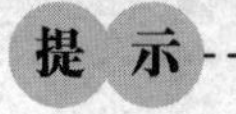

选择仿制图章工具，按 Alt 键的同时按住鼠标左键进行取样，用取样的图像覆盖原图，达到修图效果。

11）将前面抠取的人物拖到刚刚处理好的图像中，调整人物大小及位置，如图 11-2-12 所示。

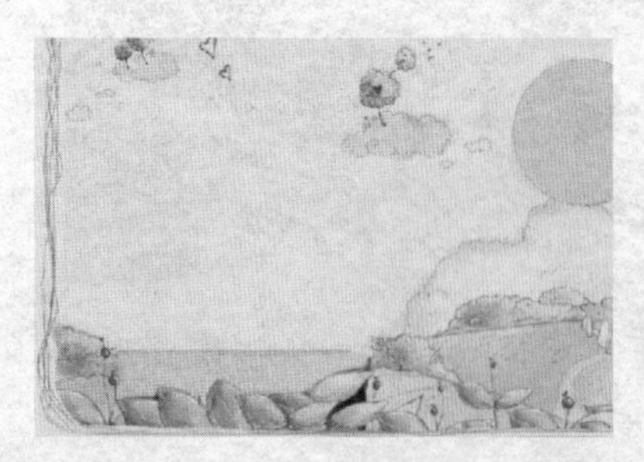

图 11-2-11　修正图像

图 11-2-12　添加左边人物

12）打开“婚纱素材 2”，用钢笔工具抠取人物的上半部分，如图 11-2-13 所示。

图 11-2-13 抠取人物上半部分

13）将路径转化为选区后，复制图像到新的背景中，如图 11-2-14 所示。

图 11-2-14 复制人物到新的背景中

14）用椭圆选框工具，画一个合适大小的圆，如图 11-2-15 所示。反选后，按 Delete 键删除圆以外的区域，达到最终效果，如图 11-2-16 所示。

图 11-2-15 画正圆形选区

图 11-2-16 婚纱相册设计效果图

任务小结

1）婚纱相册设计的整体要求。在婚纱照的版面设计中，设计者一般根据照片所体现的氛围定风格。婚纱照相册的色调包括在一页当中每张婚纱照片的风格色调是否协调，最好是每个造型的婚纱照都尽量地放在一起，这样看起来会比较协调、自然。

2）本任务的技术要点如下。

设计婚纱相册前，需要了解相册的大小，选好合适的背景，选取与背景风格相近的图片进行设计。在利用钢笔工具进行抠图时要细心操作，个别选取得不理想的地方可用删除锚点工具、转换点工具进行修改。修改荷叶边上的人物腿部时，“仿制图章”工具可选用柔角的笔头。

任务 11.3 设计运动会海报

岗位需求描述

活动性海报宣传设计是每个企业或单位的设计者都需要具备的基本技能，日常使用率高。本任务以某学院即将举行校园运动会设计开幕式的海报为例。首先海报的设计需要与主题相符，添加一些与运动会相关的元素，如火炬、运动的人物背景、彩带等；其次，海报在设计时要突出主题。本任务采用红黄两种颜色为主，因为红象征喜庆、热闹；黄色象征喜悦、希望、光荣。

设计理念思路

火焰、彩带象征着光芒、希望和激情，与活动主题相符合。这类半透明的物体很难用工具将图像完整地抠取出来，但利用通道能快速、完美地达到抠图效果，同时加强钢笔工具的使用。

素材与效果图

素材	 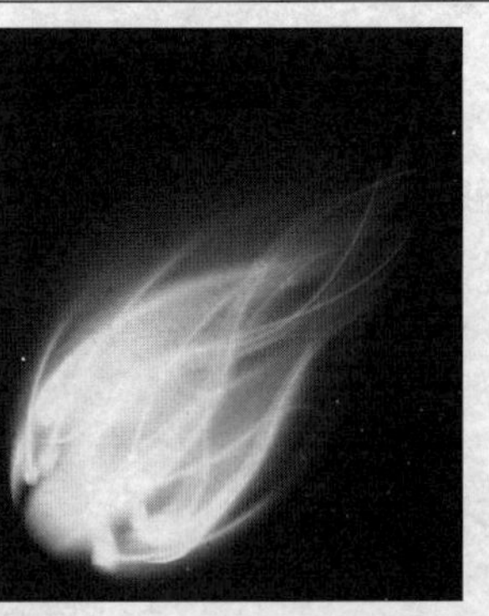

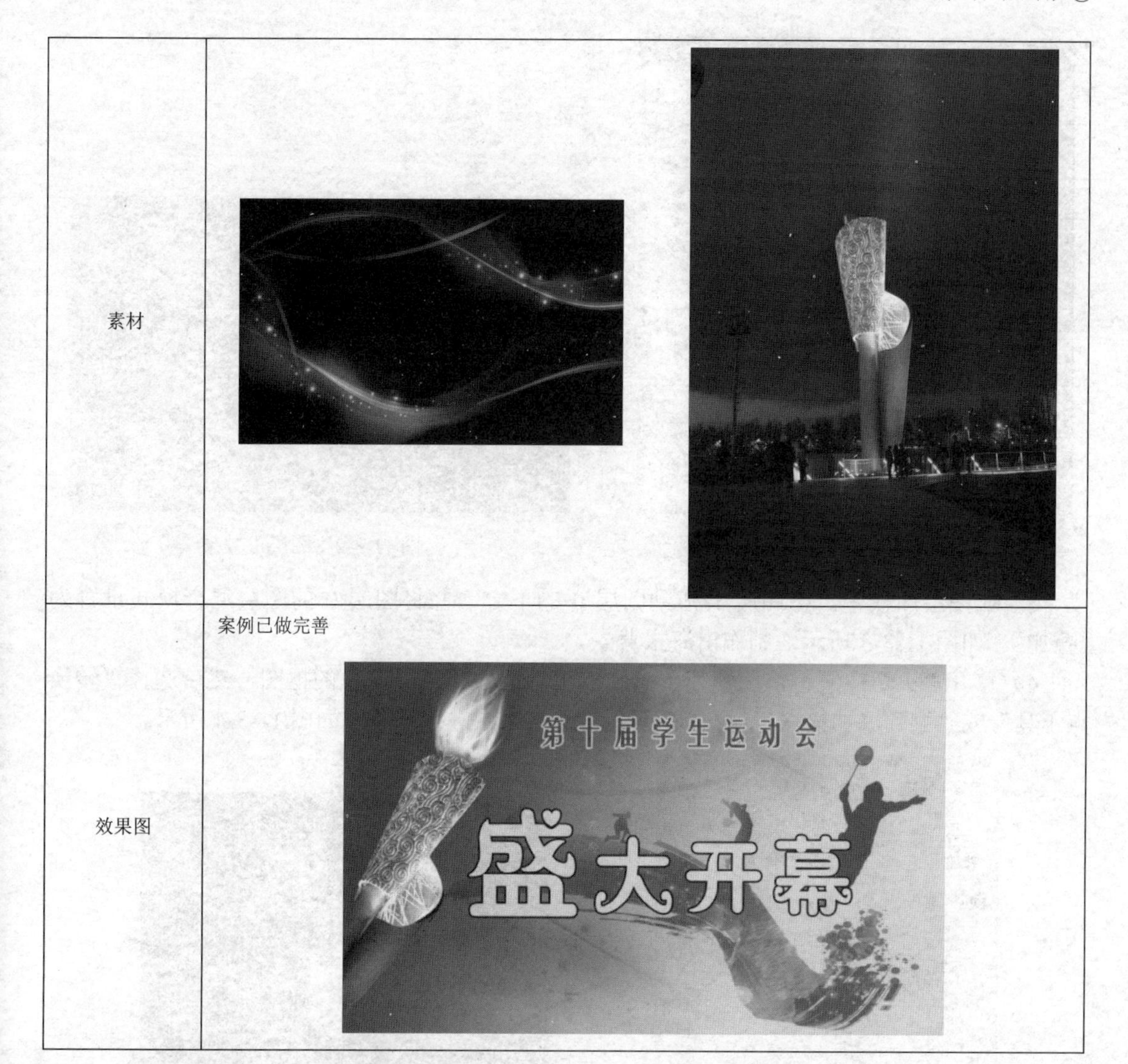

岗位核心素养的技能技术需求

掌握用通道抠取火焰、彩带这类半透明的物体，掌握钢笔工具的使用。同时，应用图层混合模式等，设计完成海报效果。

任务实施

1）启动 Adobe Photoshop CS6 软件，打开 “运动”素材，双击背景图层，弹出“新建图层”对话框，单击“确定”按钮，新建图层 0。

设计运动会海报

2）新建图层 1，将前景色设置为红色（R:255, G:0, B:0），背景色设置为橙黄色（R:255, G:126, B:0），选择工具箱中的“渐变工具”，打开“渐变编辑器”，选择“前景色到背景色渐变”，如图 11-3-1 所示，然后从图层 1 的左上角到右下角拖出线性渐变，如图 11-3-2 所示。

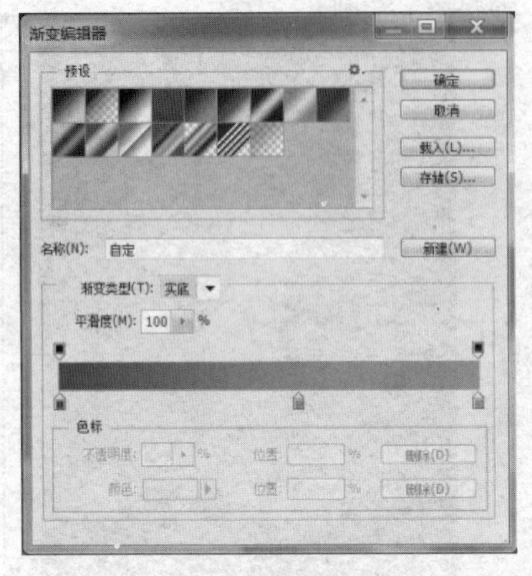

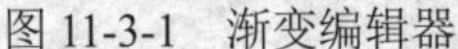

图 11-3-1 渐变编辑器

图 11-3-2 图层 1 效果

3）在图层面板中，将图层 1 拖到图层 0 的下方，并将图层 0 的图层混合模式设置为“叠加”，如图 11-3-3 所示，制作出海报背景。

4）打开“火炬”素材，用钢笔工具沿着火炬的边缘进行简单的抠图，然后选择“转换点工具”或“删除添加描点”，对一些不太满意的地方进行修改，如图 11-3-4 所示。

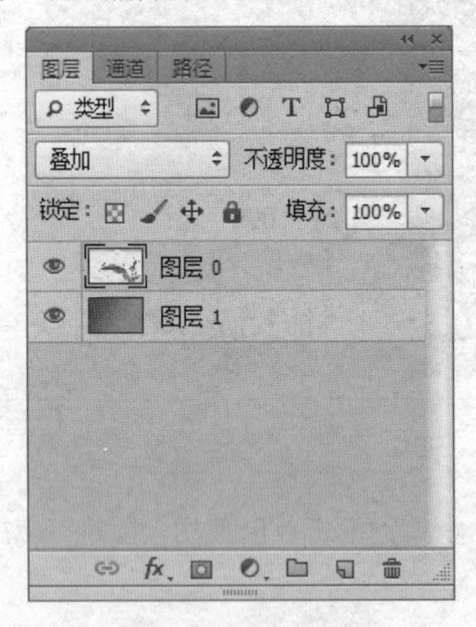

图 11-3-3 图层设置

图 11-3-4 抠取火炬

5）修改完成之后选择“路径面板”，右击“工作路径”建立选区，单击“确定”按钮。这时会看到钢笔抠图外围有一圈移动的小点，复制抠选出来的火炬，粘贴到步骤 3）制作好的海报背景中，如图 11-3-5 所示。

6）按 Ctrl+T 快捷键，对火炬所在图层进行旋转，调整大小，并移至合适的位置，如图 11-3-6 所示。

7）打开“火焰”素材，分别复制红、绿、蓝通道。接着按住 Ctrl 键，单击“红副本”通道形成选区，如图 11-3-7 所示。然后单击图层，新建图层“红”，保持选区不变，在新图层“红”中选择填充颜色红色（R:255, G:0, B:0），如图 11-3-8 所示。填充后按 Ctrl+D 快捷键取消选区。

图 11-3-5　添加火炬

图 11-3-6　火炬旋转移动

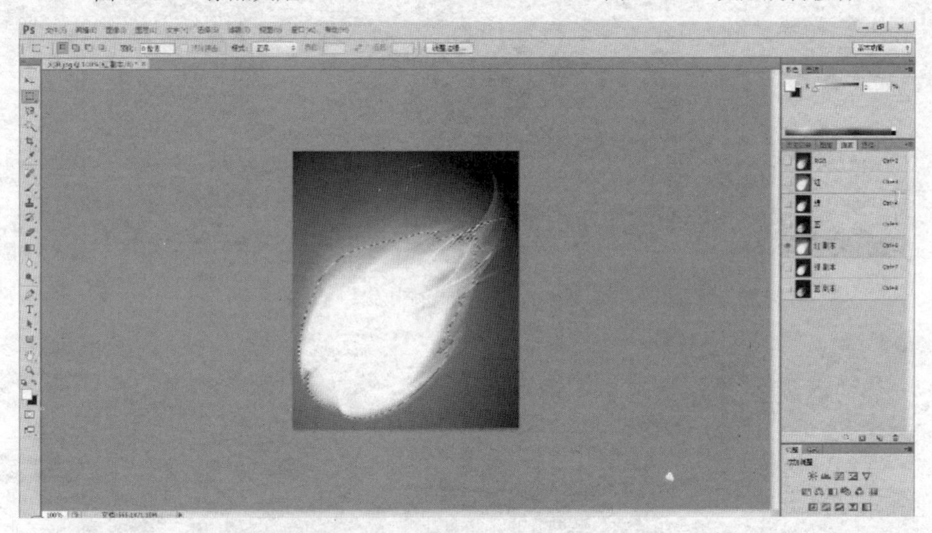

图 11-3-7　选择红色副本通道选区

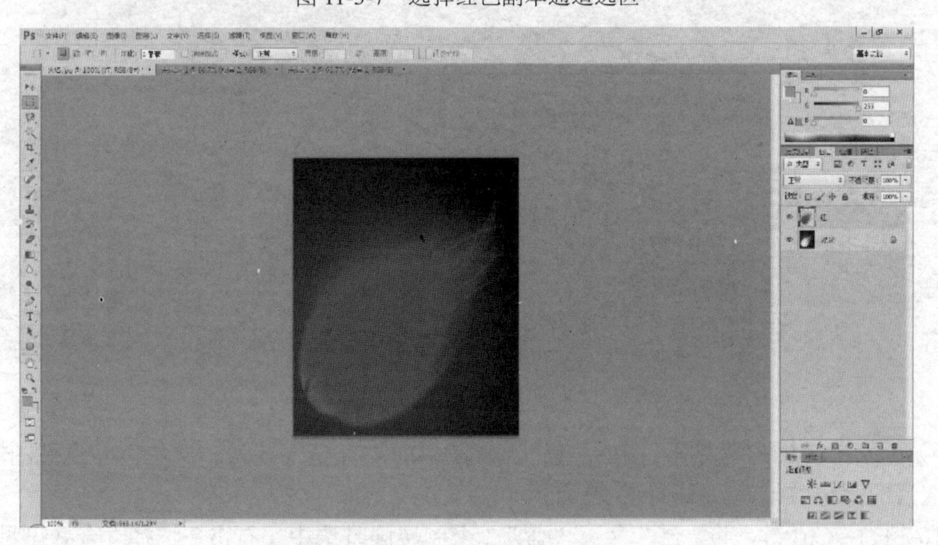

图 11-3-8　新建图层红

8）剩下的两个通道选区载入也跟红色通道一样，载入绿色通道的图层“绿”填充绿色（R:0, G:255, B:0），如图 11-3-9 所示。图层“蓝”载入蓝色通道选区，颜色为蓝色（R:0, G:0, B:255），如图 11-3-10 所示。

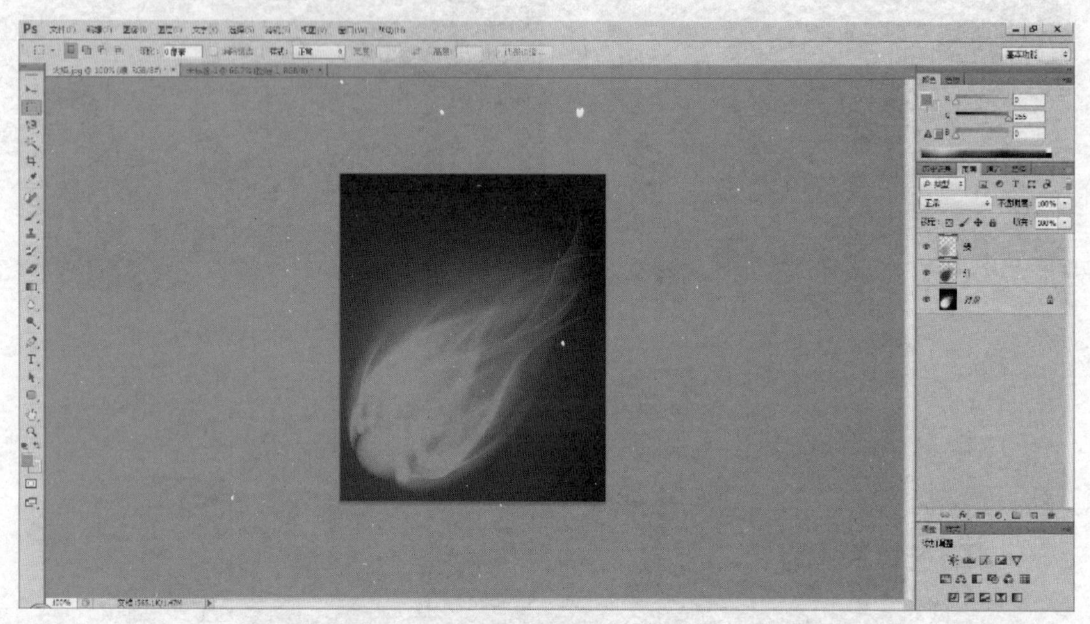

图 11-3-9　新建图层绿

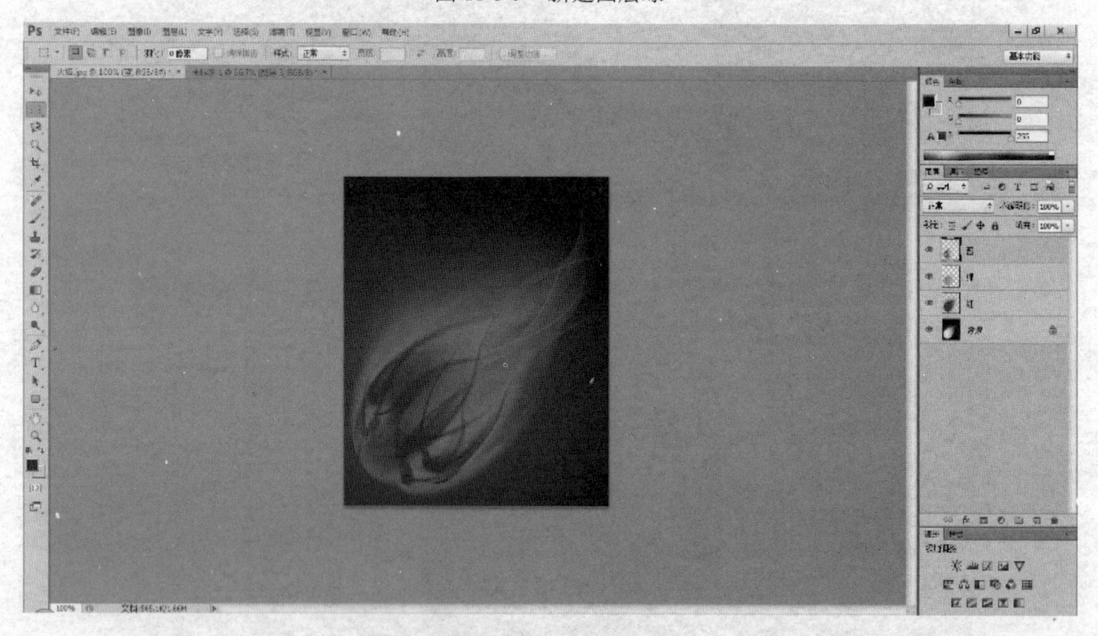

图 11-3-10　新建图层蓝

9）分别单击图层“绿”、图层“蓝”，将图层的混合模式改为“滤色”并隐藏图层，得到抠取后的火焰效果，如图 11-3-11 所示。

10）按住 Ctrl 键，将“红”“绿”“蓝”3 个图层同时选中，右击，选择“合并可见图层”

命令。将合并后的火焰拖到海报背景中，如图 11-3-12 所示。

11）调整火焰大小，旋转，并移到火炬前端。使用柔角橡皮擦擦掉火焰外围不需要的部分，如图 11-3-13 所示。

图 11-3-11 抠取后的火焰

图 11-3-12 加入火焰

图 11-3-13 火焰调整后

12）打开“彩带”素材，在“通道面板”中载入蓝色通道，选择“图层”→“新建填充图层”→“纯色”命令，如图 11-3-14 所示。

13）设置填充蓝色，如图 11-3-15 所示。

14）将新建的“颜色填充 1”图层拖到海报背景中，图层混合模式设置为“柔光”，如图 11-3-16 所示。

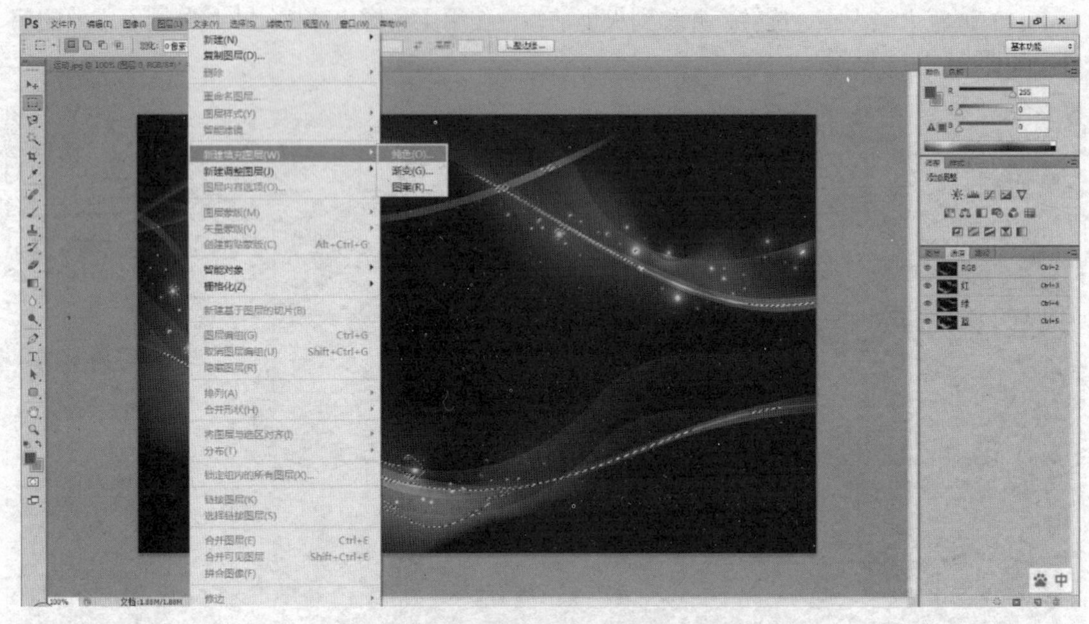

图 11-3-14 “新建填充图层”命令

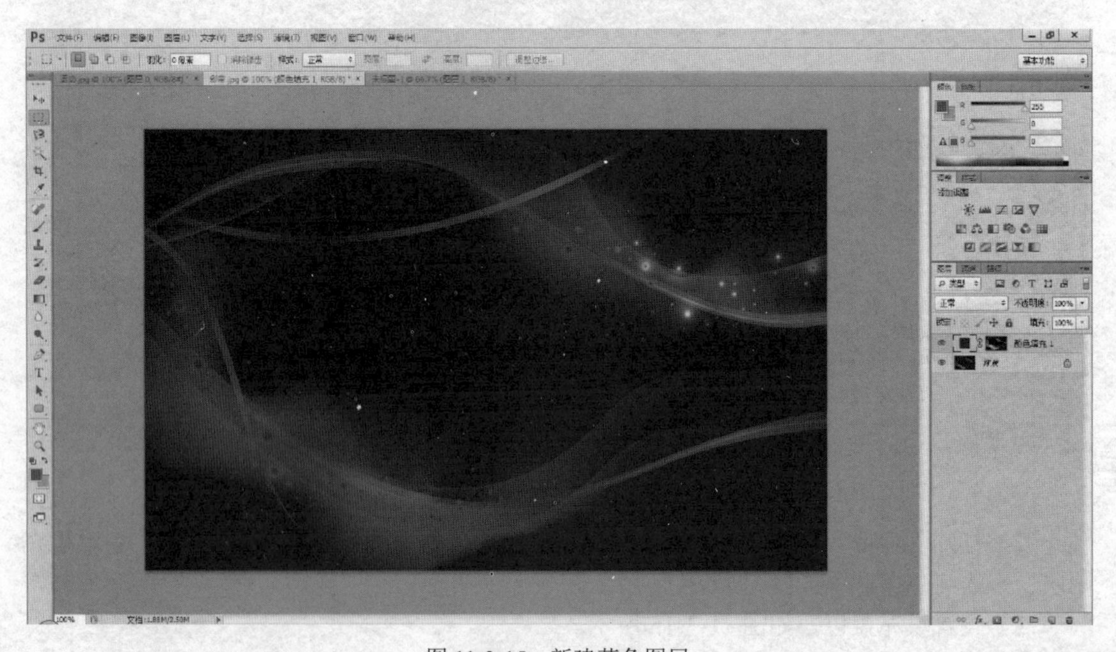

图 11-3-15 新建蓝色图层

15）复制“颜色填充 1”图层，对复制的副本进行水平翻转，移到合适位置，如图 11-3-17 所示。

图 11-3-16　彩带效果（1）

图 11-3-17　彩带效果（2）

16）选择“文字工具”，设置字体为方正姚体，大小为 36 点，颜色为红色（R:255, G:0, B:0），输入文字“第十届学生运动会”，双击文字，在弹出的“图层样式”对话框中，设置 3 像素黄色描边，如图 11-3-18 所示，效果如图 11-3-19 所示

17）再次选择“文字工具”，设置字体为汉仪秀英体简，大小为 100 点，颜色为黄色（R:255, G:255, B:0），输入文字“盛大开幕”。选中“盛”字，将字号修改为 140 点，在“图层样式”对话框中设置 3 像素黑色描边，如图 11-3-20 所示。

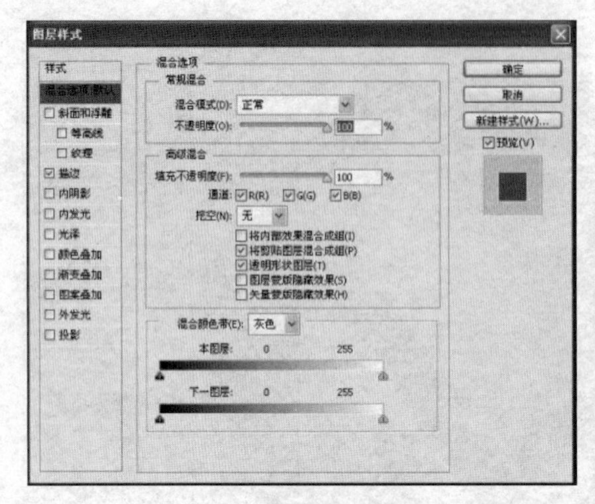

图 11-3-18　设置文字描边

图 11-3-19　添加文字“第十届学生运动会”

图 11-3-20　运动会海报设计最终效果

提 示

“汉仪秀英体简”字体安装：将素材文件夹中的“汉仪秀英体简.ttf”文件复制到 C:\WINDOWS\Fonts 中。

任务小结

1）运动海报设计的整体要求。海报的设计形象和色彩必须简单明了，同时，海报的造型与色彩必须和谐，整个画面须具有魄力感与均衡效果。

2）本任务的技术要点如下。

① 制作海报前需要了解海报的主题，根据主题定好颜色，同时，需要了解有没有具体的尺寸和印刷要求。

② 本任务难点在于利用通道对火焰、彩带等半透明物体进行抠取。

任务 11.4 设计洗发水海报

岗位需求描述

某公司想为其洗发水重新设计一款海报，要求突出洗发水具有顺滑秀发、长效清洁的效果。

设计理念思路

本任务中的海报使用蓝色为主色调，以女孩飘起的秀发突出洗发水的效果。

素材与效果图

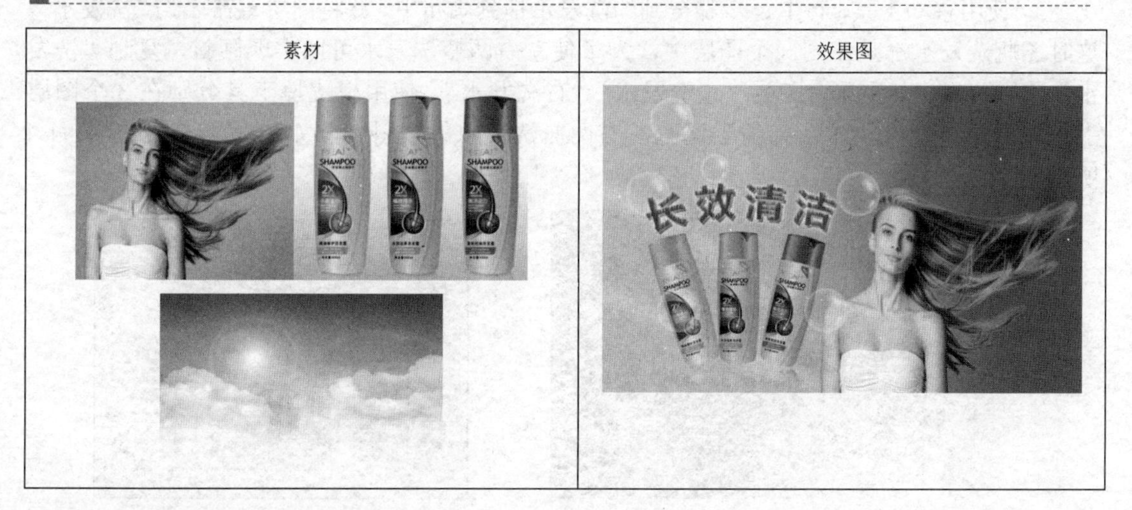

岗位核心素养的技能技术需求

能够使用调整边缘工具快速抠图；在设计过程中熟练掌握蒙版、图层叠加、魔棒工具、羽化工具的使用。

任务实施

1）新建一个 800 像素×500 像素的文件，选择渐变工具，设置渐变方式为左右渐变，左边颜色为“# c9f7ff”，右边颜色为“# 0081b7”。在背景图层上使用渐变工具左右拉伸，填充渐变色。选择加深工具，设置合适的笔头大小，在画面中下部向右侧涂抹，做出深色褶皱背景色。选择颜色减淡工具，用同样的方法在画面中下部向左侧涂抹，做出浅色褶皱背景色，如图 11-4-1 所示。

设计洗发水海报

2）打开“洗发水”素材，通过观察发现，该素材的背景色比较单一没有杂色，因此优先使用“快速选择”工具进行抠图，选择“快速选择”工具，在该工具的选项中选择“添加到选区”，在背景色上连续单击，选中背景层，如图 11-4-2 所示。接着按 Shift+Ctrl+I 快捷键进行反选，至此选中了洗发水。

图 11-4-1　设置洗发水背景

图 11-4-2　添加洗发水素材

3）使用移动工具，将上述步骤得到的洗发水拖到画布中，并将图层重命名为“洗发水”。这时 3 瓶洗发水都是在同一个图层中，为了使左右两瓶洗发水可以实现倾斜，复制“洗发水”图层两次，分别重命名为“左洗发水”“右洗发水”，使用橡皮擦工具分别在 3 个图层上擦除另外两瓶洗发水，并适当调整左右两瓶洗发水的倾斜度，如图 11-4-3 和图 11-4-4 所示。

图 11-4-3　设置洗发水倾斜度

图 11-4-4　复制洗发水

4）隐藏背景图层，按 Shift+Ctrl+Alt+E 快捷键，复制一个图层，命名为“倒影”。选择该图层，执行“编辑”→“变换”→“垂直翻转”命令，适当调整翻转后的图案位置。完成后显示背景图层，选择“倒影”图层，单击“添加图层蒙版”按钮，为“倒影”图层添加一个白色的蒙版层。选择渐变工具，设置渐变方式为左右渐变，渐变颜色由纯黑到纯白，在蒙版图层上由下至上拖动，做成渐隐效果，如图 11-4-5 所示。

5）打开“人物”素材图片，拖放到画布中，按 Ctrl+T 快捷键，对人物的大小进行调整，调整完毕后按 Enter 键确认。选中“人物”图层，选择工具栏中的“快速选择”工具，在选项中选择“添加到选区”命令，在“人物”图层的背景处连续鼠标，单击时注意适当缩放笔头的大小（如果不小心多选了，可以在选项中单击“从选区减去”命令，然后单击多选的区域，减选该区域）。选取完成后，按 Shift+Ctrl+I 快捷键反选，如图 11-4-6 所示。

图 11-4-5 设置洗发水倒影效果

图 11-4-6 抠取人物

6）保持选区，单击工具栏上的“调整边缘”按钮，打开“调整边缘”对话框，参数设置如图 11-4-7 所示。适当调整笔头大小，在人物边缘处涂抹，在涂抹到头发时，建议用小笔头，涂抹后的效果如图 11-4-8 所示。涂抹完成后，单击“确定”按钮，按 Shift+Ctrl+I 快捷键反选，按 Delete 键删除“人物”图层背景色，完成人物抠图。

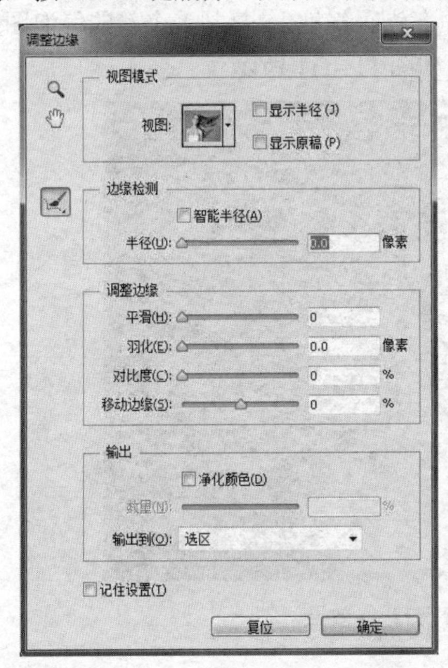

图 11-4-7 “调整边缘”对话框

图 11-4-8 修饰人物

7）使用文字工具，在洗发水上方输入“长效清洁”文字，字体为“微软雅克”，大小为 60 点，加粗，字体颜色为“#1074fd”。在该文字图层上应用文字变形，变形类型为“扇形”，设置外发光图层样式，参数设置如图 11-4-9 所示。

8）新建透明图层，重命名为“气泡”，在该图层绘制一个直径为 80 像素左右大小的圆，填充白色，右击，选择“羽化”命令，设置“羽化”值为 10 像素，羽化后按 Delete 键，气泡轮廓已经完成。新建图层，重命名为“高光”，在该图层上使用白色笔头在气泡轮廓边缘绘制高光，然后使用“高斯模糊”工具对高光进行模糊处理，气泡效果如图 11-4-10 所示。

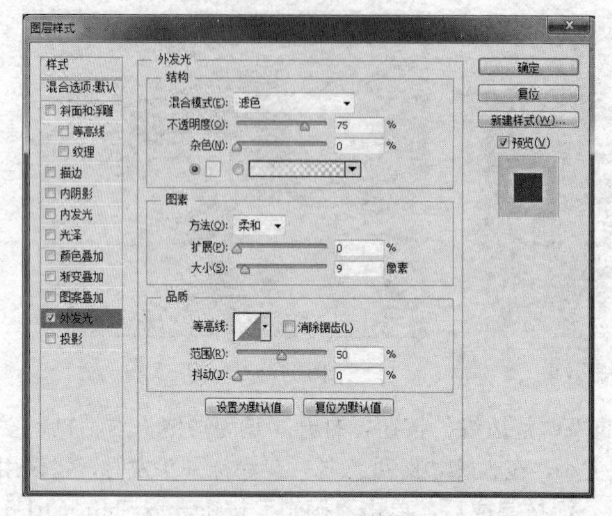

图 11-4-9　设置文字样式

图 11-4-10　设置气泡

9）合并“气泡”图层和“高光”图层，重命名为“气泡”，复制多个新的气泡图层，并对复制的气泡进行位置变换和大小缩放，完成后如图 11-4-11 所示。

图 11-4-11　洗发水广告最终效果

提　示

气泡制作完成后，可复制多个气泡图层，按 Ctrl+T 快捷键对气泡进行自由变换，但不要对同一个图层进行多次变换，多次变换会严重损害图像质量。

任务小结

1）在本任务中，通过飘逸的秀发突出洗发水的效用，海报采用淡蓝色为主色调，给人清澈、幸福、自然洁净的感觉。

2）在制作过程中，多次使用不同的抠图工具进行处理，要特别注意应根据不同的素材使用恰当的抠图方法进行处理。

任务 11.5　设计水杯效果图

岗位需求描述

为了能让顾客直观地看出水杯的美，某网店需要制作水杯在不同生活场景中的效果图。该网店已有一张高清的水杯图片，现需要对水杯进行抠图并和生活场景图片进行合成，使水杯融入场景中。

设计理念思路

玻璃抠图的难点在于玻璃是半透明的，容易反射高光。本任务通过对玻璃杯进行抠图处理，把玻璃杯置于电脑桌面上，并根据场景光线为玻璃杯添加阴影效果，使效果更逼真。

素材与效果图

岗位核心素养的技能技术需求

掌握图层混合模式、钢笔工具等的使用方法。

任务实施

1）打开素材文件“桌子”“杯子”，并将“杯子”放到“桌子”，重命名新图层为“杯子”。

设计水杯效果图

2）选择“钢笔”工具，在杯子边缘处勾画出杯子的轮廓，结合 Alt 键及 Ctrl 键调整路径形状，调整后的路径如图 11-5-1 所示。右击图片，在弹出的快捷菜单中选择“建立选区”命令，设置羽化值为 0 像素。按 Shift+Ctrl+I 快捷键反选，创建杯子选区，按 Delete 键删除杯子背景色。选中“杯子”图层，复制一个副本图层，重命名为“杯子 2”，并隐藏起来。

3）隐藏“桌子”图层，选中“杯子”图层，进入通道面板，通过观察“杯子”的各个通道，发现蓝通道黑白对比强烈，而且亮光区域正是杯子的透明部分，因此需要借助蓝通道减少杯子透明区域上的颜色。选中蓝通道，拖动到右下角的“创建新通道”图标上，复制一个蓝通道副本。选中蓝通道副本，执行“图像”→“调整”→“色阶”命令，进入“色阶”调节对话框，也可以直接按 Ctrl+L 快捷键进入“色阶”调节对话框。调节参数设置如图 11-5-2 所示，设置完毕后单击“确认”按钮，这时黑白对比更加明显了，按住 Ctrl 键，在通道面板中单击蓝通道副本，将该通道载入选区。得到选区后，单击“杯子”的 RGB 通道，并返回图层面板。通过观察，发现选区选中了杯子的高光透明部分，按 Delete 键删除该部分。

图 11-5-1　勾画出杯子轮廓

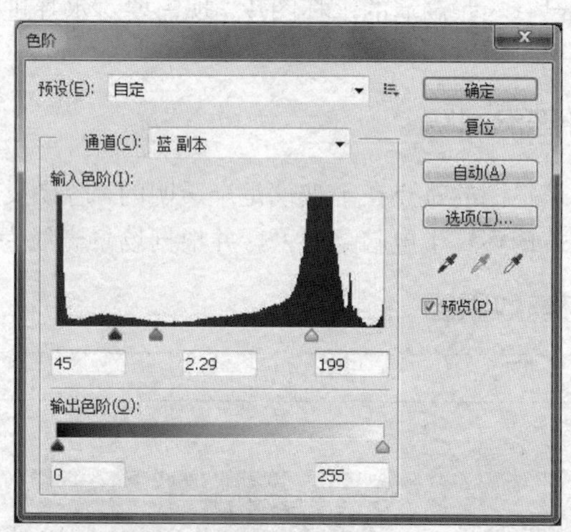

图 11-5-2　“色阶”对话框

4）显示“桌子”图层，在整个环境中观察杯子的抠图效果，发现杯子的边缘处比较生硬，如图 11-5-3 所示。显示“杯子 2”图层，把该图层的混合模式改为“变亮”，设置不透明度为 50%。这时杯子的透明部分圆滑多了。为了使杯子的两个图层同步移动或缩放，需要把“杯子”“杯子 2”两个图层关联起来，同时选中两个图层，单击图层面板下方的“链接图层”按钮，完成图层链接。按 Ctrl+T 快捷键对杯子进行缩放，并移动到合适的位置，如图 11-5-4 所示。

图 11-5-3　观察杯子的抠图效果

图 11-5-4　对杯子进行缩放和移动

5）新建图层，重命名为“阴影”，使用椭圆工具在杯底绘制一个椭圆选区，如图11-5-5所示。使用高斯模糊滤镜对“阴影”图层进行模糊处理。适当调整阴影的方向，把“阴影”图层置于杯子图层之下，效果如图11-5-6所示。

图11-5-5 设置杯子阴影

图11-5-6 杯子的阴影效果

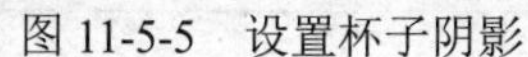

任务小结

1）对不透明物体抠图，注重的是物体边缘是否抠取干净。但是对于半透明的玻璃而言，除了处理好边缘外，还要特别处理一下它的透明度，这样才能使抠取的半透明玻璃和周围环境融为一体。

2）本任务中巧妙地运用了通道对“杯子”进行处理，使“杯子”和周围环境能够很好地融合在一起。

任务11.6 设计水晶灯展示效果图

岗位需求描述

在灯饰销售市场中，为了展示灯具的使用效果，通常会单独给水晶灯拍照取材，然后通过图像合成技术使水晶灯置于不同的场景中，以展示不同的效果美。这样大大节省了灯具安装费用，节省了人力物力。

设计理念思路

为突出水晶灯亮灯后的效果及方便后期处理，水晶灯一般以黑色幕布为背景进行拍照取材。本任务通过对水晶灯进行抠图处理，然后置于客厅中，以展示水晶灯之美。

素材与效果图

岗位核心素养的技能技术需求

综合使用通道和图层蒙版，并结合图层混合模式对水晶灯进行抠图。

任务实施

设计水晶灯展示效果图

1）打开“大厅”“水晶灯”两个素材，把“水晶灯”拖放到“大厅”上，形成新的图层“水晶灯”。水晶灯是半透明的材质，因此不能用“钢笔工具”等直接抠取，通过观察发现水晶灯的背景色是黑色，因此可以使用图层的混合模式去掉这个背景色。

2）选中“水晶灯”图层，拖放到图层面板右下角的“创建新图层”按钮上，复制一个图层，重命名为“水晶灯 2”。隐藏“水晶灯 2”图层，选中“水晶灯”图层，设置图层的混合模式为“滤色”，如图 11-6-1 所示，效果如图 11-6-2 所示。

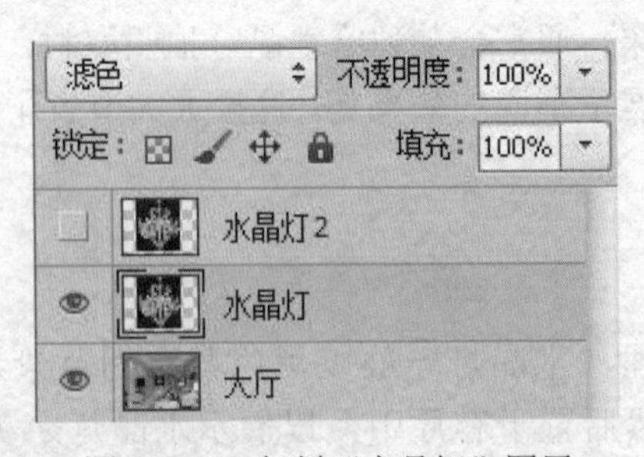

图 11-6-1　复制“水晶灯”图层

图 11-6-2　水晶灯效果

3）仔细观察，发现“滤色”后“水晶灯”图层边缘处出现明显的分界，需使用蒙版来消除这种分界。选中“水晶灯”图层，单击“添加图层蒙版”按钮，为图层添加一个白色的蒙版。选择画笔工具，设置画笔的笔头为柔边，前景色为黑色，在边缘处出现明显分界处涂抹，消除分界，如图 11-6-3 所示。

4）涂抹完成后，水晶灯已经可以和周围环境融合在一起了，再仔细观察水晶灯，发现水晶灯缺少一定的质感。隐藏“水晶灯”图层和“大厅”图层，显示“水晶灯 2”图层，如图 11-6-4 所示。切换到通道面板，分别单击红、绿、蓝 3 个通道，观察通道的颜色情况，发现红色通道颜色较多，再加上整个环境是暖色调，所以选择红通道来增强水晶灯的质感。选中红通道，按住 Ctrl 键，单击红通道缩略图，将红通道载入选区。单击 RGB 通道，回到正常显示状态，切换到图层面板，按 Ctrl+J 快捷键，复制选区里的内容，得到“图层 1”，隐藏“水晶灯 2”图层，如图 11-6-5 所示。

图 11-6-3　修正水晶灯

图 11-6-4　显示“水晶灯 2”图层

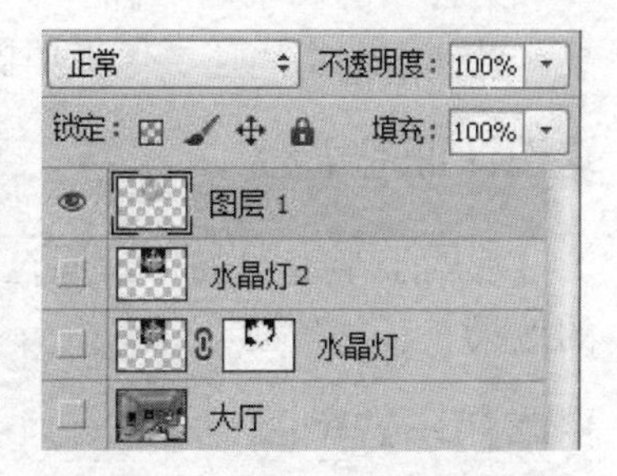

图 11-6-5　隐藏“水晶灯 2”图层

5）仔细观察“图层 1”，发现该图层也存在明显的边界，用上述方法为该图层添加白色图层蒙版，使用黑色的柔性笔头在边界处涂抹，消除边界。涂抹完成后，将图层的不透明度设置为 50%，并显示“水晶灯”图层和“大厅”图层，如图 11-6-6 所示。

6）同时选中“水晶灯”图层和“图层 1”图层。按 Ctrl+T 快捷键，对水晶灯大小进行缩放，并把水晶灯移到合适的位置，完成后效果如图 11-6-7 所示。

图 11-6-6　显示“水晶灯”图层和“大厅”图层

图 11-6-7　水晶灯效果图

任务小结

水晶灯的边缘线条弯曲较多且不规则，如果用钢笔工具等常规方法创建选区进行抠图会花费很多时间。在本任务中，巧妙地运用了混合模式和蒙版工具把水晶灯的背景色去掉，再运用通道工具，给水晶灯增强质感。

任务 11.7　设计活力冰泉广告

岗位需求描述

某公司的矿泉水广告需要制作一则效果图，现需要在矿泉水上做出水花四溅的冰凉效果。设计中可将高速摄像机拍摄到的水花照片合成到矿泉水中，营造冰爽的效果。

设计理念思路

水属于半透明物体，通过对水花进行抠图后，把水花置于矿泉水海报上，营造冰爽的效果。

素材与效果图

素材	效果图
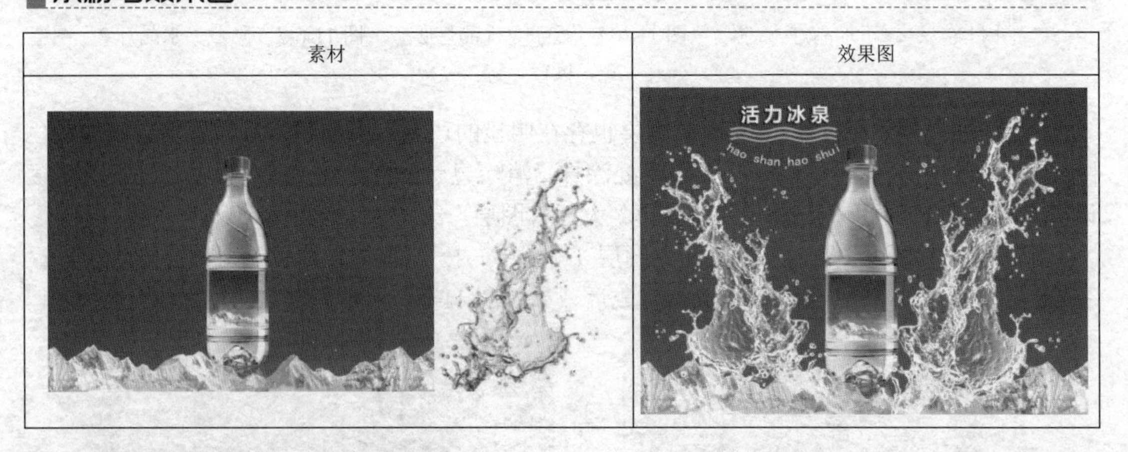	

岗位核心素养的技能技术需求

综合使用通道，结合图层样式对水进行抠图。

任务实施

设计活动冰泉广告

1）打开“活力冰泉”和“水花”素材，把“水花”拖到“活力冰泉”文件中，并放到画布右侧，将图层重命名为“水花”，适当调整好位置。通过观察发现水花的背景色是纯白色，而水花本身是半透明的液体，因而不能简单地使用“魔棒工具”和“快速选择工具”进行抠图。下面借助通道来对水花进行抠图。

2）隐藏背景图层，显示“水花”图层，切换到通道面板。分别单击各个通道，通过观察可以发现红色通道黑白对比度较大。为了不破坏原通道，选中红通道，拖放到右下角的“创建新通道”按钮上复制一个副本，按 Ctrl+L 快捷键，打开“色阶”调整对话框，参数设置如图 11-7-1 所示。调整完毕后单击“确定”按钮，接着按 Ctrl 键，同时单击通道副本的缩略图，把调整后的通道副本载入选区。得到选区后单击 RGB 通道，切换回图层面板。按 Shift+Ctrl+I 快捷键反选，按 Ctrl+J 快捷键复制选区内的内容，得到“图层 1”。

3）隐藏“水花”图层，观察得到的“图层 1”，发现抠取得到的水花呈偏蓝色，并非水花应有的白色，下面使用图层样式进行调整。双击“图层 1”图层，打开“图层样式”对话框，选择“颜色叠加”选项，设置叠加颜色为白色，如图 11-7-2 所示。单击“确定”按钮，水花抠图完成。

图 11-7-1 调整色阶

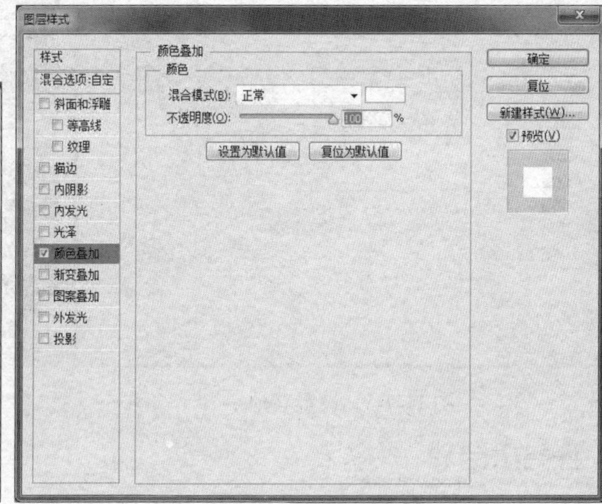

图 11-7-2 设置水花样式

4）接着复制“图层 1”，将得到的副本图层重命名为“图层 2”，执行“编辑”→“变换”→“水平翻转”命令，然后将“图层 2”移动到画布的左侧，适当调整好位置，如图 11-7-3 所示。

5）最后，为广告添加文字。使用文字工具输入“活”字，文字颜色为白色，字体为“华文行楷”，大小为 36 点，设置图层样式如图 11-7-4 所示，其中描边的渐变颜色为从“# 2ad4ff”

图 11-7-3 对水花进行设置

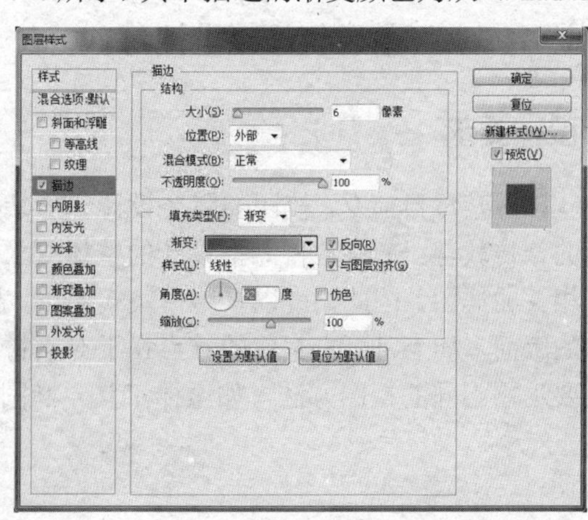

图 11-7-4 设置“活”字

到“# 0073bd”。同样地，使用文字工具输入“力冰泉”3 个字，文字颜色为白色，字体为“微软雅克”，大小为 18 点、加粗，设置的图层样式和“活”字一样。使用文字工具在“活力冰泉”下方输入文字“激情盛夏”，字体颜色为白色，字体为“微软雅克”，大小为 18 点、加粗，设置文字图层样式如图 11-7-5 所示，其中描边的渐变颜色为从“# 0073bd”到“# ff5a00”。最终完成效果如图 11-7-6 所示。

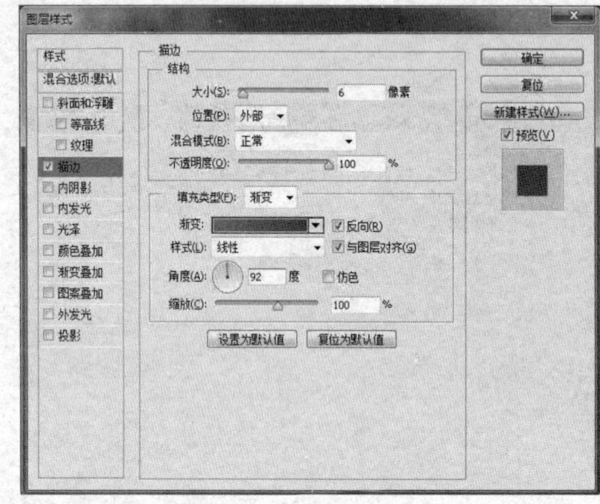

图 11-7-5　设置其他字

图 11-7-6　活力冰泉广告设计最后效果

任务小结

本任务借助通道抠取水花并增强水花的半透明效果，根据需求，将抠取出的水花素材合成到海报中，最终完成活力冰泉广告的设计，并达到了水花四溅的冰爽效果。

项 目 测 评

测评 11.1　禁毒宣传海报设计

设计要求

国际禁毒日前夕，校团委需要设计一份禁毒相关的电子手抄报，对学生进行毒品有害健康的宣传教育。禁毒宣传海报设计的整体要求：主题鲜明，文字的信息量较大，文章中要配有相关的插图，因此，可以采用模块式编排。模块式编排的好处是方便阅读，使拥有众多信息的版面多而不乱。本案例的难点在于对素材的筛选与抠取，需要抠取的素材种类不同，因此要运用不同的抠图方法，如魔棒工具、椭圆选框工具、柔角橡皮擦等。

素材与效果图

测评 11.2 制作动物园入场券

设计要求

某广告公司接到一个订单，要求制作某动物园的入园门票。为配合园中整体风格，要求选择绿色为主色调，并选取园中受游客欢迎的热门动物为门票呈现的主体，让游客通过门票就可以感受到园中的美丽和动物的可爱。门票右侧需要有副券，为方便手撕副券，要求印刷后进行压痕。本例的难点在于要熟练掌握调整边缘命令在抠图中的使用，以及通过设置笔头使用画笔描边路径命令制作压痕效果。

素材与效果图

参 考 文 献

陈晓颖，赵云，2014．中文版 Photoshop CS6 从入门到精通．北京：清华大学出版社．

达达视觉，2009．中文版 Photoshop CS4 完美创意设计精粹．北京：科学出版社．

达分奇工作室，2011．Photoshop 动漫创作技法．北京：清华大学出版社．

龚正伟，2010．Photoshop CS5 卡通漫画创作技术精粹．北京：化学工业出版社．

海天，2012．Photoshop CS6 实用培训教程．北京：人民邮电出版社．

瀚图文化，2014．零点起飞学 Illustrator CS6 平面设计．北京：清华大学出版社．

黄玮雯，2012．Photoshop 平面设计案例教程．北京：人民邮电出版社．

景怀宇，2012．中文版 Photoshop CS5 实用教程．北京：人民邮电出版社．

李洁，等，2014．中文版 Photoshop CS6 艺术设计实训案例教程．北京：中国青年出版社．

李金明，李金荣，2012．中文版 Photoshop CS6 完全自学教程．北京：人民邮电出版社．

李彦广，焦元奇，2015．Photoshop 平面广告设计从入门到精通．北京：人民邮电出版社．

刘耀庚，2015．Photoshop CS6 图像处理项目任务教程．广州：暨南大学出版社．

前沿文化，2013．中文版 Photoshop CS6 完全学习手册．北京：科学出版社．

秋凉，2014．Photoshop CC 数码摄影后期处理完全自学手册．北京：人民邮电出版社．

锐艺视觉，2014．中文版 PhotoshopCS6 平面广告设计实战宝典 505 个必备秘技．北京：人民邮电出版社．

尚存，2015．Photoshop 平面设计案例教程．北京：电子工业出版社．

神龙影像，2013．Photoshop CS6 中文版从入门到精通．北京：人民邮电出版社．

时代印象，2014．中文版 PhotoshopCS6 平面设计实例教程．北京：人民邮电出版社．

史宇宏，2014．Photoshop 平面设计范例宝典．北京：人民邮电出版社．

Sun I 视觉设计，2012．版式设计法则．北京：电子工业出版社．

唯美映像，2013．Photoshop CS6 平面设计自学视频教程．北京：清华大学出版社．

吴国新，时延辉，曹天佑，2015．Photoshop CS6 平面设计应用案例教程．北京：清华大学出版社．

亿瑞设计，2013．画卷-Photoshop CS6 从入门到精通（实例版）．北京：清华大学出版社．

曾宽，潘擎，2013．抠图+修图+调色+合成+特效 Photoshop 核心应用 5 项修炼．北京：人民邮电出版社．

张伦，沈大林，2014．中文 Photoshop CS5 案例教程．北京：电子工业出版社．

赵博，艾萍，2014．从零开始——Photoshop CS6 中文版基础培训教程．北京：人民邮电出版社．

钟百迪，张伟，2011．Photoshop 人像摄影后期调色圣经．北京：电子工业出版社．

周建国，2014．Photoshop CS6 中文版基础教程．北京：人民邮电出版社．

朱丽静，2008．Photoshop 平面设计案例教程．北京：航空工业出版社．

邹晨，陈军灵，2015．Photoshop 中国画技法实训教程．北京：北京大学出版社．

[美]Adobe 公司，2015．Adobe Photoshop CC 经典教程（彩色版）．侯卫蔚，巩亚萍，译．北京：人民邮电出版社．

[美]德比·米尔曼，2009．平面设计法则．北京：中国青年出版社．

[美]麦克韦德，2010．超越平凡的平面设计．北京：人民邮电出版社．